电气自动化技能型人才实训系列

DIANQI ZIDONGHUAJINENGXING RENCAI SHIXUN XILIE

自动生产线控制技术实训

张伟林 李永际 编著

中国电力出版社

CHINA ELECTRIC POWER PRESS

内 容 简 介

本书以基于西门子控制系统的自动生产线为载体,介绍气压传动、传感器、变频器、步进电动机、伺服电动机、触摸屏、可编程序控制器以及工业通信网络等多种工业现代化控制技术,真实再现工业自动生产线中的供料、检测、搬运、定位、加工、装配、输送和分拣等工序过程。

本书将自动生产线控制技术分解为 20 个可以进行实际操作和完成的任务,以实际操作为主,配套相关知识,大大降低了学习难度。采用循序渐近的讲述和细致的程序分析,并列出可行的操作步骤,使每个任务都能轻松地完成,力求达到易学、易懂、易掌握的目的。

本书适用于高职高专机电类专业教学,也适用于企业培训和电工技师资格鉴定。

图书在版编目(CIP)数据

自动生产线控制技术实训/张伟林,李永际编著. —北京:中国电力出版社,2013.3(2021.1重印)
(电气自动化技能型人才实训系列)
ISBN 978-7-5123-3911-8/01

Ⅰ.①自… Ⅱ.①张… ②李… Ⅲ.①自动生产线-自动控制
Ⅳ.①TP278

中国版本图书馆 CIP 数据核字(2012)第 315288 号

中国电力出版社出版、发行
(北京市东城区北京站西街 19 号 100005 http://www.cepp.sgcc.com.cn)
三河市航远印刷有限公司印刷
各地新华书店经售

*

2013 年 3 月第一版 2021 年 1 月北京第六次印刷
787 毫米×1092 毫米 16 开本 12 印张 322 千字
印数 8001—9000 册 定价 **40.00** 元

前 言

天煌教仪生产的 THJDAL-2 型自动生产线实训装置是典型的机电一体化产品，融合了电气、气压传动、传感器、变频器、步进电动机、伺服电动机、触摸屏、可编程序控制器以及工业通信网络等多种工业现代化控制技术，真实再现了工业自动生产线中的供料、检测、搬运、定位、加工、装配、输送和分拣等工序过程。

本书以自动生产线实训装置为载体，针对其安装、控制、调试、运行、操作、维护等过程中应知应会的核心技术进行基于任务驱动型教材体系的开发，整书内容上共分三大模块 20 个学习任务。在模块一中主要介绍与自动生产线相关的技术知识，为学习自动生产线控制打下基础。在模块二中主要介绍自动生产线各分站的机构功能和控制功能，有利于读者掌握自动生产线主要工序的工艺过程和相关控制内容。在模块三中主要介绍自动生产线的综合控制技术，使读者掌握工业网络通信与自动生产线综合控制技术，掌握工业控制程序的分析方法。

本书参考了天煌教仪《THJDAL-2 型自动生产线拆装与调试实训装置使用手册》和其系统程序，在此表示感谢。

本书适用于高职高专机电类专业教学、企业培训和电工技师资格鉴定。本书的配套课件、习题答案、程序可从中国电力出版社网站 www.cepp.sgcc.com.cn 上下载。

本书由张伟林、李永际编写。由于编者水平所限，书中难免存在疏漏与不足之处，诚恳希望读者批评指正，以便在适当时候修订完善，联系信箱：ZWL-CN@126.com。

编　者

2012 年 11 月

目 录

模块一　　自动生产线相关技术

任务一　认识自动生产线

任务引入

　　自动生产线是在传统流水生产线的基础上发展起来的，它要求生产线上各种机电装置能按预定的工艺流程动作，即要求在装卸工件、精确定位、加工处理、工件输送、工件识别与分拣等方面都能自动地进行工作。图1-1所示为天煌教仪生产的THJDAL-2型自动生产线，它基于西门子S7-200可编程控制器程序控制，融合了网络通信、触摸屏、变频器、步进电动机和伺服电动机、传感器、气压传动等控制技术，真实再现了工业自动生产线中的供料、检测、搬运、定位、加工、装配、输送和分拣等工序过程，是学习和掌握现代工业电气控制技术的优秀平台。

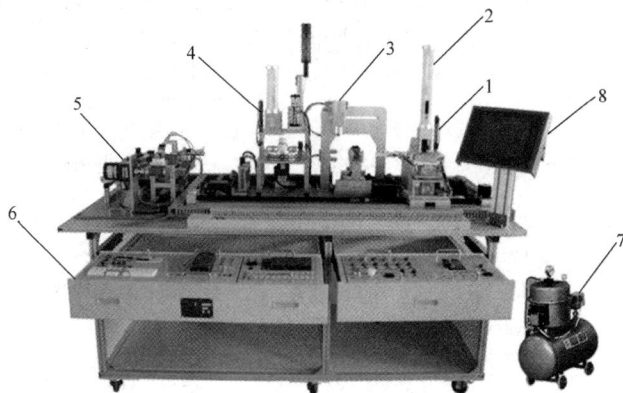

图1-1　THJDAL-2型自动生产线

1—搬运站；2—供料站；3—加工站；4—装配站；5—分拣站；

6—工作台；7—气泵；8—触摸屏

相关知识

一、自动生产线技术性能

（1）输入电源：三相四线（或三相五线），AC $380 \times (1 \pm 10\%)$ V、50Hz。

（2）工作环境：温度$-10 \sim +40$℃，相对湿度≤85%（25℃），海拔<4000m。

（3）装置容量：≤1.5kVA。

（4）安全保护：具有漏电保护，安全符合国家标准。

二、系统配置

THJDAL-2 自动生产线的设备配置见表 1-1。

表 1-1　　　　　　　　　　　自动生产线设备配置

序号	名　称	规　格	数量	单位
1	PLC 模块	西门子 CPU222（AC/DC/RLY）、8DI/6DO	2	台
		西门子 CPU224（DC/DC/DC）、14DI/10DO	2	台
		西门子 CPU226（DC/DC/DC）、24DI/16DO	1	台
2	变频器模块	西门子 MM420 三相 380V/0.75kW	1	台
3	电源模块	三相电源总开关（带漏电和短路保护）1 个、熔断器 4 只、单相三极电源插座 4 个、安全插座 7 个，DC24V/5A 电源	1	块
4	按钮/指示灯模块	开关电源 24V/5A 、12V/2A 各 1 组，转换开关 2 只，复位按钮（红、黄、绿各 1 只），自锁按钮（红、黄、绿各 1 只），24V 指示灯（红、黄、绿各 2 只），急停按钮 1 只，蜂鸣器 1 只	1	块
5	步进电动机驱动模块	步进电动机驱动器、指示灯、开关电源 24V/5A	1	块
6	伺服电动机驱动模块	交流伺服电动机、伺服电动机驱动器	1	套
7	触摸屏	西门子 TP177A/6 英寸/单色	1	台
8	供料站	主要由井式工件库、推料气缸、物料台、光电传感器、磁性开关、电磁阀、支架、机械零部件构成	1	套
9	加工站	主要由物料台、物料夹紧装置、龙门式二维运动装置、主轴电动机、刀具以及相应的传感器、磁性开关、电磁阀、步进电动机及驱动器、滚珠丝杆、支架、机械零部件构成	1	套
10	装配站	主要由井式供料单元、三工位旋转工作台、平面轴承、冲压装配单元、光电传感器、电感传感器、磁性开关、电磁阀、交流伺服电动机及驱动器、支架、机械零部件构成	1	套
11	分拣站	主要由传送带、变频器、三相交流减速电动机、旋转气缸、磁性开关、电磁阀、调压过滤器、光电传感器、光纤传感器、对射传感器、支架、机械零部件构成	1	套
12	搬运站	主要由步进电动机及驱动器、导轨、四自由度搬运机械手、行程开关、支架、机械零部件构成	1	套
13	接线端子板	接线端子排及安全型插座	1	套
14	工件	含大小黑白工件	1	套
15	电源线	单相三芯电源线	4	根
16	实训导线	强电、弱电连接导线	1	套
17	挂线架	TH-JD20	1	个
18	PU 气管	ϕ4mm/ϕ6mm 若干	1	套
19	气动接头	气动快插式三通接头 EPE6	5	只
20	PLC 编程电缆	PC/PPI	2	根
21	网络电缆	网络连接器及电缆	1	套
22	配套光盘	PLC 编程软件、使用手册、程序等	1	套

续表

序号	名　　称	规　　格	数量	单位
23	配套工具	工具箱：十字长柄螺丝刀，大、中、小号一字螺丝刀，中、小号十字螺丝刀，钟表螺丝刀，剥线钳，尖嘴钳，剪刀，电烙铁，验电笔，镊子，活动扳手，内六角扳手	1	套
24	静音气泵	0.4～0.8MPa	1	台
25	型材电脑桌	TH-JD21	1	张
26	工作台	1980mm×960mm×800mm	1	张

三、自动生产线工艺流程

THJDAL-2 型自动生产线的工艺流程是：将供料站工件库内的圆柱台阶工件送往加工站的物料台，完成钻孔加工操作后，把加工好的工件送往装配站的物料台，然后把装配站工件库内的圆环工件嵌入到物料台的圆柱台阶工件中，完成装配后的成品送往分拣站按黑白工件分拣输出到相应的物料槽，搬运站负责工件成品在各站间的传输。自动生产线的动力来源为电动机和气泵。

四、控制系统

自动生产线基于西门子 S7-200 系列 PLC 程序控制。采用 PLC 网络控制技术，即每一个工作站由一台 PLC 承担其控制任务，各 PLC 之间通过通信电缆实现互联，组建一个小型的控制网络。搬运站 PLC 在控制网络中充当主站，各种控制命令均从主站发出；其他各站 PLC 是从站，执行主站命令。

任务实施

在教师带领下观察 THJDAL-2 型自动生产线的实际工作过程，记录各站生产工艺流程。在观察中要注意安全，不要用手触摸设备。

练习题

(1) THJDAL-2 型自动生产线由哪 5 个工作站组成？
(2) THJDAL-2 型自动生产线工艺流程是什么？

任务二　气动技术的应用

任务引入

气压传动是以压缩空气为工作介质来传递动力和控制信号，驱动和控制各种机械设备，以实现生产过程机械化、自动化。空气作为工作介质具有防火、防爆、防电磁干扰、抗振、耐冲击和传输方便等优点。随着工业技术的发展，气动技术的应用领域越来越广泛，在自动生产线上就安装了许多气动元件。

相关知识

一、气泵

气动系统是以压缩空气为工作介质进行能量与信号的传递。通常利用空气压缩机将电动机输出的机械能转变为空气的压力能，如图 1-2 所示为产生气动力的气泵，压力范围为 0～0.8MPa，设定正常工作压力值为 0.7MPa。

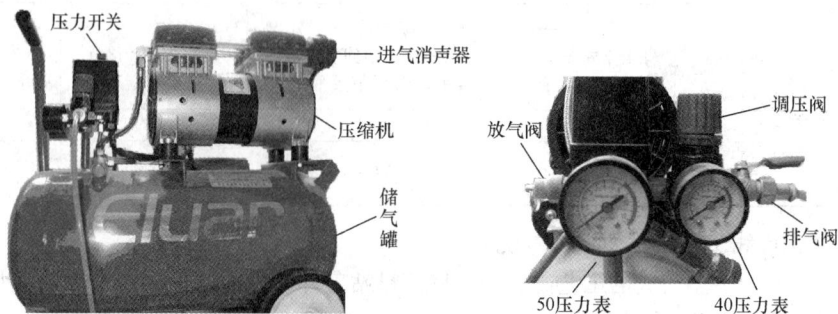

图 1-2　气泵

压力单位为帕斯卡，符号 Pa，$1Pa=1N/m^2$。工程上常用单位兆帕，$1MPa=1×10^6 Pa$。

气泵使用前应检查气路有无堵塞，通电后压力开关接通，电动机启动。当压力表指示压力升高至设定的最大压力时，压力开关自动断开，气泵停止工作。当因供电中止，未升至最高压力而停机时，在恢复供电后，关掉压力开关，通过放气阀卸掉缸内气体（时间≥5s），再重新打开开关，气缸压力降至最低压力时才能重新开机。

二、气源调节装置

在实际应用中，从气泵输出的压缩空气并不能满足气动元件对气源质量的要求。为使气源质量满足气动元件的要求，常在气动系统前安装如图 1-3 所示的气源调节装置。

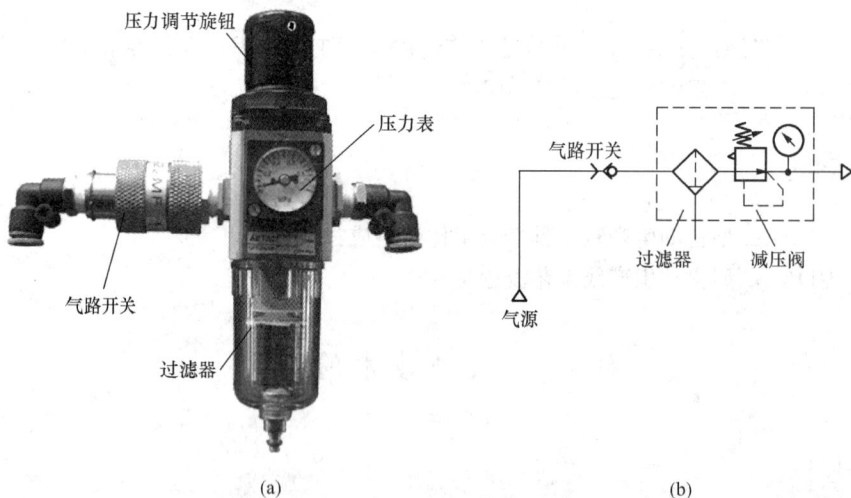

(a)　　　　　　　　　　　　(b)

图 1-3　气源调节装置
(a) 气源调节装置实物图；(b) 气源处理回路符号

气源调节装置由减压阀、空气过滤器和压力表组装在一起，成为过滤减压阀。其中减压阀可对气源进行稳压，使气源处于恒定状态，减小因气源气压突变时对阀门或气缸等硬件的损伤。调节气动系统压力值时先启动气泵，待气压稳定后将压力调节旋钮向上拔出，旋转旋钮，可升高或降低设定压力值。调节结束后将压力调节旋钮按下。

气源处理组件的气路入口处安装了一个快速气路开关，用于启/闭气源，当把气路开关向左拔出时气源关闭，气压回路中的气体全部泄出；反之把气路开关向右推入时气路接通。过滤器用于对气源的清洁，可过滤压缩空气中的水分，避免水分随气体进入装置。

气源来自空气压缩机，所提供的压力为 0.4～0.8MPa，气源调节装置输出压力为 0.4MPa。输出的压缩空气通过快换式接头和气管输送到各工作站气流汇流板，供气缸使用。

三、气缸

气缸是气动执行元件，可以把空气的压力能转变为机械能，从而完成直线或回转运动并对外做功。在自动生产线上使用了薄型气缸、双杆气缸、手指气缸、笔型气缸、回转气缸 5 种类型，如图 1-4 所示。

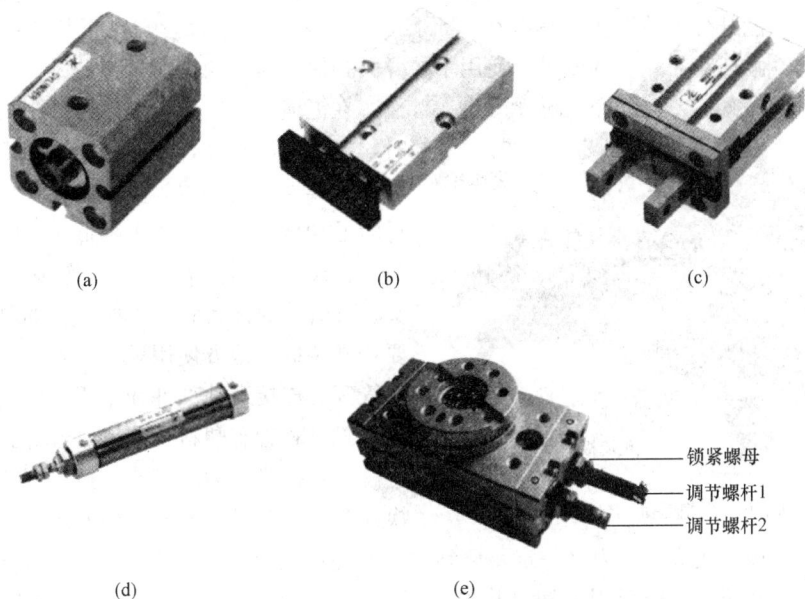

(a)　　　　　　　　(b)　　　　　　　　(c)

(d)　　　　　　　　(e)

图 1-4　气缸元件

(a) 薄型气缸；(b) 双杆气缸；(c) 手指气缸；
(d) 笔型气型；(e) 回转气缸

回转气缸的旋转角度可以调节。当需要调节回转角度时，应首先松开锁紧螺母，通过旋入或旋出调节螺杆，从而改变回转角度，调节螺杆 1、2 分别用于左旋和右旋角度的调整。调整结束后，应将螺母锁紧。

气缸主要由缸筒、活塞杆、前后端盖及密封件等组成。为了控制气缸的速度，回路要进行流量控制。在图 1-5 所示气缸的作用气口安装了限出型节流阀，它是控制气缸排气量的大小的，而由于单向阀的作用，进气是满流的。调节节流阀 A 时是调整活塞杆的伸出速度，而调节节流阀 B 时是调整活塞杆的缩回速度。单向阀安装在节流阀内部，构成一个整体。

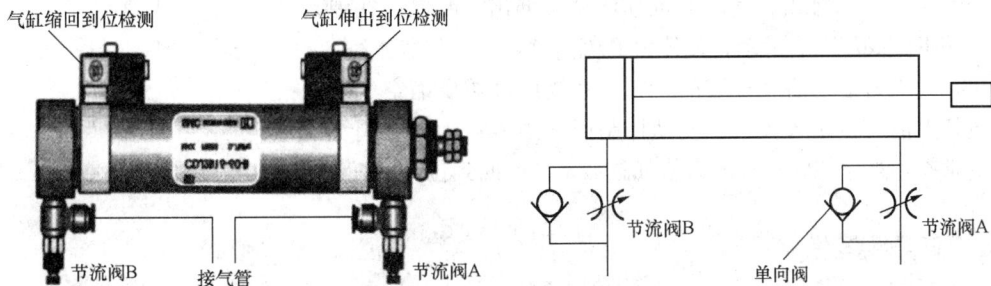

图 1-5　限出型气缸节流阀

气缸活塞上装有磁环，气缸缸体两端安装磁性传感器，当活塞杆伸出到位或缩回到位时，磁性传感器感应到磁场后动作，发出活塞杆到位信号。

四、气缸控制电磁阀

如图 1-6 所示，在气流汇流板上连接了两个气缸控制电磁阀，可以分别控制两个气缸元件。利用电磁线圈通电时，静铁心对动铁心产生电磁吸力使阀切换以改变气流方向，这种阀易于实现电—气联合控制，能实现远距离操作，故得到了广泛应用。常用电磁阀带手控开关，加锁钮上有锁定（LOCK）和开启（PUSH）两个位置，用小螺丝刀把加锁钮旋到 LOCK 位置时，手控开关向下凹进去，不能进行手动操作。只有在 PUSH 位置，才可用小螺丝刀向下按，等同于电磁阀通电。在进行气缸杆动作速度调试时，使用手控开关控制，可以快速调试。

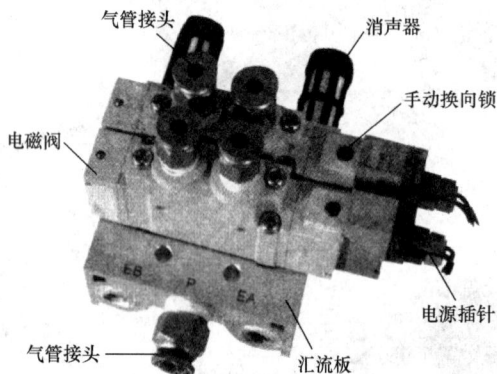

图 1-6　气缸控制电磁阀

在汇流板上安装了消声器。当气缸元件工作时，排气速度较高，气体体积急剧膨胀，会产生很大的噪声。消声器为多孔的吸音材料制成，通过阻尼和增加排气面积来降低排气噪声。

在图 1-6 所示汇流板上连接了五处气管接头。气管分为硬管和软管两种。如总气管和不需要经常装拆的地方使用硬管，硬管有铜管和硬塑料管等。连接运动部件和希望装拆方便的地方使用软管，软管有塑料管和尼龙管等。

气管接头分为卡套式、扩口螺纹式和插入快换式等。小口径气管常使用插入快换式接头，使用时将气管一端插入接头插口内（一定要插到底部）即可达到牢固的联接和密封。拆卸气管时，用拇将接头卡套压进，轻轻用力即可将气管拔出。气管反复多次拔出后，应剪去端部磨损部分，修平后继续使用。

五、气动控制回路原理

图 1-7 所示为单电控二位五通电磁阀控制的气缸回路。单电控是指有一个电磁阀；位数是指换向阀心的切换状态数，有两种切换状态的阀称作二位阀；五通有 5 个通口，除 P、A、B 外，有两个排气口（用 R、S 表示）。其流路为 P→A、B→S 或 P→B、A→R。

1Y1 为控制气缸的电磁阀，通电或断电受 PLC 输出端控制。1B1、1B2 为安装在气缸两端的磁性传感器，为 PLC 输入端提供位置信号。当电磁阀通电时，阀心向左滑动，气体由 P 流向 B，有杆腔气体经 R 口排出，气压力推动活塞杆伸出；断电后在弹簧力作用下，阀心向右滑动，气体由 P 流向 A，无杆腔气体经 S 口排出，气压力推动活塞杆缩回。气动系统用过的压缩空气通过汇流板上消声器排入大气。气动控制回路图表示为电磁阀不通电的常态，在常态时，气压力使气缸活塞杆缩回到位。

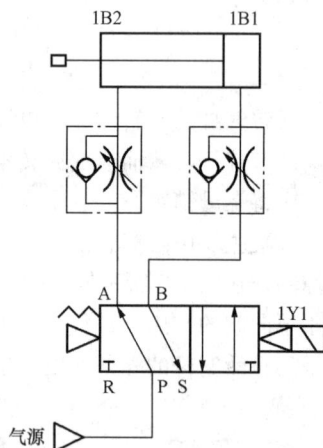

图 1-7　气动控制回路图

🖥 **任务实施**

调整供料站或分拣站笔型气缸的伸出速度和缩回速度。

（1）开启气泵，接通气源，观察气源调节装置处气压表的压力上升。

（2）使压力值达到 0.5MPa 左右，气泵停止工作。

（3）松开节流阀固定螺母，调节气缸节流阀螺丝。

（4）用手控开关调试气缸活塞杆的速度，活塞杆应运动平稳，速度适中。

（5）调节完毕后，拧紧节流阀固定螺母。

练习题

（1）自动生产线使用哪些类型的气缸？

（2）如何调节气缸活塞杆的伸出和缩回速度？

（3）如何手动检查气缸的动作情况？

（4）如何使用插入快换式接头连接气管？

任务三　西门子 PLC 的使用

子任务一　认识西门子 PLC

任务引入

　　S7-200 是德国西门子公司生产的小型 PLC 系列，主要有 CPU221、CPU222、CPU224 和 CPU226 四种 CPU 基本单元。西门子 PLC 具有控制能力强，质量高，程序严谨易懂，通信方便，可利用指令向导编写复杂程序语句等优点，因此，在我国工业生产设备中使用量较大。在 THJDAL-2 型自动生产线中使用了 CPU222、CPU224 和 CPU226。

相关知识

1. 外部结构

S7-200 CPU 的外部结构大体相同，CPU222 的外部结构如图 1-8 所示。

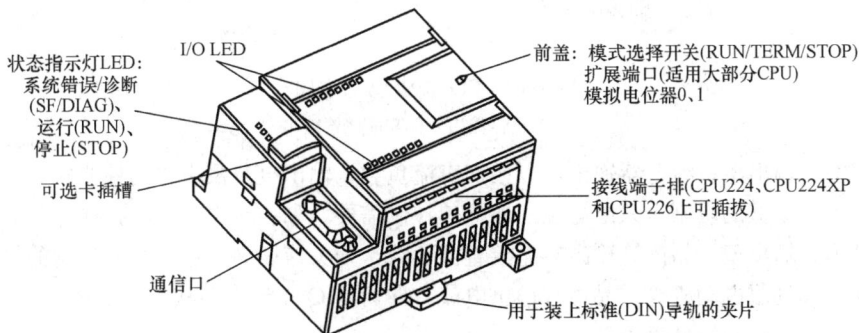

图 1-8　CPU222 的外部结构

　　（1）状态指示灯 LED：显示 CPU 所处的状态（系统错误/诊断、运行、停止）。

　　（2）串行通信口 RS-485：使用 PC/PPI 电缆连接计算机 COM 串口与 PLC 通信口，均选择 9.6K 波特率，可实现用户程序的下载或上传。使用网络连接器可以方便地组成 PPI 通信网络。

（3）前盖：前盖下面有模式选择开关（运行/终端/停止）。模式选择开关拨到运行（RUN）位置，则程序处于运行状态；拨到终端（TERM）位置，可以通过编程软件控制 PLC 的工作状态；拨到停止（STOP）位置，则程序停止运行，处于写入程序状态。

（4）顶部端子盖下边为输出端子和 PLC 供电电源端子。输出端子的运行状态可以由顶部端子盖下方一排指示灯显示，ON 状态对应指示灯亮。底部端子盖下边为输入端子和传感器电源端子。输入端子的运行状态可以由底部端子盖上方一排指示灯显示，ON 状态对应指示灯亮。

2．输入接口

输入接口用来完成输入信号的引入、滤波及电平转换。输入接口电路如图 1-9 所示。输入接口电路的主要器件是光耦合器。光耦合器可以提高 PLC 的抗干扰能力和安全性能，进行高低电平（24V/5V）转换。对于 S7-200 直流输入系列的 PLC，输入端直流电源额定电压为 24V，输入接口公共端 1M 既可以接 24V 的正极，也可以接 24V 的负极。

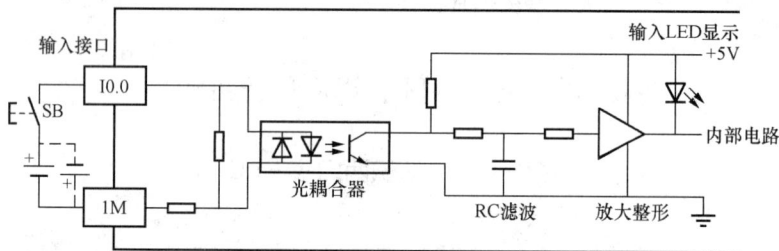

图 1-9　PLC 输入接口电路

3．输出接口

PLC 输出接口有继电器输出和晶体管输出两种类型，如图 1-10 所示。

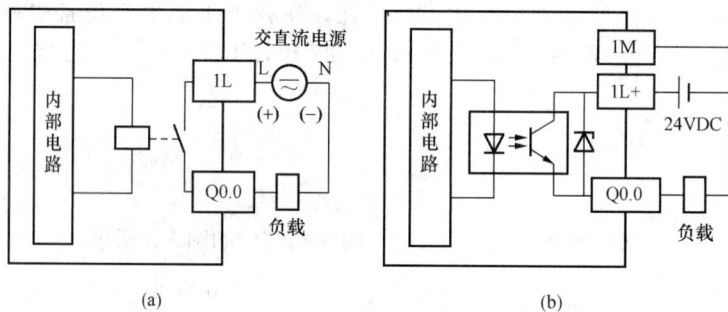

图 1-10　PLC 输出接口电路

（a）继电器输出；（b）晶体管输出

（1）继电器输出型。继电器输出可以接交直流负载，输出电流没有方向性要求。但受继电器硬件触点开关速度低的限制，只能满足一般低速控制需要，如控制电磁阀、接触器等。

（2）晶体管输出型。晶体管输出只能接直流负载，开关速度高，适合高速控制的场合，如控制步进电动机和伺服电动机等。晶体管输出电流方向为从 Q 端流出，从 1L＋端流入。

输出接口电路的规格见表 1-2。

表 1-2　　　　　　　　　　S7-200 系列 PLC 输出接口电路的规格

项　目	继电器输出	晶体管输出
负载电源最大范围	5～250V AC 5～30V DC	20.4～28.8V DC

续表

项　目		继电器输出	晶体管输出
额定负载电源		220V AC、24V DC	24V DC
电路绝缘		机械绝缘	光电耦合绝缘
负载电流（最大）		2A/1 点 10A/公共点	0.75A/1 点 6A/公共点
响应时间	断→通	约 10ms	$2\mu s$（Q0.0，Q0.1） $15\mu s$（其他）
	通→断	约 10ms	$10\mu s$（Q0.0，Q0.1） $130\mu s$（其他）
脉冲频率（最大）		1Hz	20kHz（Q0.0，Q0.1）

练习题

（1）继电器输出型和晶体管输出型的 PLC 有什么异同？

（2）控制三相异步电动机、步进电动机分别需要哪种输出类型的 PLC？

（3）如何实现计算机与 PLC 通信连接？

子任务二　用 PLC 实现电磁阀自锁控制

任务引入

用 PLC 控制电磁阀的通/断电，控制要求如下：按下启动按钮 SB1，电磁阀通电并保持；按下停止按钮 SB2，电磁阀断电。PLC 输入/输出端口分配见表 1-3。

表 1-3　　　　　　　　　自锁控制电路输入/输出端口分配表

输 入 端 口			输 出 端 口		
输入继电器	输入元件	作用	输出继电器	输出元件	控制对象
I0.1	SB1	启动	Q0.2	Y1	电磁阀
I0.5	SB2	停止			

电磁阀自锁控制电路接线如图 1-11 所示。PLC 为 CPU224 AC/DC/RLY，使用 220V AC 电源。输入端电源使用 CPU 模块输出的 24V DC 电源，输入公共端 1M 与 24V 电源负极 M 连接，

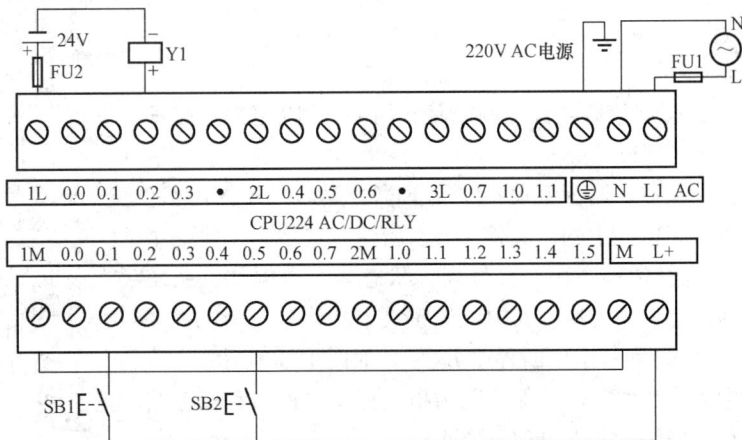

图 1-11　电磁阀自锁控制电路接线

按钮与 24V 正极 L＋和输入端连接。电磁阀 Y1 使用外部 24V DC 电源，电磁阀引出线黑色为负，接"0"V；红色为正，接 PLC 输出端 Q0.2。

电磁阀自锁控制程序如图 1-12 所示，其中图 (a)、(b) 中的两个程序具有相同的控制功能。

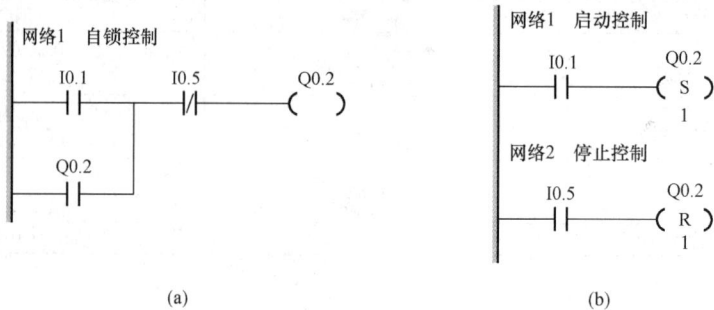

图 1-12　电磁阀自锁控制程序

(a) 具有自锁触点的自锁控制程序；(b) 使用置位、复位指令的自锁控制程序

相关知识

置位指令 S、复位指令 R 的梯形图符号、逻辑功能等指令属性见表 1-4。

表 1-4　　　　　　　　　　　　　　　　S、R 指令

指令名称	梯形图	指令表	逻 辑 功 能	操作数
置位指令	bit (S) N	S bit, N	从 bit 开始的 N 个元件置 1 并保持	Q、M、SM、T、C、V、S、L
复位指令	(bit) (R) N	R bit, N	从 bit 开始的 N 个元件清 0 并保持	

置位指令与复位指令的使用说明如下。

(1) bit 表示位元件，N 表示常数，N 的范围为 1～255。

(2) 被 S 指令置位的元件只能用 R 指令才能复位。

(3) R 指令也可以对定时器和计数器的当前值清 0。

任务实施

(1) 按图 1-11 连接电磁阀自锁控制线路。用 PC/PPI 电缆连接编程计算机与 PLC 的通信口。

(2) 建立和保存项目。运行编程软件 STEP 7－Micro/WIN V 4.0 后，在主界面中单击菜单栏中的"文件"→"新建"选项，创建一个新项目。新建的项目包含程序块、符号表、状态表、数据块、系统块、交叉引用和通信等相关的块。其中，程序块中默认有一个主程序 OB1，一个子程序 SBR0 和一个中断程序 INT0，如图 1-13 所示。

单击菜单栏中的"文件"→"保存"选项，指定文件名和保存路径后，单击"保存"按钮，文件以项目形式保存。

(3) 选择 PLC 类型和 CPU 版本。单击菜单栏中的"PLC"→

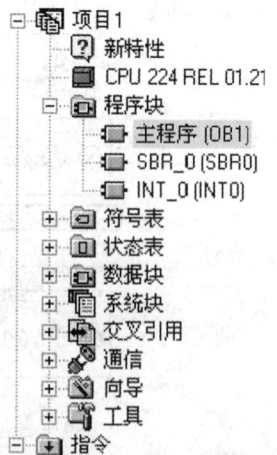

图 1-13　新建项目的结构

"类型"选项，在 PLC 类型对话框中选择 PLC 类型和 CPU 版本，如图 1-14 所示。如果已建立通信连接，也可以通过单击"读取 PLC"按钮的方法来读取 PLC 的型号和 CPU 版本号。

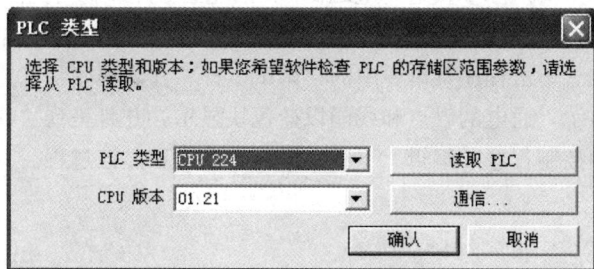

图 1-14　选择 PLC 类型和 CPU 版本

（4）使用指令树输入指令。在梯形图编辑器中常用两种输入指令的方法，即使用指令树或使用指令工具栏编程按钮。选中程序网络 1，将指令树中"位逻辑"指令图标拖到程序编辑区，如图 1-15 所示。

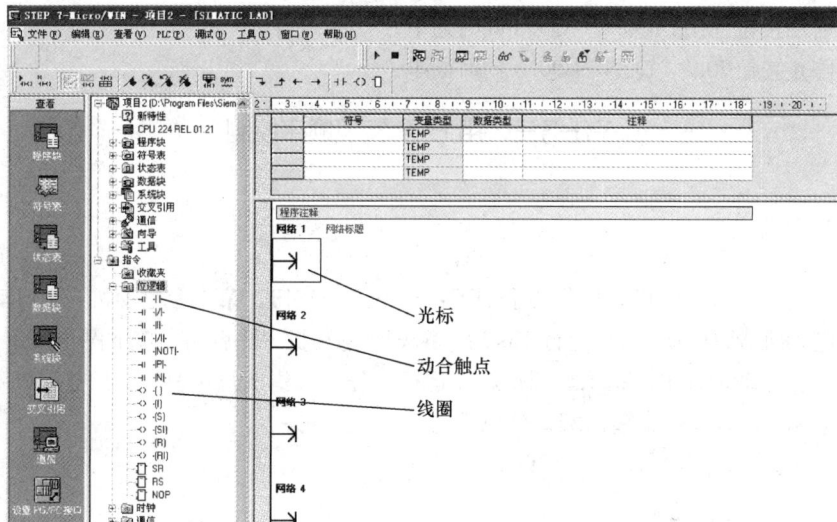

图 1-15　指令树中位逻辑指令

（5）使用指令工具栏编程按钮输入指令。也可以单击指令工具栏编程按钮输入指令，指令工具栏编程按钮如图 1-16 所示。

（6）程序编译。用户程序如图 1-12 所示，编辑完成后，必须编译成 PLC 能够识别的机器指令才能下载到 PLC。单击菜单栏中的"PLC"→"编译"选项，开始编译机器指令。编译结束后，在输出窗口中显示结果信息。纠正编译中出现的所有错误后，编译才算成功。

（7）程序下载。下载时 PLC 状态开关应拨到"STOP"位置或单击工具栏菜单■按钮。如果状态开关在其他位置，下载时程序会询问是否转到"STOP"状态。单击菜单栏中的"文件"→"下载"选项，或单击工具栏菜单▼按钮开

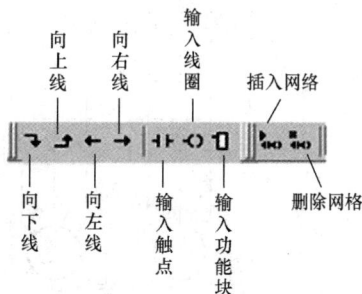

图 1-16　指令工具栏编程按钮

11

始下载程序。上传则是将 PLC 中存储的程序上传到计算机。

（8）运行操作。程序下载后，将 PLC 状态开关拨到"RUN"位置或单击工具栏菜单▶按钮，按下 I0.1 启动按钮，输出端 Q0.2 接通，电磁阀 Y1 通电；按下 I0.5 停止按钮，Q0.2 分断，Y1 断电，实现电磁阀自锁控制功能。

（9）程序运行监控。单击程序菜单栏中的"调试"→"开始程序状态监控"选项，未接通的触点和线圈以灰白色显示，通电的触点和线圈以蓝色块显示，并且呈现"ON"字符。

至此，完成了自锁控制程序的编辑、下载、运行、操作和监控过程。

练习题

（1）将按钮 SB 接 PLC 的输入继电器 I0.0，指示灯 HL 接输出继电器 Q0.0，控制要求如下：按下 SB 时，HL 灯亮；松开 SB 时，HL 灯灭。

1）绘出控制电路图。

2）设计程序梯形图。

（2）用置位、复位指令编写自锁控制程序，控制要求如下。

①按下启动按钮 I0.1，Q0.0～Q0.3 同时通电。

②按下停止按钮 I0.2，Q0.0～Q0.3 同时断电。

子任务三　用 PLC 实现顺序控制

任务引入

某机械设备有 3 台电动机，控制要求如下：按下启动按钮，第 1 台电动机 M1 启动；运行 4s 后，第 2 台电动机 M2 启动；M2 运行 15s 后，第 3 台电动机 M3 启动。按下停止按钮，3 台电动机全部停止。在启动过程中，指示灯闪烁，在运行过程中，指示灯常亮。3 台电动机顺序启动控制线路如图 1-17 所示，输入/输出端口分配见表 1-5。

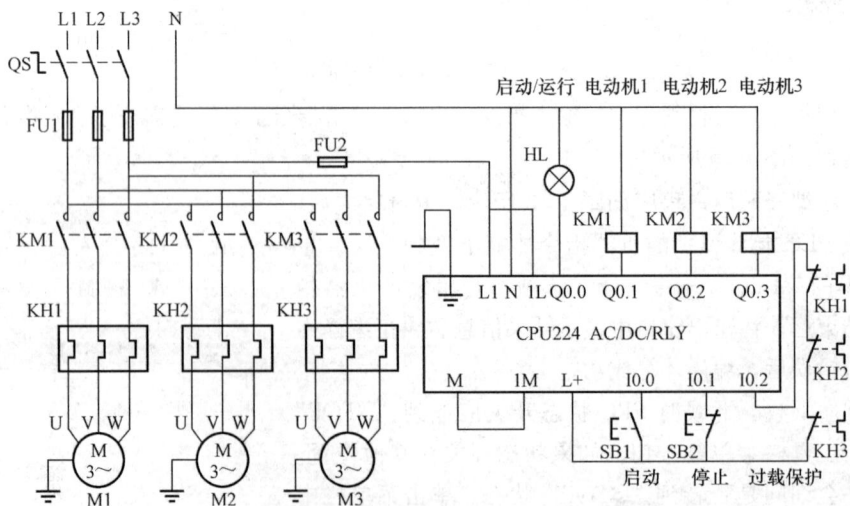

图 1-17　3 台电动机顺序启动控制线路

表 1-5 输入/输出端口分配

输 入 端 口			输 出 端 口		
输入继电器	输入元件	作 用	输出继电器	输出元件	控制对象
I0.0	SB1 动合触点	启动	Q0.0	指示灯	HL
I0.1	SB2 动断触点	停止	Q0.1	接触器 KM1	M1
I0.2	KH1、KH2、KH3 动断触点串联	过载保护	Q0.2	接触器 KM2	M2
			Q0.3	接触器 KM3	M3

相关知识

1. 定时器

定时器的类型有 3 种：接通延时定时器（TON）、断开延时定时器（TOF）和有记忆接通延时定时器（TONR），其指令格式见表 1-6。

表 1-6 定时器指令格式

项 目	接通延时定时器	断开延时定时器	有记忆接通延时定时器
梯形图	IN TON / PT ???ms	IN TOF / PT ???ms	IN TONR / PT ???ms
指令表	TON T××, PT	TOF T××, PT	TONR T××, PT

S7-200 系列 PLC 有 256 个定时器，地址编号为 T0～T255，分别对应不同的定时器指令，其分类见表 1-7。

表 1-7 定时器指令与定时器分类

定时器指令	分辨率（ms）	计时范围（s）	定 时 器 号
TONR	1	0.001～32.767	T0、T64
	10	0.01～327.67	T1～T4、T65～T68
	100	0.1～3276.7	T5～T31、T69～T95
TON TOF	1	0.001～32.767	T32、T96
	10	0.01～327.67	T33～T36、T97～T100
	100	0.1～3276.7	T37～T63、T101～T255

定时器使用说明如下。

（1）虽然 TON 和 TOF 的定时器编号范围相同，但一个定时器号不能同时用作 TON 和 TOF。例如，不能既有 TON T32 又有 TOF T32。

（2）定时器的分辨率（脉冲周期）有 3 种：1ms、10ms、100ms，定时器的分辨率由定时器号决定。

（3）定时器计时实际上是对脉冲周期进行计数，其计数值存放于当前值寄存器中（16 位，数值范围是 1～32 767）。

（4）定时器的延时时间为设定值（PT）乘以定时器的分辨率。

（5）定时器满足输入条件时开始计时，定时时间到，定时器位元件动作。

2. 特殊存储器 SM

特殊存储器用"SM"表示，使用特殊存储器可以选择或控制 PLC 的一些特殊功能。不同型号的 PLC 所具有的特殊存储器的位数不同，以 CPU224 为例，共 4400 位，采用八进制（SM0.0

任务三

~SM0.7，…，SM549.0～SM549.7）。

例如，特殊存储器 SM0.0 在程序运行时保持接通状态，SM0.1 仅在执行用户程序的第一个扫描周期为接通状态。SM0.4、SM0.5 可以分别产生占空比为 1/2、脉冲周期为 1min 和 1s 的脉冲周期信号，如图 1-18（a）所示。在图 1-18（b）所示的梯形图中，用 SM0.4 的触点控制输出端 Q0.0，用 SM0.5 的触点控制输出端 Q0.1，可使 Q0.0 和 Q0.1 按脉冲周期间断通电。

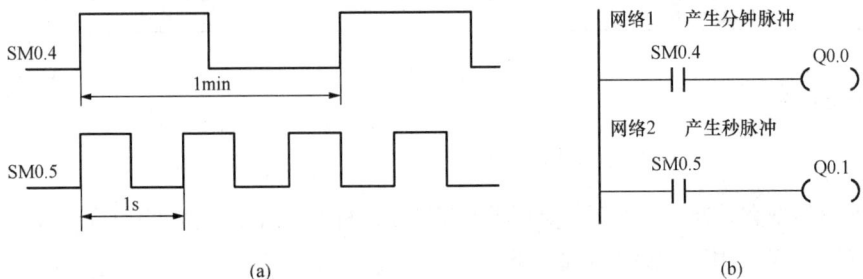

图 1-18　特殊存储器 SM0.4、SM0.5 的波形及应用

（a）SM0.4、SM0.5 波形；（b）输出秒、分钟脉冲

任务实施

3 台电动机顺序启动控制程序如图 1-19 所示，在程序网络 4 中，利用特殊存储器 SM0.5 产生的秒周期脉冲使指示灯在启动过程中闪烁。

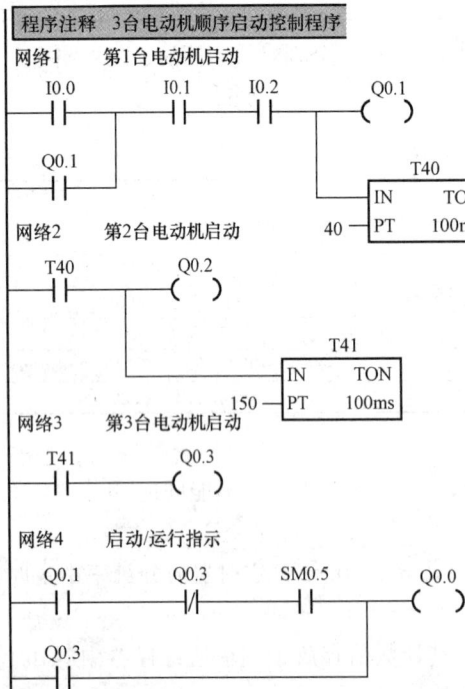

图 1-19　3 台电动机顺序启动控制程序

（1）按图 1-17 所示线路连接 3 台电动机顺序启动控制电路。

（2）接通电源，拨状态开关于"TERM"（终端）位置。

（3）运行编程软件，将图 1-19 所示的控制程序下载到 PLC。

（4）单击工具栏运行图标▶，使 PLC 处于"RUN"（运行）状态。

（5）PLC 上输入指示灯 I0.1、I0.2 应点亮，表示停止按钮、热继电器连接正常。

（6）启动。按下启动按钮 SB1，M1 启动，同时指示灯闪烁；延时 4s 后 M2 启动，再延时 15s 后 M3 启动，指示灯由闪烁转为常亮状态。

（7）停止。按下停止按钮 SB2，3 台电动机同时停止，指示灯灭。

（8）过载保护。断开过载保护动断触点，使输入端 I0.2 分断，模拟发生过载故障，3 台电动机同时停止，指示灯灭。

练习题

（1）接通延时定时器（TON）的输入端（IN）_____时开始定时，当前值≥设定值时其

14

动合触点_____，动断触点_____。

（2）某台设备有 3 台电动机，启动与停止的控制要求如下：按下启动按钮后，3 台电动机相隔 10s 分别启动；按下停止按钮后，3 台电动机同时停止。

①绘出控制线路图。

②设计程序梯形图。

子任务四　用功能指令控制字元件

任务引入

PLC 的功能指令主要包括数据传送和比较、程序流程控制、算术运算与逻辑运算等。与基本指令的区别是：基本指令的控制对象是位元件，功能指令的控制对象是字元件。由于字元件中包含了多个位（最多 32 位）元件，所以编程效率高，程序控制功能强，可以实现较为复杂的控制任务。

例如有 8 盏指示灯，控制电路如图 1-20 所示。控制要求是：当 I0.0 接通时，全部灯亮；当 I0.1 接通时，奇数灯亮；当 I0.2 接通时，偶数灯亮；当 I0.3 接通时，全部灯灭。

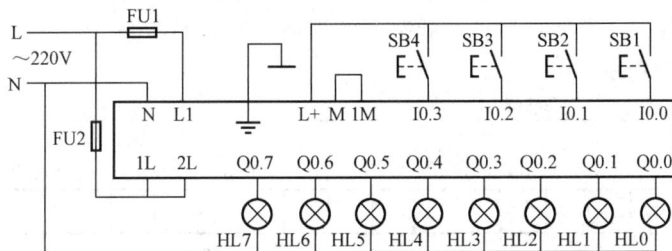

图 1-20　8 盏指示灯控制电路

根据控制要求列出控制关系见表 1-8，"●"表示灯亮，空格表示灯灭。因为灯的亮、灭状态表示了该位电平的高、低，所以可以用十六进制数据来表示输出继电器字节 QB0 的状态。

表 1-8　　　　　　　　　　　　　　**8 盏指示灯控制关系**

输入继电器	输出继电器位								输出字节
	Q0.7	Q0.6	Q0.5	Q0.4	Q0.3	Q0.2	Q0.1	Q0.0	QB0
I0.0	●	●	●	●	●	●	●	●	16#FF
I0.1	●		●		●		●		16#AA
I0.2		●		●		●		●	16#55
I0.3									0

相关知识

1. 输入继电器的格式

输入继电器是 PLC 输入信号的通道，输入继电器既可以按位操作，也可以按字节、字或者双字操作。其格式见表 1-9。

表 1-9 输入继电器的格式

位	I0.0~I0.7 … I15.0~I15.7	128 点
字节（8 位）	IB0、IB1、…、IB15	16 个
字（16 位）	IW0、IW2、…、IW14	8 个
双字（32 位）	ID0、ID4、ID8、ID12	4 个

对输入继电器的说明如下。

（1）位。位格式为：I［字节地址］.［位地址］。如 I1.0 表示输入继电器第 1 个字节的第 0 位。

（2）字节。字节格式为：IB［起始字节地址］。如 IB0 表示输入继电器第 0 个字节，共 8 位，其中第 0 位是最低位，第 7 位为最高位。其格式如图 1-21 所示。

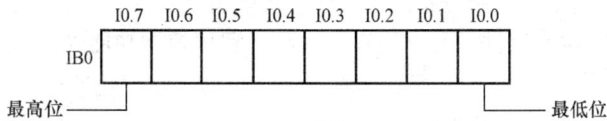

图 1-21 输入继电器字节

（3）字。字格式为：IW［起始字节地址］。1 个字含 2 个字节，这 2 个字节的地址必须连续。当涉及字节组合寻址时，遵循高地址、低字节的规律，例如 IW0 中 IB0 是高 8 位，IB1 是低 8 位，其格式如图 1-22 所示。

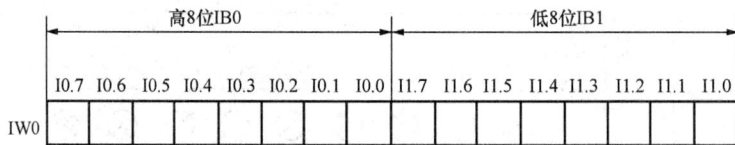

图 1-22 输入继电器字

（4）双字。双字格式为：ID［起始字节地址］。1 个双字含 4 个字节，这 4 个字节的地址必须连续。如 ID0 中 IB0 是最高 8 位，IB1 是高 8 位，IB2 是低 8 位，IB3 是最低 8 位，其格式如图 1-23 所示。

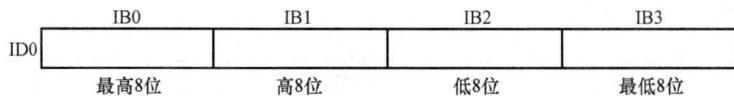

图 1-23 输入继电器双字

2. 输出继电器的格式

输出继电器是 PLC 对外部设备进行控制的通道，输出继电器既可以按位操作，也可以按字节、字或者双字操作。其格式见表 1-10。

表 1-10 输出继电器的格式

位	Q0.0~Q0.7 … Q15.0~Q15.7	128 点
字节（8 位）	QB0、QB1、…、QB15	16 个
字（16 位）	QW0、QW2、…、QW14	8 个
双字（32 位）	QD0、QD4、QD8、QD12	4 个

3. 数据传送指令 MOV

数据传送指令主要用来完成各存储单元之间数据的传送，数据传送指令包括字节传送、字传送、双字传送和实数传送，其指令格式见表 1-11。

表 1-11　　　　　　　　　　数据传送指令格式

项　目	字节传送	字传送	双字传送	实数传送
梯形图	MOV_B EN ENO IN OUT	MOV_W EN ENO IN OUT	MOV_DW EN ENO IN OUT	MOV_R EN ENO IN OUT
指令表	MOVB IN, OUT	MOVW IN, OUT	MOVD IN, OUT	MOVR IN, OUT

梯形图程序中的功能指令大多数用方框图来表示，方框图中的指令助记符与指令表中的指令助记符一般相同，但某些指令也有差别。

对数据传送指令说明如下。

（1）数据传送指令的梯形图使用指令盒表示：传送指令由操作码 MOV，数据类型（B/W/DW/R），使能输入端 EN，使能输出端 ENO，源操作数 IN 和目标操作数 OUT 构成。

（2）ENO 可作为下一个指令盒 EN 的输入，即几个指令盒可以串联在一行，只有前一个指令盒被正确执行时，后一个指令盒才能执行。

（3）数据传送指令的原理：当 EN＝1 时，执行数据传送指令。其功能是把源操作数 IN 传送到目标操作数 OUT 中。数据传送指令执行后，源操作数的数据不变，目标操作数的数据刷新。

4. 脉冲指令 EU、ED

脉冲上升沿指令 EU、脉冲下降沿指令 ED 的梯形图符号及逻辑功能等指令属性见表 1-12。

表 1-12　　　　　　　　　　EU、ED 指令

指令名称	梯形图	指令表	逻辑功能
脉冲上升沿指令	─┤ P ├─	EU	在上升沿产生一个周期脉冲
脉冲下降沿指令	─┤ N ├─	ED	在下降沿产生一个周期脉冲

边沿脉冲指令的使用说明如下。

（1）EU 指令对其之前的逻辑运算结果的上升沿产生一个扫描周期的脉冲。

（2）ED 指令对其之前的逻辑运算结果的下降沿产生一个扫描周期的脉冲。

任务实施

8 盏指示灯控制程序如图 1-24 所示，由于灭灯优先权最高，所以在网络 4 中不使用脉冲指令。

（1）按图 1-20 所示连接 8 盏指示灯控制电路。

（2）接通电源，拨状态开关于"TERM"（终端）位置。

（3）运行编程软件，将图 1-24 所示的控制程序下载到 PLC。

网络1　灯全亮

I0.0

—| |— P —

MOV_B
EN　ENO
16#FF — IN　OUT — QB0

网络2　奇数灯亮

I0.1

—| |— P —

MOV_B
EN　ENO
16#AA — IN　OUT — QB0

网络3　偶数灯亮

I0.2

—| |— P —

MOV_B
EN　ENO
16#55 — IN　OUT — QB0

网络4　灯全灭

I0.3

—| |—

MOV_B
EN　ENO
0 — IN　OUT — QB0

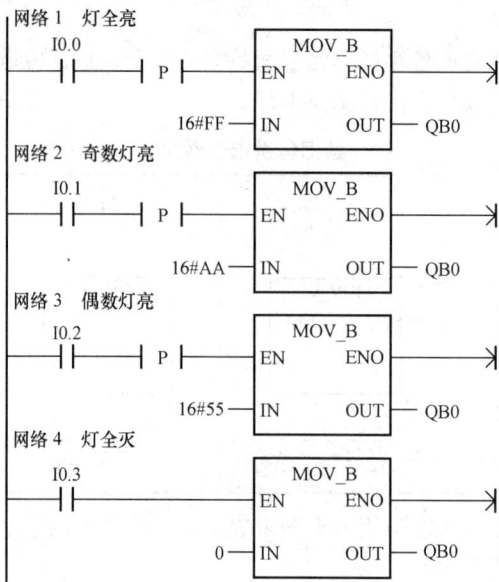

图1-24　8盏指示灯控制程序

（4）单击工具栏运行图标▶，使PLC处于"RUN"（运行）状态。

（5）按下按钮I0.0，8盏指示灯全亮。

（6）按下按钮I0.1，奇数指示灯亮。

（7）按下按钮I0.2，偶数指示灯亮。

（8）按下按钮I0.3，8盏指示灯全灭。

练习题

设有8盏指示灯，控制要求是：当I0.0接通时，全部灯亮；当I0.1接通时，1～4盏灯亮；当I0.2接通时，5～8盏灯亮；当I0.3接通时，全部灯灭。

（1）试设计控制电路。

（2）用数据传送指令编写程序。

任务四　实现PLC网络控制

任务引入

工业自动生产线中往往包含多个工作站（对应多个PLC），由于各站之间需要协调工作，所以每个工作站并不是独立的，而是利用通信手段形成控制网络。网络中的主站起协调指挥作用，从站服从主站指挥。主站可以读出（或写入）从站信息，从站无读写操作，从而形成"集中处理、分散控制"的模式。

例如，控制网络中有主、从两台PLC，只有主站PLC接入启动/停止按钮，从站未接入按钮，从站服从主站下达的启动/停止命令。控制要求为：按下主站启动按钮I0.0，主站输出继电器Q0.0通电；延时5s后，从站输出继电器Q0.0通电；再延时10s后，主站输出继电器Q0.1

通电。按下主站停止按钮 I0.1，主、从站输出继电器全部断电。

相关知识

一、PPI 网络通信

S7-200 系列 PLC 安装有串行通信口，CPU221、CPU222、CPU224 为一个 RS-485 口，定义为 P0。CPU226 为两个 RS-485 口，定义为 P0 及 P1。PPI 通信协议硬件上基于 RS-485，通过屏蔽双绞线就可以实现 PPI 通信。RS-485 采用一对平衡差分信号线，具有抗共模能力强，抑制噪声干扰性好的特点。以两线间的电压差为 +2～+6V 表示逻辑状态"1"，以两线间的电压差为 −2～−6V 表示逻辑状态"0"。RS-485 为半双工接口，不能同时发送和接收。因为 RS-485 的远距离、多节点（32 个）以及传输线成本低的特性，使得 RS-485 成为工业生产中数据传输的首选标准。

S7-200CPU 支持 PPI（点对点通信协议）、MPI（多点通信协议）、PROFIBUS 通信协议中的一种或多种，如果使用相同的波特率，这些协议可以在同一个网络中同时运行而互不干扰。PPI 是一种主—从协议，主站分时控制整个网络上的通信活动，读写从站的数据，网络中各站通过不同的地址（站号）来区分。PPI 协议并不限制与任意一个从站通信的主站的数量，但在一个网络中，主站不能超过 32 个。PPI 协议最基本的用途为在编程计算机与 PLC 之间下载或上传用户程序，此时利用 PC/PPI 电缆连接计算机的 RS-232 口及 PLC 的 RS-485 口，并选择相同的波特率即可。

PPI 支持的通信速率（波特率）为 9.6kbps、19.2kbps 和 187.5kbps。在一个网络段中，通信距离为 50m。如果使用 RS-485 中继器，可以把多个网段连接起来组成一个网络。在一个网络中最多能有 127 个站，通信距离 1200m。

为了方便设备的连接，西门子公司提供了两种网络连接器，用于连接 RS-485 接口设备，两种结构相同，其中一种带编程接口，可以在不影响现有网络连接情况下再连接一个编程站到网络中。图 1-25 所示为双绞线电缆接入网络连接器的情况，由图中可见，每个网络连接器中配有两组连接端子 A、B，分别连接输入及输出电缆。网络连接器配有网络偏置和终端匹配选择开关，图中给出了网络连接器偏置电阻和终端电阻的典型值。接在网络端部的连接器的选择开关应设为

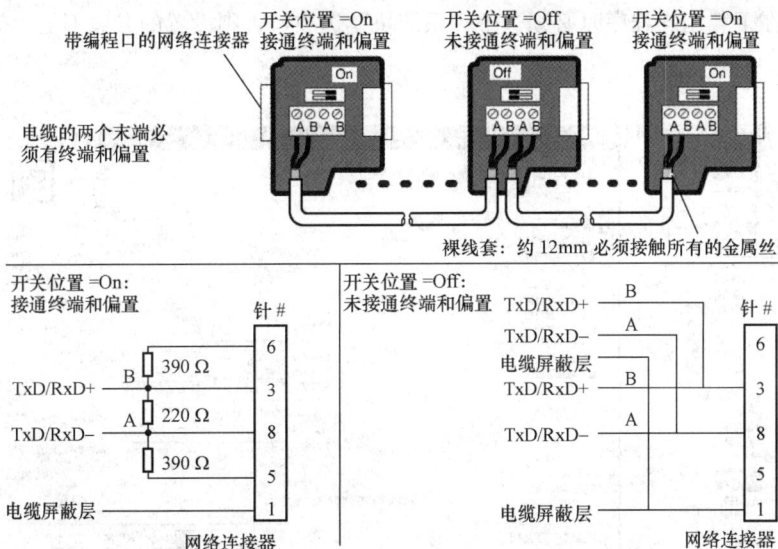

图 1-25 网络电缆与网络连接器的连接、偏置及终端

On（在通信距离很短的情况下，如果通信连接不上，可尝试将选择开关设为Off）。

二、连接PPI网络

如图1-26所示，两台S7-200系列PLC与装有编程软件的计算机通过RS-485通信接口和网络连接器组成一个使用PPI协议的单主站通信网络。用带编程口的网络电缆连接两站PLC的通信端口0，用PC/PPI电缆连接计算机通信口与网络连接器的编程口。计算机地址为0，主站地址为1，从站地址为2。在计算机上操作STEP 7-Micro/WIN V 4.0编程软件，可分别向主站PLC或从站PLC下载或上传用户程序。

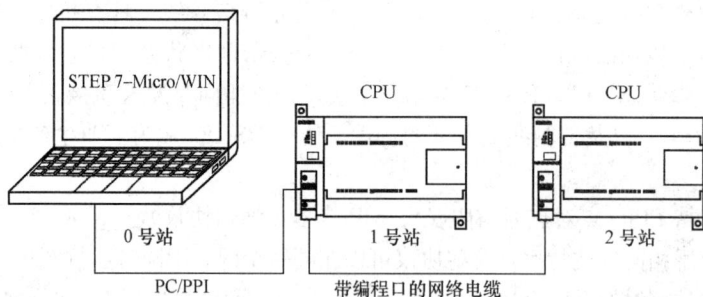

图1-26 PPI网络的连接

作为实验室应用，也可以用标准的9针D型连接器来代替网络连接器，用双绞线屏蔽电缆连接两个9针D型连接器，3脚与3脚连接，8脚与8脚连接，屏蔽线焊接外壳，见图1-27。

三、设置主从站PPI通信参数

1. 设置主站PLC通信参数

运行SETP 7-Micro/WIN编程软件，选择指令树中"系统块"的"通信端口"命令，在如图1-28所示窗口中设置端口0的地址为"1"，波特率为"9.6kbps"，其他参数默认。在下载用户程序时必须选中"系统块"选项，否则设置的参数不能生效。

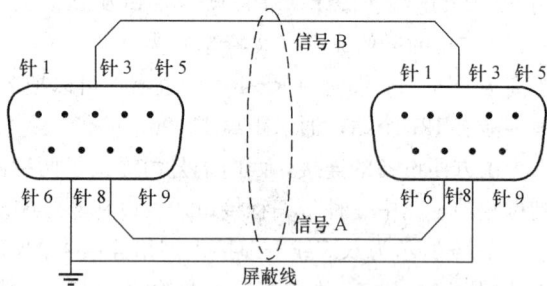

图1-27 自制RS-485通信电缆

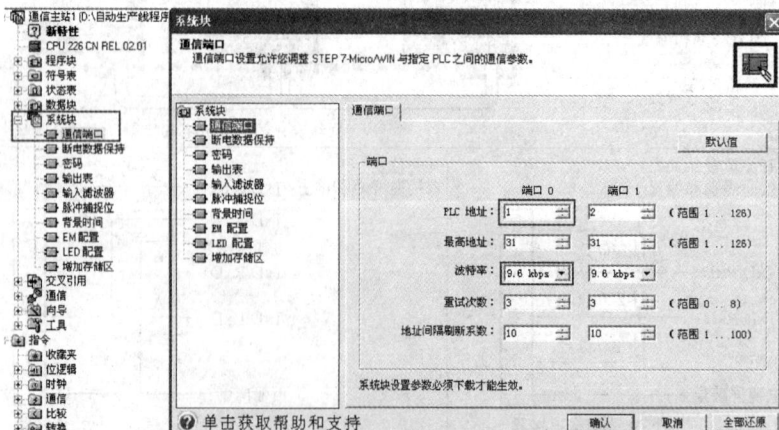

图1-28 设置主站PLC地址和波特率

2. 设置从站 PLC 通信参数

按同样的方法将从站端口 0 的地址设置为 "2"，波特率为 "9.6kbps"，并下载到从站 PLC。

四、建立网络子程序

在主站 PLC 程序中使用网络读写命令向导建立网络子程序，而从站 PLC 则不需要。

1. 使用网络向导功能

单击"工具"→"指令向导"菜单，选择"NETR/NETW"选项，如图 1-29 所示。

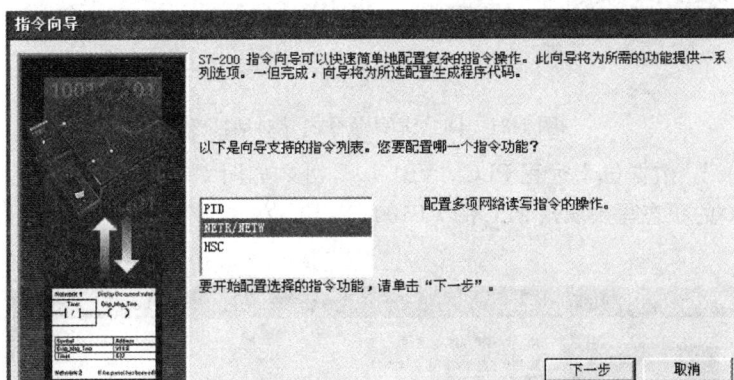

图 1-29　网络读写命令向导对话框 1

2. 选择网络读/写操作数目

因为只有一个从站，主站对从站有读和写两项操作，所以网络操作选择项为 2，如图 1-30 所示。

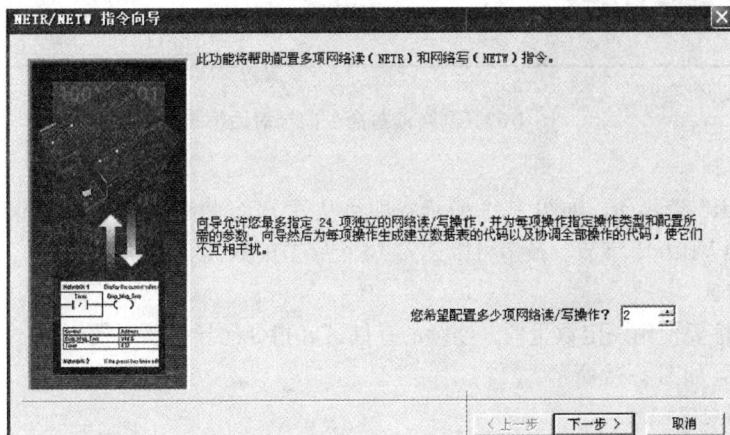

图 1-30　网络读写命令向导对话框 2

3. 选择通信端口

设定使用的通信口，此处选择 0；默认子程序名为"NET＿EXE"，如图 1-31 所示。

4. 配置网络写命令

选择"NETW"写操作，"1"个字节写入远程 PLC，数据位于本地 PLC"VB1000"处；远

21

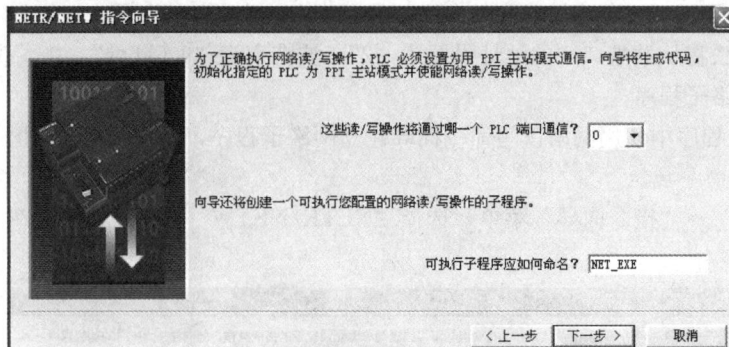

图 1-31　网络读写命令向导对话框 3

程 PLC 地址为"2"，数据位于远程 PLC"VB1000"处，如图 1-32 所示。即将主站 PLC 变量存储器字节 VB1000 的状态写入从站 PLC 的 VB1000 字节。在"NETW"写操作中最多可以写入 16 个字节的数据。

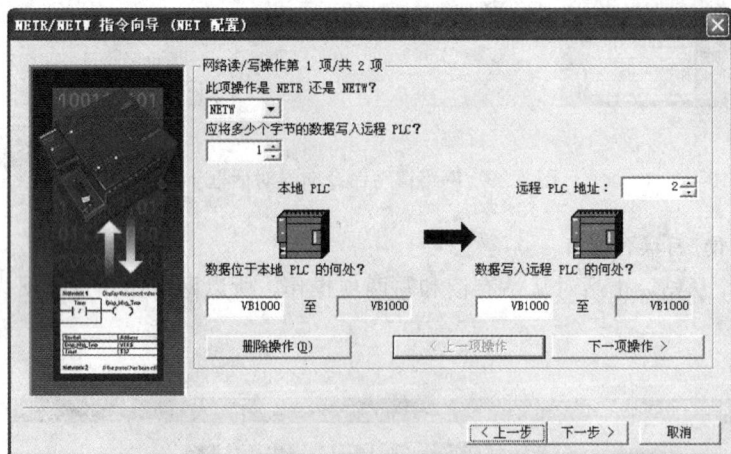

图 1-32　网络读写命令向导对话框 4

5. 配置网络读命令

选择"NETR"读操作，如图 1-33 所示。即将从站 PLC 的变量存储器字节 VB1001 的状态读入主站 PLC 的 VB1001 字节。最多可以读入 16 个字节的数据。

6. 选择存储区

生成的子程序要使用一定数量的、连续的存储区，指令向导提示要使用 19 个字节的存储区，可默认建议地址，如图 1-34 所示。

7. 完成网络配置

网络读写命令已设置好，单击"完成"按钮，生成网络子程序 NET_EXE。网络子程序仅供主站 PLC 调用，从站并不下载或调用。

五、调用网络子程序

在主站 PLC 程序中调用网络读写子程序，如图 1-35 所示。因为 EN 为 ON 时子程序才会执行，所以必须用 SM0.0 动合触点连接。Timeout 用于时间控制，以秒为单位设置，当通信的时间超过设定时间时，会给出通信错误信号，即 Error 状态 ON，Q1.1 指示灯常亮。Cycle 是通信周期脉冲信号，网络读/写操作每完成一次便切换状态，通信正常时 Q1.0 指示灯闪烁。

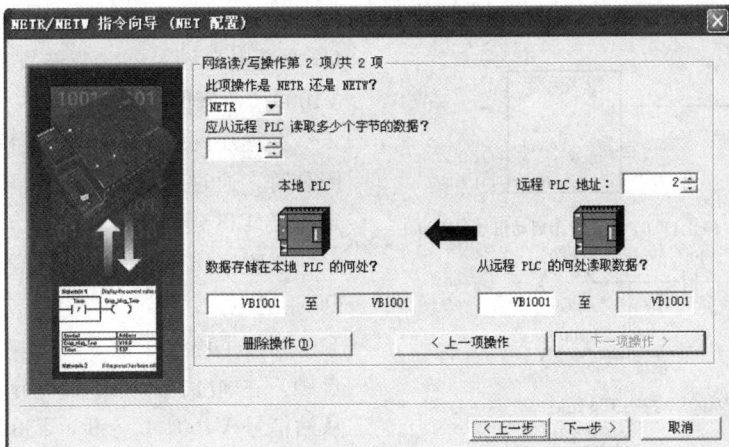

图 1-33　网络读写命令向导对话框 5

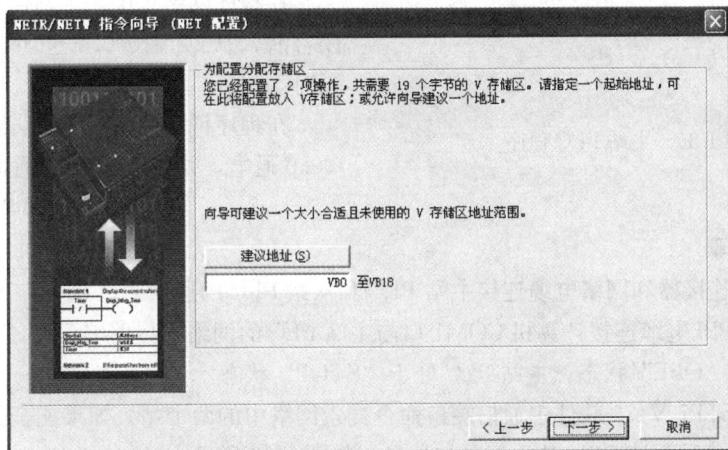

图 1-34　网络读写命令向导对话框 6

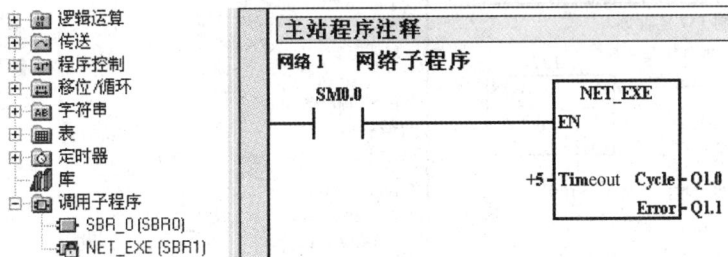

图 1-35　在主站 PLC 程序中调用网络读写子程序

任务实施

一、编写主站程序

主站 PLC 程序如图 1-36 所示。

在程序网络 1 中，始终调用网络读写子程序 NET _ EXE。

主站程序注释

网络1 网络子程序

```
SM0.0              NET_EXE
 ┤├                EN
            +5-Timeo~Cycle─Q1.0
                     Error─Q1.1
```

网络2 主站启动/停止Q0.0，主站发出启动信号V1000.0

```
I0.0    I0.1    Q0.0
┤├      ┤/├     ( )
Q0.0
┤├             V1000.0
               ( )
```

网络3 从站信号V1001.0控制T38延时10s

```
V1001.0          T38
┤├           IN  TON
       100-PT    100ms
```

网络4 Q0.1启动

```
T38    Q0.1
┤├     ( )
```

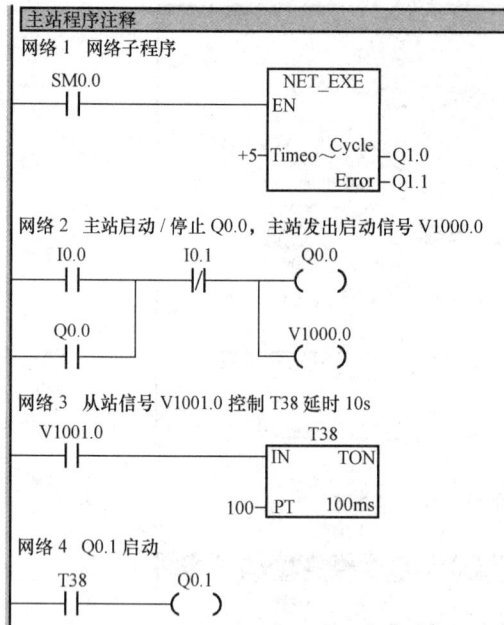

图1-36 主站PLC程序

在程序网络2中，按下启动按钮I0.0，Q0.0通电自锁。同时主站发出从站启动信号V1000.0，该信号写入从站。

在程序网络3中，从站启动信号V1001.0闭合时，通过读操作，主站V1001.0也闭合，定时器T38延时10s。

在程序网络4中，定时器T38延时控制Q0.1通电。

当按下停止按钮I0.1时，Q0.0断电解除自锁，主站信号V1000.0分断；从站停止，从站信号V1001.0分断，T38和Q0.1断电。

二、编写从站程序

从站PLC程序如图1-37所示。

在程序网络1中，主站启动信号V1000.0闭合时，从站V1000.0也闭合，定时器T37延时5s。

在程序网络2中，定时器T37延时控制Q0.0通电，并使V1001.0通电，该信号状态被主站读取。

三、操作步骤

（1）用网络连接器和网络电缆连接主站PLC和从站PLC的通信端口0。

（2）用PC/PPI电缆连接计算机COM1口与主站PLC的网络连接器编程口，各站网络连接器终端电阻均处于"OFF"状态，主站PLC处于"STOP"状态。

（3）利用SETP7 V4.0软件中通信端口命令搜索网络中的两个站，如果能全部搜索到，表明网络连接正常，显示两站CPU单元型号与地址，如图1-38所示。

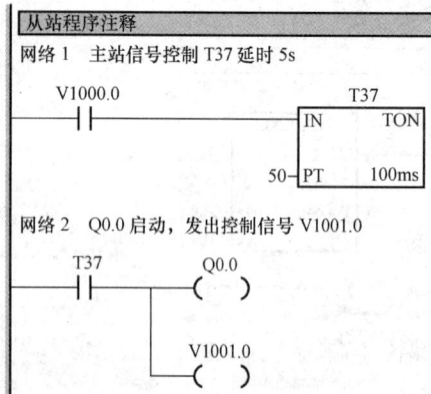

从站程序注释

网络1 主站信号控制T37延时5s

```
V1000.0          T37
┤├           IN  TON
       50-PT     100ms
```

网络2 Q0.0启动，发出控制信号V1001.0

```
T37    Q0.0
┤├     ( )
       V1001.0
       ( )
```

图1-37 从站PLC程序

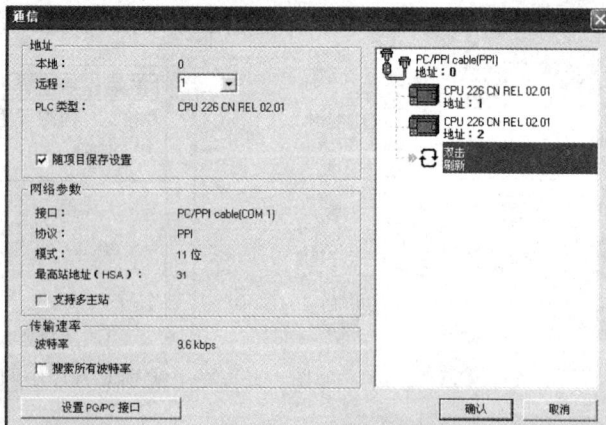

图1-38 搜索网络中各站

（4）在主站程序"系统块"→"通信端口"界面中设置端口0的网络地址为"1"和波特率为9.6kbps，使远程地址为"1"，将主站程序、设置的地址及波特率一起下载主站PLC中。

（5）在从站程序"系统块"→"通信端口"界面中设置端口0的网络地址为"2"和波特率

为 9.6kbps，使远程地址为"2"，将从站程序、设置的地址及波特率一起下载从站 PLC 中。

（6）两站 PLC 处于"RUN"状态。

（7）在通信正常情况下，主站 Q1.0 闪烁，Q1.1 状态为 OFF。如果 Q1.1 状态为 ON，表示通信异常，要检查程序和网络连接情况。

（8）在通信正常情况下，按下主站启动按钮，按主站 Q0.0→从站 Q0.0→主站 Q0.1 的顺序延时通电。按下主站停止按钮，主站 Q0.0、Q0.1 和从站 Q0.0 同时断电。

练习题

（1）什么是 PPI 通信？

（2）在 PPI 网络通信中，主站的地址是多少？从站的地址是多少？

（3）如何判断 PPI 网络通信正常或异常？

（4）若 PPI 网络中有 1 个主站，4 个从站，则网络读写操作最多可配置多少项？

任务五 西门子触摸屏的使用

触摸屏是"人"与"机"相互交流信息的窗口，使用者只要用手指轻轻地点击屏幕上的图形符号，就能实现对设备的操作，具有操作直观、交互信息量大、控制功能强等优点。自动生产线上使用的触摸屏具有控制设备运转和故障显示功能。

子任务一 用触摸屏实现电动机启动/停止控制

任务引入

电动机的启动/停止控制线路如图 1-39 所示，CPU226 的通信口 P0 连接计算机（使用 PC/PPI 电缆），P1 连接触摸屏（用网络连接器和网络电缆，或自制 RS-485 通信电缆）。除使用按钮对电动机启动/停止控制外，还可以通过触摸屏对电动机实现启动/停止控制，并在屏幕上显示电动机的运行状态。PLC 输入/输出端口分配见表 1-13，组态画面如图 1-40 所示。

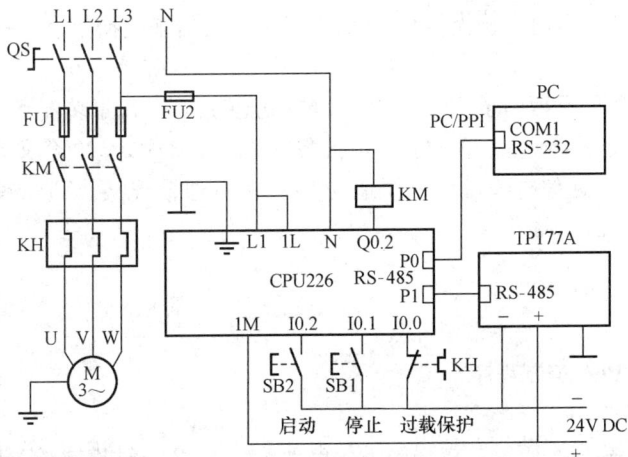

图 1-39 电动机启动/停止控制线路

表 1-13   **PLC 输入/输出端口分配表**

输入端口			输出端口		
输入端	输入元件	作 用	输出端	输出元件	控制对象
I0.0	KH	过载保护	Q0.2	交流接触器 KM	电动机 M
I0.1	SB1	停止按钮			
I0.2	SB2	启动按钮			

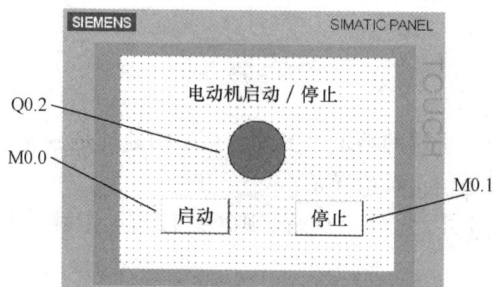

图 1-40 电动机启动/停止控制画面

相关知识

触摸屏的基本功能是显示现场设备（通常是 PLC）中位变量的状态和寄存器中数字变量的值，用画面按钮向 PLC 发出各种命令，其组态与运行如图 1-41 所示。

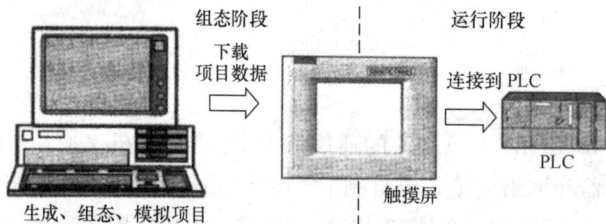

图 1-41 触摸屏的组态与运行

（1）组态。使用组态软件 WinCC flexible 可以生成满足用户要求的画面，将画面中的图形对象与 PLC 的存储器地址联系起来，就可以实现 PLC 与触摸屏之间的关联。

（2）下载项目文件。将生成的画面转换成触摸屏可以执行的文件，并将可执行文件下载到触摸屏的存储器。

（3）运行。在系统运行时，触摸屏和 PLC 之间通过通信来交换信息，从而实现触摸屏的各种功能。

自动化生产线使用的是西门子 TP 177A 6in 单色触摸屏，可以最多配置 250 个显示画面，使用变量数目 250 个；离散量报警最多 500 个，报警变量数目 8 个；500 个文本对象；1 个 RS-485 通信端口，使用 RS-485 通信电缆可以方便地与 PLC 进行通信连接。TP 177A 工作时需要提供 24V 直流电源。

任务实施

一、编写和下载 PLC 控制程序

1. 编写 PLC 控制程序

PLC 控制程序如图 1-42 所示。在程序中，启动按钮 I0.2 与触摸屏的"启动按钮"M0.0 并联，停止按钮 I0.1 与触摸屏的"停止按钮"M0.1 串联，实现两地启动或停止电动机（Q0.2）。

2. 设置通信参数

计算机使用 COM1 串口，波特率设为 9.6kbps，使用 PC/PPI 电缆与 CPU226 的 P0 口连接。触摸屏使用 RS-485 端口，波特率设为 19.2kbps，使用网络连接器或 RS-485 电缆与 CPU226 的 P1 口连接。程序编写完后，单击 PLC 程序左侧的"系统块"选项，将"通信端口"界面中端口 0 的地址设为 1，波特率设为 9.6kbps；将

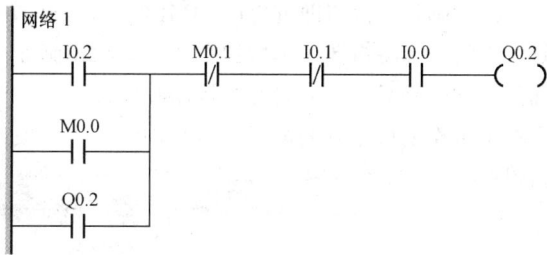

图 1-42　PLC 控制程序

"通信端口"界面中端口 1 的地址设为 2，波特率设为 19.2kbps，如图 1-43 所示。

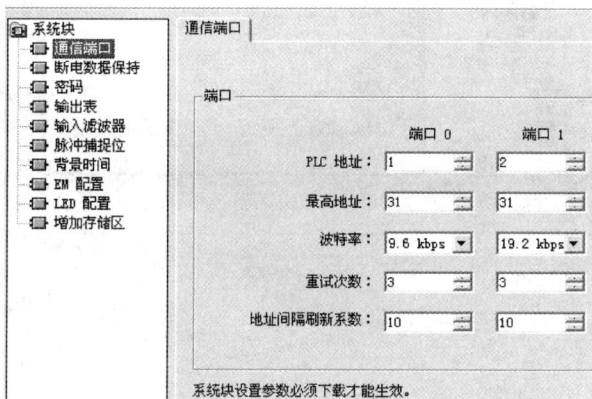

图 1-43　设置 PLC 通信端口

3. 下载 PLC 程序

单击"下载"图标，将 PLC 程序下载到 CPU226 中，注意选中"系统块"选项，因为系统块设置参数必须下载后才能生效。

二、组态触摸屏画面

1. 创建新项目

双击 Windows 桌面上 WinCC flexible 图标，选择"创建一个空项目"选项，在弹出的对话框中选择所使用的触摸屏的型号（TP 177A 6″），界面如图 1-44 所示。

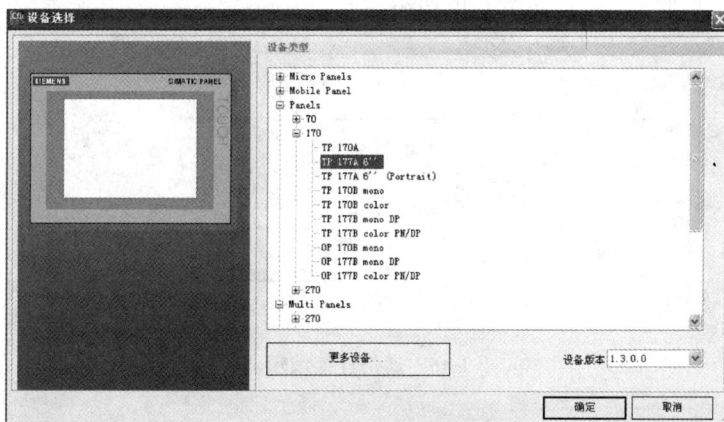

图 1-44　选择触摸屏型号

单击"确定"按钮即可生成 HMI 项目窗口，其界面如图 1-45 所示。打开画面后，可以使用工具栏上的放大按钮和缩小按钮来放大或缩小画面。在画面编辑器下面的属性对话框中可以设置画面的名称和编号（例如名称为控制画面）。

在主工作窗口左侧的树形项目结构中单击"项目"→"保存"选项，选择路径和文件名，将项目保存。

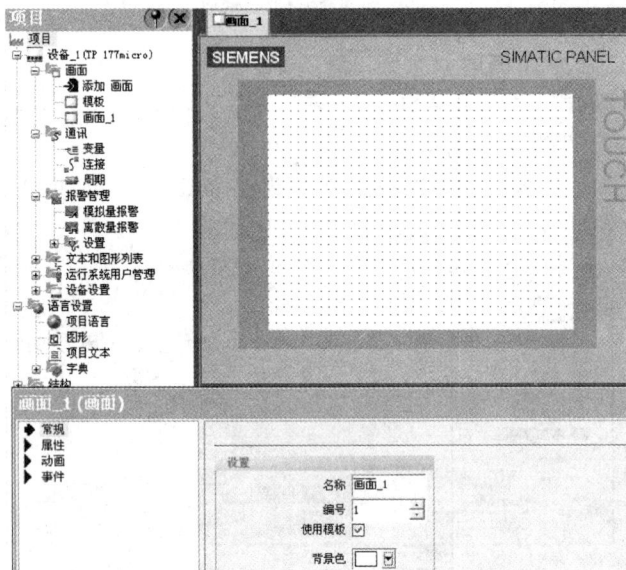

图 1-45　WinCC flexible 的用户界面

2. 配置通信连接

必须为 TP 177 A6″配置通信连接后才能与 S7-200 正常通信。

（1）在主工作窗口的左侧展开树形项目结构，选择"项目"→"通信"→"连接"选项，双击"连接"选项，打开连接编辑器。

（2）双击"名称"下面的空白处，表内便自动生成一个连接，其默认的名称为"连接_1"，通信驱动程序选择"SIMATIC S7-200"，在"在线"列选中"开"。连接表下面的参数视图中给出了通信连接的参数、PLC 地址和网络配置。要注意选择最小的波特率为 19200，S7-200 PLC 中也要设置波特率为 19200，以使两者以相同的波特率进行通信。选择"MPI"配置文件。TP 177 地址为"1"，PLC 地址为"2"，如图 1-46 所示。

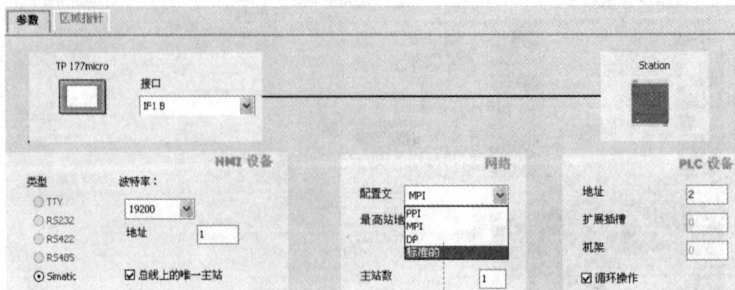

图 1-46　通信连接编辑器

3. 建立变量

双击主工作窗口左侧树形项目结构视图中的"项目"→"通信"→"变量"选项，打开变量编辑器，双击"名称"下面的空白处，表内自动生成一个变量，其默认的名称为"变量_1"，更名为"启动按钮"，选择数据类型为"Bool"，地址为"M0.0"。其他变量按照图1-47建立。

名称	连接	数据类型	地址	数组计数	采集周期	注释
启动按钮	连接_1	Bool	M 0.0	1	100 ms	
停止按钮	连接_1	Bool	M 0.1	1	100 ms	
电动机	连接_1	Bool	Q 0.2	1	100 ms	

图1-47 变量编辑器

4. 添加画面

双击主工作窗口左侧树形项目结构视图中的"项目"→"画面"→"添加 画面"选项，建立一个新画面"画面_2"，如图1-48所示。将"画面_1"改名为"控制画面"。

5. 添加简单对象

选择右侧工具视图，用户可以添加一些对象。例如"简单对象"中包含的线、圆、文本域、按钮等，如图1-49所示。

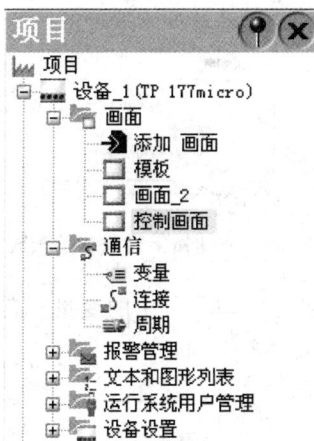

图1-48 添加画面

图1-49 添加简单工具

6. 添加文本域

单击"工具"→"简单对象"→"文本域"选项，将其拖入到"控制画面"中，默认的文本为"Text"，在属性视图中更改为"电动机启动/停止"。选中"属性"菜单下的"文本"选项可以更改文本的字体大小和对齐方式，如图1-50所示。

7. 添加按钮

(1) 按钮的生成。单击"工具"→"简单对象"→"按钮"选项，将其中的按钮图标 OK 拖放到画面上，松开左键，按钮即被放置在画面上。可以用鼠标来调整按钮的位置和大小。

(2) 设置按钮的属性。选中生成的按钮，在属性视图的"常规"界面中使"按钮模式"选项

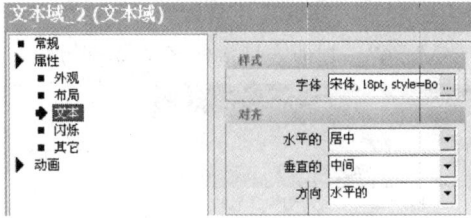

图 1-50　添加文本域

组和"文本"选项组均选中"文本"选项，写入"启动"文本，如图 1-51 所示。

在"属性"视图的"文本"界面中可以定义按钮上文本的字体大小和对齐方式，如图 1-52 所示。

（3）设置按钮的功能。在属性视图的"事件"菜单的"按下"界面中单击视图右侧最上面一行，再单击它右侧出现的▼键（在单击之前它是隐藏的），单击出现的系统函数列表的"编辑位"文件夹中的函数 SetBit（置位），如图 1-53 所示。

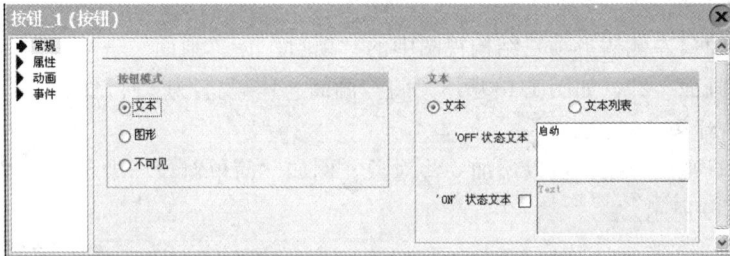

图 1-51　组态按钮的常规属性

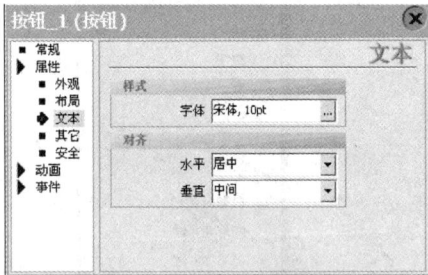

图 1-52　组态按钮的文本格式

图 1-53　组态按钮按下时执行的函数

直接单击表中第 2 行右侧隐藏的▼按钮，弹出对应对话框，单击其中的变量"启动按钮"，如图 1-54 所示。在运行时按下该按钮，将变量"启动按钮"置位为 1 状态。

用同样的方法，在属性视图的"事件"菜单的"释放"界面中设置释放按钮时的系统函数 ResetBit，将变量"启动按钮"复位为 0 状态。该按钮具有点动按钮的功能，按下按钮时变量"启动按钮"被置位，释放按钮时被复位。

单击画面上组态好的启动按钮，先后执行"编辑"菜单中的"复制"和"粘贴"命令，生成一个相同的按钮。用鼠标调节它的位置，选中属性视图的"常规"选项，将按钮上的文本修改为

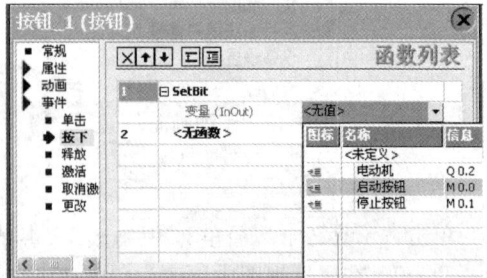

图 1-54　组态按钮按下时操作的变量

"停止"。选中"事件"选项，组态"按下"和"释放"停止按钮的置位和复位事件，将它们分别与变量"停止按钮"关联起来。

8. 添加运行指示灯

（1）指示灯的生成。单击"工具"→"简单对象"→"圆"选项，将其中的圆图标●拖放到画面上，松开左键，圆圈被放置在画面上。可以用鼠标来调整圆圈的位置和大小。

（2）设置圆圈的属性。选中生成的圆，在属性视图的"外观"界面中选择填充颜色和填充样式为实心，如图 1-55 所示。

（3）设置圆圈的功能并与电动机连接。在动画视图的"可见性"界面中选择"启用"复选框，单击"变量"下拉列表框右侧出现的▼键，选择"电动机"选项，选择对象状态为"隐藏"，即电动机停止时，该圆圈隐藏；电动机运行时，该圆圈显示，如图 1-56 所示。

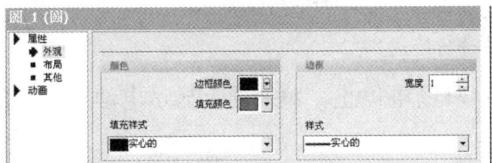

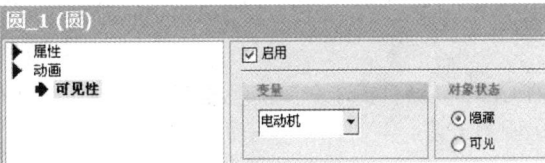

图 1-55　组态指示灯　　　　　　　　　　图 1-56　指示灯与电动机关联

三、将组态画面下载到触摸屏

计算机与触摸屏通过 PC/PPI 电缆连接起来，如图 1-57 所示，同时要为触摸屏提供 24V 直流电源。

如果触摸屏第一次通电，必须设置触摸屏的通信参数。触摸屏开机后进入的画面如图 1-58 所示（这个画面大约持续 3s）；单击 Control Panel 按钮，进入控制面板界面；单击 Transfer 按钮，进入 Transfer Settings 界面，如图 1-59 所示，选中"通道 1"（Channel1）选项组中"串行"（Serial）文本后的复选框，单击 OK 按钮退出。重新启动触摸屏，单击"传送"（Transfer）按钮，进入传送等待界面，等待计算机的传送。

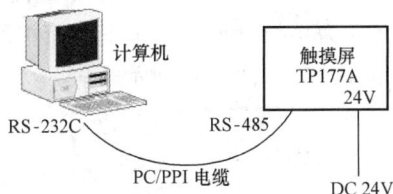

图 1-57　计算机与触摸屏的连接　　　图 1-58　装载选项　　　图 1-59　Transfer Settings 界面

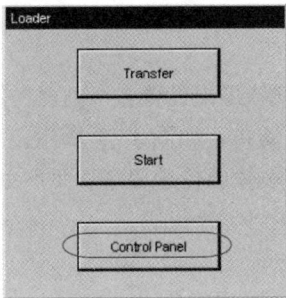

编辑好画面后，单击工具栏中的传送 ⬇ 按钮，进入"选择设备进行传送"界面，如图 1-60 所示。选中触摸屏设备为"TP 177A 6″"，模式为"RS-232/PPI 多主站电缆"，端口选择"COM1"，波特率选择最小（115200），单击"传送"按钮，即可将组态好的画面下载到触摸屏中。

四、操作

（1）用网络连接器或 RS-485 电缆连接触摸屏通信端口与 PLC 的 P1 口。

（2）按启动按钮 SB2 或单击触摸屏的"启动"按钮，I0.2 或 M0.0 动合触点闭合，使输出继电器 Q0.2 自锁，交流接触器 KM 通电，电动机 M 通电运行。触摸屏上显示电动机运转的实心圆。

（3）按停止按钮 SB1 或单击触摸屏的"停止"按钮，I0.1 或 M0.1 动断触点断开，使输出继

31

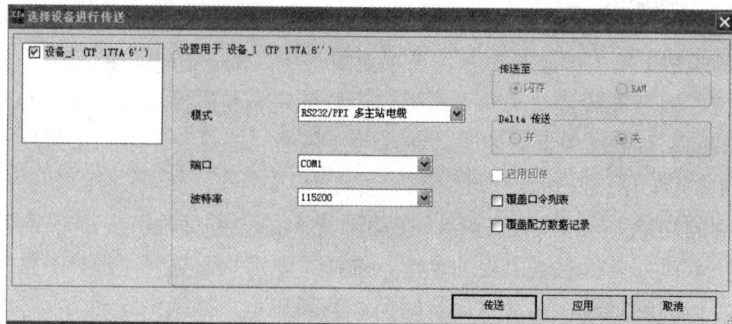

图 1-60　选择设备进行传送

电器 Q0.2 解除自锁，交流接触器 KM 失电，电动机 M 断电停止。触摸屏上显示电动机运转的实心圆消失。

练习题

（1）在工业生产中，触摸屏的作用是什么？

（2）怎样在画面中组态按钮？

（3）怎样在画面中组态指示灯？

（4）触摸屏使用什么样的电源？

（5）如何连接触摸屏与 PLC 的通信端口？

子任务二　实现多画面切换

任务引入

根据控制任务的需要可以在触摸屏上设置多个画面。例如，设置两个用户画面，其中画面 1 为控制画面，用来启动或停止电动机，如图 1-61 所示。画面 2 为系统画面，当按下画面中的"传送"按钮时，可以从计算机向触摸屏传送程序，而不必重新上电，如图 1-62 所示。

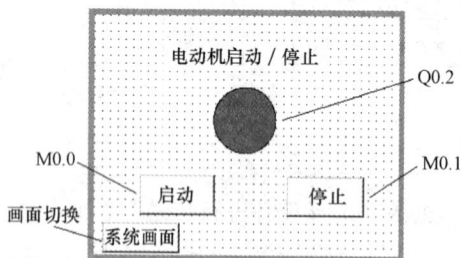

图 1-61　控制画面

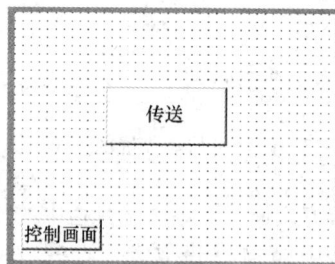

图 1-62　系统画面

任务实施

1. 创建系统画面

双击主工作窗口左侧树形项目结构视图中的"项目"→"画面"→"添加 画面"选项，建立一个新画面"画面 _ 2"，并将"画面 _ 2"改名为"系统画面"，如图1-63所示。

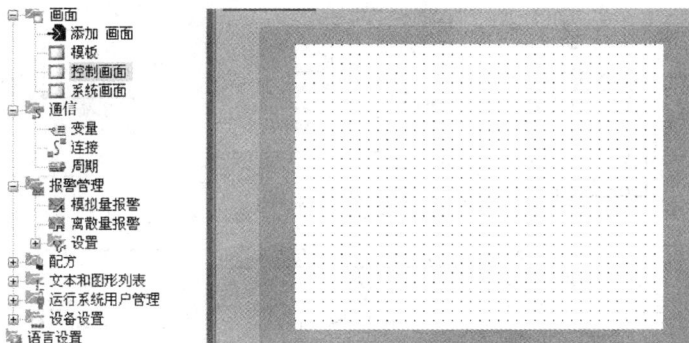

图 1-63　将画面 _ 2 改名为系统画面

2. 添加按钮并设置功能

添加一个按钮，在"常规"和"属性"菜单中加入文字"传送"并设置字体。在"事件"菜单中选择"单击"选项，选择"设置"文件夹中的函数 SetDeviceMode，如图1-64所示。在函数的下一行"运行模式"菜单中选择"下载"选项。

3. 生成画面切换按钮

在系统画面里，将左侧"项目"→"控制画面"选项拖动到工作区左下角，生成一个带有画面切换的按钮，该按钮与"控制画面"相关联。用同样的方法在控制画面里生成一个向系统画面切换的按钮。

4. 下载操作

将用户程序下载到触摸屏，在触摸屏上触击画面切换按钮，使"控制画面"和"系统画面"可以相互切换。PLC控制程序和操作步骤同子任务一。

图 1-64　组态传送按钮

单击"系统画面"中的"传送"按钮可以再次从计算机向触摸屏下载用户程序。

练习题

（1）如何创建多个画面？

（2）怎样在画面中组态画面切换按钮？

子任务三　用触摸屏实现故障报警

任务引入

电动机的启动/停止控制线路如图1-65所示，除启动/停止控制外，还有过载故障自停保护和前、后车门打开故障自停保护，出现故障时触摸屏自动报警并显示故障现象和排除方法。PLC输入/输出端口分配见表1-14。

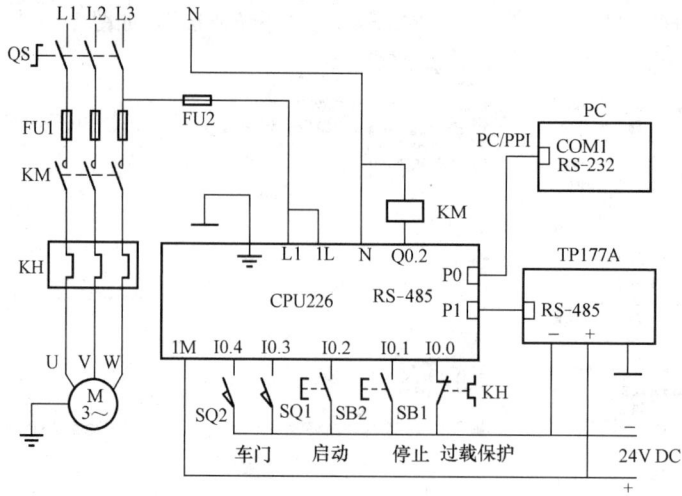

图 1-65　电动机启动/停止控制线路

表 1-14　　　　　　　　　　　PLC 输入/输出端口分配表

输入端口			输出端口		
输入端	输入元件	作用	输出端	输出元件	控制对象
I0.0	KH	过载保护	Q0.2	交流接触器 KM	电动机 M
I0.1	SB1	停止按钮			
I0.2	SB2	启动按钮			
I0.3	SQ1	前车门行程开关			
I0.4	SQ2	后车门行程开关			

任务五

　　本任务用户画面有 3 个,其中画面 _ 1 是控制画面,用来控制电动机的运行;画面 _ 2 是系统画面,用来传送用户程序;画面 _ 1 和画面 _ 2 与子任务二相同。画面 _ 3 是故障报警画面,设有电动机过载、前车门打开和后车门打开 3 个故障显示,如图 1-66 所示。可以通过触摸屏监控电动机的运行状态,当出现故障时,电动机停止;同时触摸屏弹出故障报警窗口,报警指示器闪烁。排除故障后,方可重新启动电动机运行。

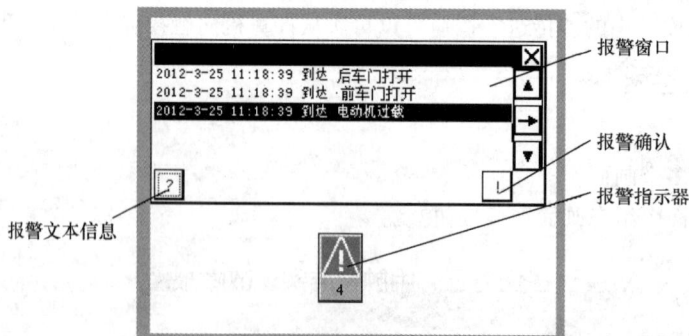

图 1-66　故障报警画面

　　例如,当热继电器过载保护动作时,报警窗口弹出电动机过载信息,单击报警文本信息中的 ⁇ ,出现如图 1-67 所示的画面,通过这个画面可以了解检查和排除故障的措施。排除故障之后,单击报警确认按钮 ↵ 进行确认,报警窗口和报警指示器自动消失。

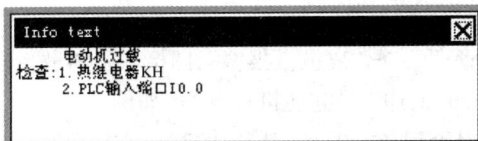

图 1-67　报警文本信息

任务实施

一、触摸屏画面组态

1. 创建报警画面

报警窗口和指示器只能在画面模板中进行组态。双击"项目"→"画面"→"模板"图标，打开模板画面。将工具箱的"增强对象"组中的"报警窗口"与"报警指示器"图标拖放到画面模板中，如图 1-68 所示。

图 1-68　模板中的报警窗口与报警指示器

在报警窗口"属性"→"显示"界面中选中"'信息文本'按钮"和"'确认'按钮"复选框，如图 1-69 所示，否则这两个按钮不会出现在报警窗口中。

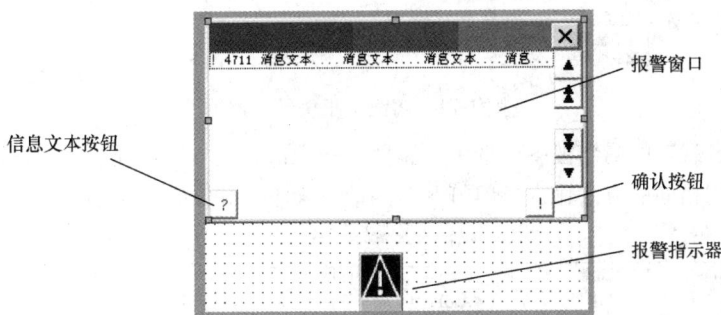

图 1-69　在报警窗口属性中选中"'信息文本'按钮"和
"'确认'按钮"两个选项

2. 添加报警变量控制字

离散量报警如果置位了 PLC 中特定的位，触摸屏就触发报警。报警变量的长度必须为字。在变量表中创建字型（Word）变量"故障信息"，存储地址为"MW10"，如图 1-70 所示。因为一个字型（Word）变量有 16 位，所以可以表示 16 个离散量报警。

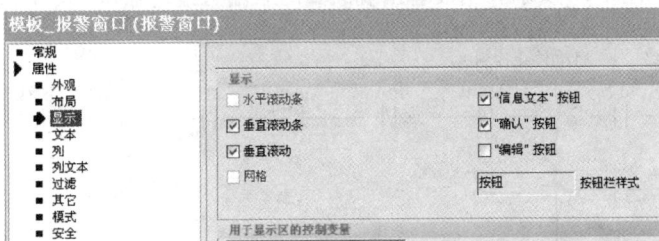

图 1-70　添加报警变量控制字

3. 添加离散量报警变量

双击"项目"→"报警管理"→"离散量报警"图标，在离散量报警编辑器中单击表格的第1行，输入报警文本（对报警的描述）"电动机过载"，如图1-71所示。报警的编号用于识别报警，是自动生成的。离散量报警用指定的字变量内的某一位来触发，单击"触发变量"右侧的▼按钮，在程序的变量列表中选择已定义的变量"故障信息"。选择"触发器位"为0，当"事故信息"的第0位置位时就触发电动机过载报警。即电动机过载报警与M11.0关联；同理，前车门打开与M11.1关联；后车门打开与M11.2关联。

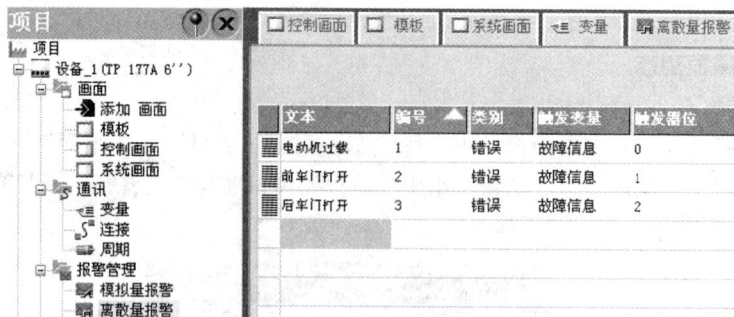

图1-71　离散量报警编辑器

在"电动机过载"的属性视图中选中"属性"→"信息文本"选项，输入电动机过载时如何检查信息文本。用相同的方法输入车门打开时的信息文本，如图1-72所示。

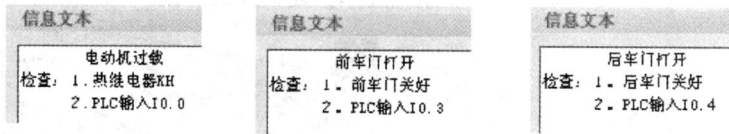

图1-72　报警信息文本

二、编写PLC控制程序

PLC控制程序如图1-73所示，当没有出现故障时，输入继电器I0.0、I0.3和I0.4均处于接

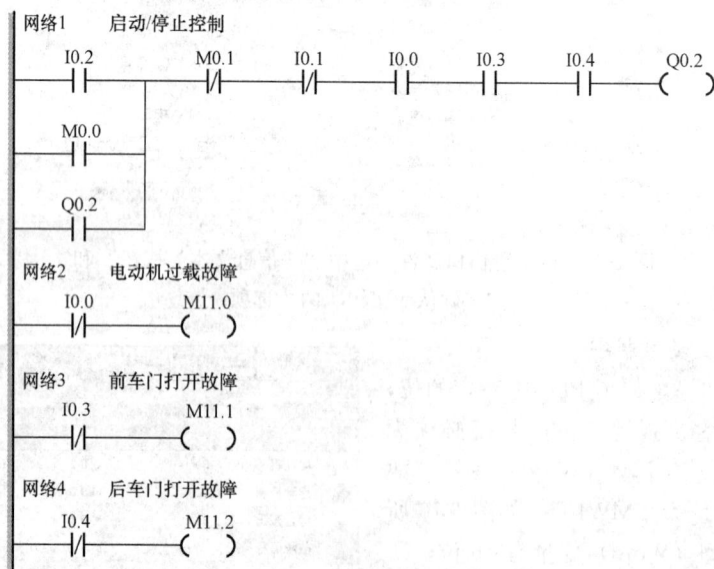

图1-73　PLC控制程序

通状态，为 Q0.2 通电做好准备。当出现故障时，输入继电器 I0.0、I0.3 和 I0.4 处于断开状态，Q0.2 断电解除自锁；同时故障控制位 M11.0、M11.1 或 M11.2 置 1，触发故障显示控制字 MW10，触摸屏显示故障报警画面。

三、显示故障信息文本

在电动机正常运行中如果出现故障，则电动机停止并自动显示报警窗口，在报警窗口中可以同时显示多个故障信息。选中报警窗口中发生的故障，单击左侧的 ? 按钮，显示当前故障的信息文本，可以了解检查与排除故障的措施。排除故障后，单击右侧的报警确认按钮 ! ，报警窗口和报警指示器一同消失，返回控制画面。

练习题

(1) 如何组态离散量报警？

(2) 一个字型变量可以组态多少个离散量报警？

子任务四　编写自动生产线的触摸屏程序

任务引入

自动生产线的触摸屏用户画面有 3 个，其中画面 _ 1 是控制画面，用来控制生产线的运行；画面 _ 2 是系统画面，用来传送用户程序；画面 _ 3 是故障报警画面，设有"××站工件不够"、"××站无工件"、"××站未完成复位"8 个故障显示，当出现故障时，触摸屏弹出故障报警窗口，报警指示器闪烁。排除故障后，按下故障确认按钮，报警窗口消失。

任务实施

1. 创建控制画面

双击 Windows 桌面上的 WinCC flexible 图标，选择"创建一个空项目"选项，在弹出的对话框中选择所使用的触摸屏的型号（TP 177A 6"）。

单击主工作窗口左侧树形项目结构视图中的"项目"→"画面"选项，将"画面 _ 1"改名为"控制画面"。启动、停止和复位按钮分别与 M16.0、M16.1 和 M16.2 关联；启动、停止和复位指示灯分别与 M17.1、M17.0 和 M17.2 关联，如图 1-74 所示。

2. 创建系统画面

双击主工作窗口左侧树形项目结构视图中的"项目"→"画面"→"添加 画面"选项，建立一个新画面"画面 _ 2"，将"画面 _ 2"改名为"系统画面"，如图 1-75 所示。单击画面中的"传送"按钮时，调用函数 SetDeviceMode，在函数运行模式中，选择"下载"选项。

3. 创建报警画面

双击"项目"→"画面"→"模板"图标，打开模板画面。将工具箱的"增强对象"组中的

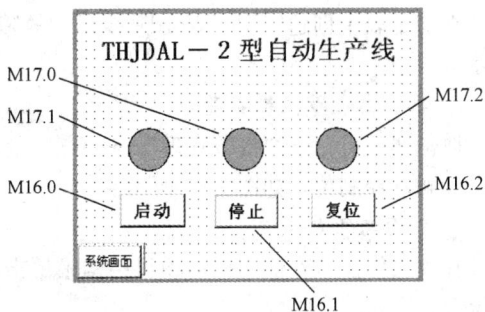

图 1-74　控制画面

"报警窗口"与"报警指示器"图标拖放到画面模板中，如图 1-76 所示。

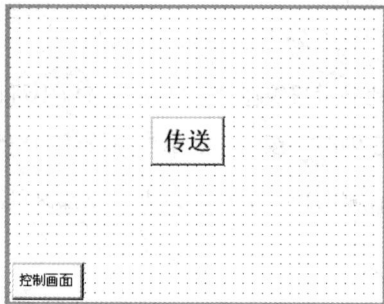

图 1-75　系统画面　　　　　　　　图 1-76　报警窗口与报警指示器

在报警窗口"属性"→"显示"界面中选中"'确认'按钮"复选框，如图 1-77 所示。

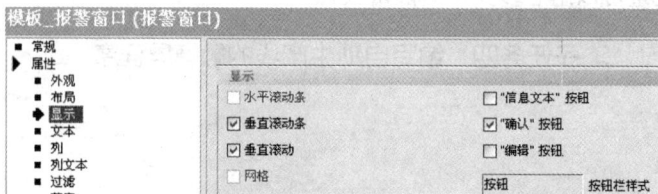

图 1-77　在报警窗口属性中选中"'确认'按钮"复选框

在报警窗口"属性"→"列"界面中撤销选中"时间"和"日期"复选框，如图 1-78 所示。

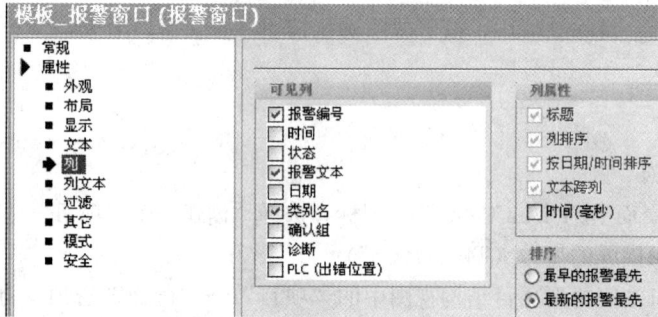

图 1-78　在报警窗口属性中撤销选中"时间"和"日期"复选框

4. 添加报警变量控制字

在变量表中创建字型（Word）变量"故障信息"，将其存储地址设为"VW1300"，如图 1-79 所示。

5. 添加离散量报警变量

双击"项目"→"报警管理"→"离散量报警"图标，在离散量报警编辑器中输入 8 个报警文本和触发控制位，如图 1-80 所示。

6. 保存与下载

在主工作窗口左侧的树形项目结构中单击"项目"→"保存"选项，选择路径和文件名将项目保存。

用 PC/PPI 电缆连接计算机和触摸屏，单击工具栏中的传送 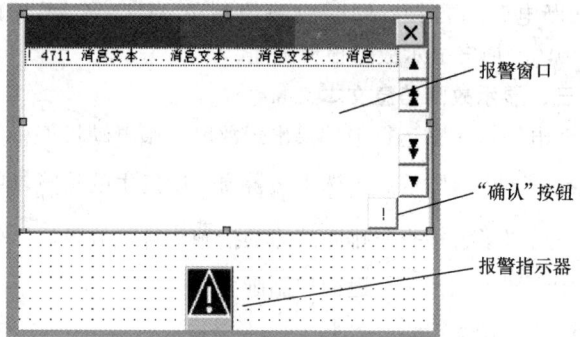 按钮，进入"选择设备进行传送"界面，选中触摸屏设备为"TP 177A 6″"，模式为"RS-232/PPI 为多主站电缆"，端口选择

名称	连接	数据类型	地址	数组计数	采集周期
复位按钮	连接_1	Bool	M 16.2	1	100 ms
复位指示	连接_1	Bool	M 17.2	1	100 ms
故障信息	连接_1	Word	VW 1300	1	100 ms
启动按钮	连接_1	Bool	M 16.0	1	100 ms
启动指示	连接_1	Bool	M 17.1	1	100 ms
停止按钮	连接_1	Bool	M 16.1	1	100 ms
停止指示	连接_1	Bool	M 17.0	1	100 ms

图 1-79 添加报警变量控制字

文本	编号	类别	触发变量	触发器位	触发器地址	位地址
供料站工件不够	1	错误	故障信息	0	0	V1301.0
供料站无工件	2	错误	故障信息	1	1	V1301.1
装配站工件不够	3	错误	故障信息	2	2	V1301.2
装配站无工件	4	错误	故障信息	3	3	V1301.3
供料站未完成复位	5	错误	故障信息	4	4	V1301.4
加工站未完成复位	6	错误	故障信息	5	5	V1301.5
装配站未完成复位	7	错误	故障信息	6	6	V1301.6
分拣站未完成复位	8	错误	故障信息	7	7	V1301.7

图 1-80 离散量报警编辑器

“COM1”，波特率选择最小（115200），单击“传送”按钮即可将组态好的画面下载到触摸屏中。

练习题

（1）如何组态离散量报警？

（2）一个字型变量可以组态多少个离散量报警？

任务六 步进电动机的使用

子任务一 步进电动机与步进驱动器设置

任务引入

工业常用的控制电动机有步进电动机和伺服电动机两种。与交流异步电动机、直流电动机不同的是，控制电动机的主要任务是转换和传递控制信号，能量转换则是次要的。控制电动机系统由控制器、驱动器和电动机构成，例如，步进电动机控制系统如图 1-81 所示，PLC 控制器发出控制信号，信号电流 10mA 左右。步进电动机驱动器在控制信号作用下输出较大电流（1.5～6A，不同型号有区别）驱动步进电动机运行。步进电动机对机械手实施精细控制，可准确实现位置控制或速度控制。对控制系统的要求是动作灵敏、控制精确和运行可靠。

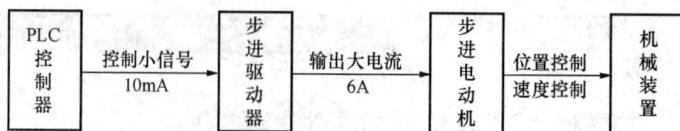

图 1-81　步进电动机控制系统

本任务是：在图 1-82 所示的步进电动机工作台上组装步进电动机控制机械手进给运动系统，设置步进电动机驱动器工作参数。

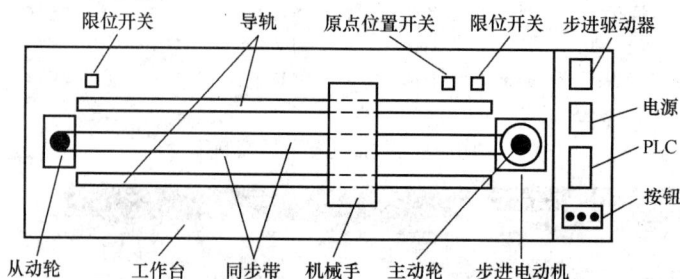

图 1-82　步进电动机工作台

步进电动机控制系统接线如图 1-83 所示，步进驱动器使用 3MD560，PLC 使用西门子 CPU226（DC/DC/DC），其输入/输出端口分配见表 1-15。

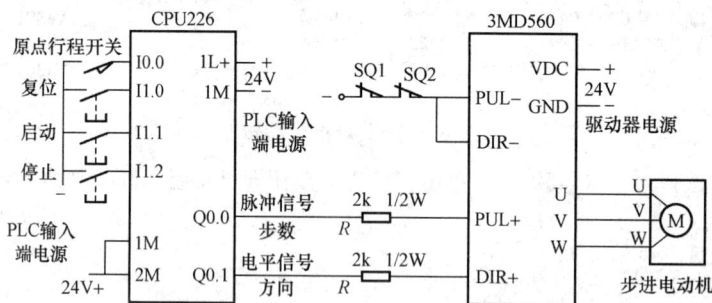

图 1-83　PLC、驱动器、步进电动机接线

在图 1-83 中，PLC 输出端 Q0.0 发出步数脉冲信号，通过 2kΩ 限流电阻送入步进驱动器的 PUL＋端，脉冲的数量、频率与步进电动机的圈数和转速成比例。PLC 输出端 Q0.1 发出方向控制信号，通过 2kΩ 限流电阻送入驱动器的 DIR＋端，它的高低电平决定步进电动机的旋转方向。SQ1、SQ2 为终端限位行程开关，当机械手沿导轨前进或后退运行过头触碰行程开关时，断开步进电动机驱动器的输入信号公共端，使步进电动机停止运行。原点行程开关决定了机械手的起始（原点）位置。

表 1-15　　　　　　　　　　　　　　　　PLC 输入/输出端口分配

输 入 端 口			输 出 端 口	
输入端	输入元件	作用	输出端	作用
I0.0	行程开关	原点位置	Q0.0	输出脉冲信号到 PUL＋，控制步进电动机旋转圈数
I1.0	按钮	复位	Q0.1	输出电平信号到 DIR＋，控制步进电动机旋转方向
I1.1	按钮	启动		
I1.2	按钮	停止		

步进电动机控制系统是典型的机电一体化产品，从机械安装角度讲，要掌握导轨、机械手、同步轮和同步带的安装方法。从电气连接角度讲，要正确连接电源、驱动器、电动机、PLC、按钮和行程开关。从控制角度讲，要掌握步进驱动器的设置方法和控制程序。

相关知识

一、步进电动机

1. 结构

步进电动机主要由转子和定子构成，如图 1-84 所示。一般定子相数为两相～六相，每相两个绕组套在一对磁极上。例如，三相绕组在定子上有 3 对磁极，每相空间间隔120°。转子外圆上有多个均匀分布的齿。

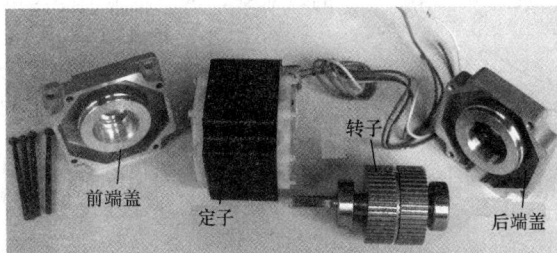

图 1-84 步进电动机实物解体图

2. 工作原理

图 1-85 所示是三相步进电动机的原理示意图，转子圆周上均匀分布 4 个齿。当 A 相绕组通电时，由于磁力线力图通过磁阻最小的路径，故转子受到磁场转矩的作用，必然转到其磁极轴线与定子磁极轴线对齐，即转子 1、3 磁极与定子 A 相磁极对齐，此时磁场转矩为零，转子停止转动，位置如图 1-85（a）所示。

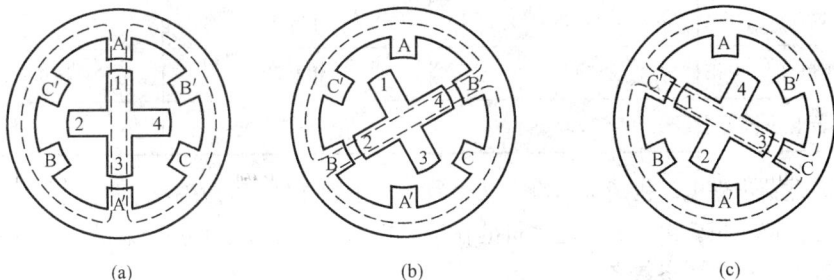

图 1-85 三相步进电动机原理示意
(a) A相绕组通电；(b) B相绕组通电；(c) C相绕组通电

当 A 相断电，B 相绕组通电时，磁场转矩吸引转子逆时针方向转动30°，即转子 2、4 磁极与 B 相磁极对齐，位置如图 1-85（b）所示。同样，当 B 相断电，C 相绕组通电时，磁场转矩吸引转子再逆时针方向转动30°，使转子 1、3 磁极与 C 相磁极对齐，位置如图 1-85（c）所示。

若按 A—B—C 顺序轮流给三相定子绕组通电，则转子以30°的步距角一步一步地逆时针转动；若按 A—C—B 顺序轮流给三相定子绕组通电，则转子以30°的步距角一步一步地顺时针转动。由此可知，步进电动机运动的方向取决于定子绕组通电的顺序，而转子转动的速度取决于定子绕组通断电的频率。

通常把一种通电状态转换到另一种通电状态称为一拍，每一拍转子转过的角度称为步距角。上述的通电过程称为三相三拍，步距角为30°。三相是指定子为三相绕组，三拍是指经过三次切换绕组的通电状态为一个循环。

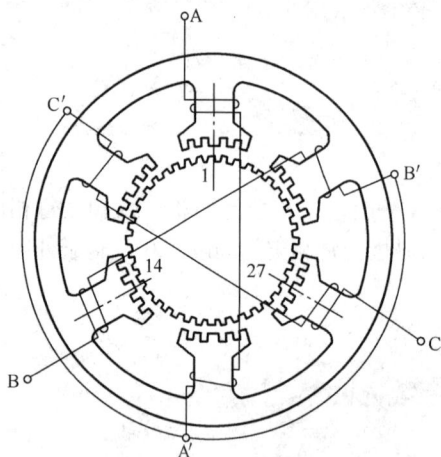

图 1-86　三相步进电动机结构图

3. 小步距角的步进电动机

上述三相步进电动机的步距角太大，不能满足生产精度要求。实际步进电动机的转子齿数很多，步距角相应很小，常为1°～3°，步距角越小，控制精度越高。步距角为3°的三相步进电动机的结构如图1-86所示。每个定子磁极上各有5个小齿。转子圆周上均匀分布着40个小齿，齿距角为9°，为使转子、定子的齿对齐，定子磁极上小齿的齿距角与转子相同。

（1）当A相通电时，A相定子小齿与转子对齐。此时，B相和A相的空间角差120°，包含 $\dfrac{120°}{9°}=13\dfrac{1}{3}$ 个齿。C相和A相的空间角差240°，包含 $\dfrac{240°}{9°}=26\dfrac{2}{3}$ 个齿。

（2）A相断电，B相通电时，转子只需转过1/3个齿（3°），便使B相定子与转子对齐。

（3）同理，C相通电时再转3°，依此类推。

4. 步进电动机的铭牌

步进电动机的铭牌见表1-16。

表 1-16　　　　　　　　　　　　　　　步进电动机的铭牌

型号	57BYG350CL	相电流	6A
相数	3	相电压	24～70VDC
步距角	1.2°	相电阻	0.36Ω
保持转矩	0.9Nm	使用环境温度	−25～+40℃

保持转矩是指步进电动机通电但没有转动时，定子锁住转子的力矩，通常步进电动机在低速时的力矩接近保持转矩。由于步进电动机的输出力矩随速度的增大而不断衰减，所以保持转矩就成为衡量步进电动机重要参数之一。

5. 步进电动机的特点

步进电动机除了能把脉冲电流变成机械角位移之外，还具有下列特点：

（1）每步位移值不受电压、电流的波动与温度的影响，电动机转速只与脉冲频率有关。

（2）误差不积累。每一步虽然有误差，但转过一周时，累积误差为零。

（3）控制性能好。精度高、快速性好、灵敏、准确、可靠。

6. 同步轮与同步带传动

通常步进电动机线位移采用同步带传动方式。与步进电动机机轴嵌套的同步轮的外周表面有多个等间距齿，同步带是一根内周表面有与同步轮相同间距齿槽的封闭环形胶带，运动时轮齿与带槽相啮合传递运动和动力，因而具有齿轮传动和平带传动的优点。同步带传动具有准确的传动比，无滑差，允许线速度可达50m/s。

二、步进电动机驱动器

1. 步进驱动器的工作参数

型号 3MD560 的三相步进电动机驱动器，其主要工作参数如下。

（1）供电电压：直流 18～50V，典型值 36V。

（2）输出相电流：1.5～6.0A（可选择 16 挡输出）。

（3）控制信号输入电流：7～16mA，典型值 10mA。

（4）信号输入/输出方式：光耦合器隔离（见图 1-87）。

（5）步进脉冲响应频率：0～200kHz。

（6）8 挡细分。

（7）静止时自动半流功能。

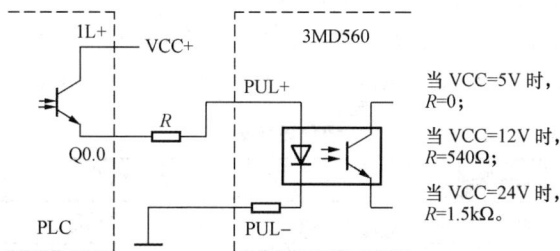

图 1-87　步进驱动器信号光电耦合输入方式

2. 步进驱动器的外部接线端

步进电动机驱动器 3MD560 的工作方式设置开关与外部接线端如图 1-88 所示，将 SW1～SW8 向左拨为状态 ON，向右拨为状态 OFF。外部接线端的功能说明见表 1-17。

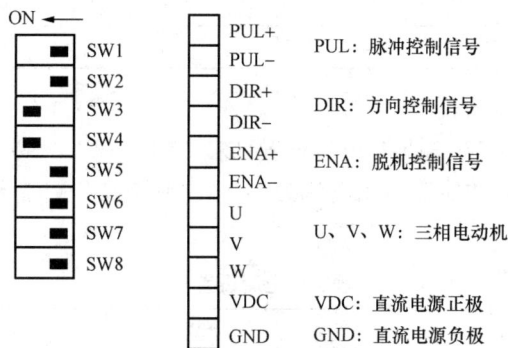

图 1-88　3MD560 的工作方式设置开关与外部接线端

表 1-17　步进驱动器外部接线端功能说明

接线端	功　能　说　明
PUL+	脉冲信号电流流入/流出端（见图 1-87），脉冲的数量、频率与步进电动机的角位移、转速成比例
PUL−	
DIR+	方向电平信号电流流入/流出端，电平的高低决定电动机的旋转方向
DIR−	
ENA+	脱机信号电流流入/流出端。当这一信号为 ON 时，驱动器断开输入到步进电动机的三相电源，即步进
ENA−	电动机断电

43

续表

接线端	功　能　说　明
U、V、W	步进电动机三相电源输出端
VDC	驱动器直流电源输入端正极
GND	驱动器直流电源输入端负极

3. 步进驱动器的细分设置

步进电动机驱动器除了给步进电动机提供较大驱动电流外，更重要的作用是"细分"。若不使用步进驱动器，由于步进电动机的步距角为 $1.2°$，角位移较大，不能进行精细控制。如果使用步进驱动器，只需在驱动器上设置细分步数就可以改变步距角的大小，例如，若设置细分步数为 10 000 步/圈，则步距角只有 $0.036°$，可以实现高精度控制。

步进电动机驱动器 3MD560 的细分设置见表 1-18，SW6～SW8 开关的状态决定了细分步数。例如，要求细分步数为 10 000 步/圈，则开关 SW6～SW8 的状态全部设置为 OFF。

表 1-18　　　　　　　　　　细分设置表

序号	细分（步/圈）	SW6	SW7	SW8
1	200	ON	ON	ON
2	400	OFF	ON	ON
3	500	ON	OFF	ON
4	1000	OFF	OFF	ON
5	2000	ON	ON	OFF
6	4000	OFF	ON	OFF
7	5000	ON	OFF	OFF
8	10 000	OFF	OFF	OFF

4. 步进驱动器输出电流的设置

步进电动机驱动器 3MD560 输出相电流设置见表 1-19，SW1～SW4 开关的状态决定了输出相电流。例如，要求步进驱动器输出相电流为 4.9A，则开关 SW1～SW4 的状态设置为 OFF、OFF、ON、ON。

表 1-19　　　　　　　　　　输出相电流设置表

序号	相电流（A）	SW1	SW2	SW3	SW4
1	1.5	OFF	OFF	OFF	OFF
2	1.8	ON	OFF	OFF	OFF
3	2.1	OFF	ON	OFF	OFF
4	2.3	ON	ON	OFF	OFF
5	2.6	OFF	OFF	ON	OFF
6	2.9	ON	OFF	ON	OFF
7	3.2	OFF	ON	ON	OFF
8	3.5	ON	ON	ON	OFF
9	3.8	OFF	OFF	OFF	ON
10	4.1	ON	OFF	OFF	ON

任务
六

续表

序号	相电流（A）	SW1	SW2	SW3	SW4
11	4.4	OFF	ON	OFF	ON
12	4.6	ON	ON	OFF	ON
13	4.9	OFF	OFF	ON	ON
14	5.2	ON	OFF	ON	ON
15	5.5	OFF	ON	ON	ON
16	6.0	ON	ON	ON	ON

5. 步进驱动器静态电流的设置

通常 SW5 设置为 OFF 状态（静态电流半流），当步进电动机上电后，即使静止时也保持自动半流的锁紧状态，可锁定机械手的停止位置。半流可显著减少步进电动机的发热量。

6. 脱机

如果在步进电动机静止时需要改变机械手的位置，可使脱机信号 ON，此时步进电动机断电处于非锁紧状态。

三、步进电动机的运动参数和运动包络曲线

1. 最大速度和启动/停止速度

如图 1-89 所示，最大速度是步进电动机运行速度的最大值，它应在电动机力矩能力的范围内。启动/停止速度应满足电动机的低速控制能力。如果启动/停止速度过低，电动机和负载在运行的开始和结束时可能会摇摆或抖动。如果启动/停止速度过高，电动机会在启动/停止时丢失脉冲，并且在停止时可能超程。通常，启动/停止速度值是最大速度值的 5%～15%。

2. 加速和减速时间

如图 1-89 所示，加速时间是电动机从启动速度加速到最大速度所需的时间，减速时间是电动机从最大速度减速到停止速度所需的时间。

3. 包络的模式

包络是关于步进电动机运动曲线的描述，步进电动机系统的控制程序正是依据包络参数编写的。一个包络由多段组成，每段包含加速、减速和匀速过程。包络有相对位置模式和单一速度的连续转动模式，如图 1-90 所示。相对位置模式指的是运动的终点位置是从起点开始计算的脉冲数量。单速连续转动则不需要提供终点位置，持续输出脉冲，直至有其他命令发出，例如到达原点位置时要求停发脉冲。

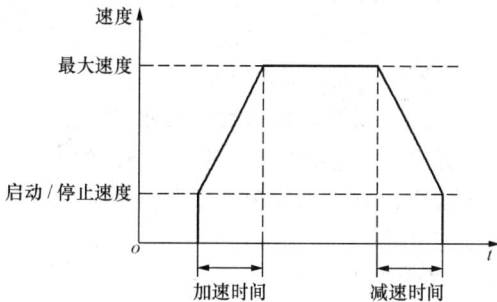

图 1-89　速度—时间示意图

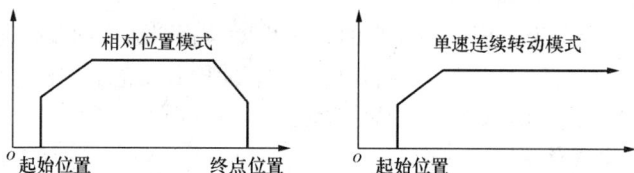

图 1-90　包络的模式

4. 包络中的步

一个步是工件运动的一个固定距离，包括加速和减速时间内的距离。在 PLC 控制程序中每

一包络最多允许有 29 个步。图 1-91 所示为一步、两步和三步包络。一步包络只有一个匀速段，两步包络有两个匀速段，依次类推。

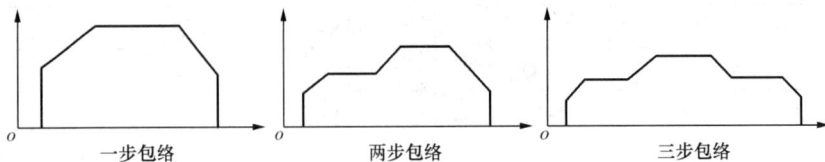

图 1-91　包络中步数的示意图

任务实施

一、工具器材准备

（1）导轨工作台。

（2）步进电动机驱动器 3MD560。

（3）三相步进电动机 57BYG350CL。

（4）直流电源 24V/6A。

（5）按钮 3 个。

（6）同步轮 2 个（齿距 3mm，共 24 个齿）。

（7）环形同步带 1 条（齿距 3mm）。

（8）机械手。

（9）限流电阻 2 个。

（10）行程开关 3 个。

（11）机械装配工具和电工工具、仪表各 1 套。

二、安装与调试操作步骤

1. 测量步进电动机三相绕组的直流电阻

用万用表测量步进电动机三相绕组的直流电阻，各相阻值应对称。由于绕组两两串联，所以测量阻值约为 1Ω。若阻值有较大差异，可能是绕组断线或短路所致，应进一步检查。步进电动机转轴应灵活转动无杂音。

2. 安装导轨与机械手

将导轨上光杠插入机械手滑孔中，两根导轨相互应平行，水平安装。

3. 安装同步轮、同步带

将主动同步轮嵌套在步进电动机转轴上，旋紧轴套螺丝；将从动同步轮安装在导轨另一端转轴上。将同步带与机械手固定连接。调整同步轮位置，适当张紧同步带。

4. 检查机械手在导轨上的滑动情况

检查步进电动机安装是否牢固，同步带的张紧程度是否合适，同步带与机械手是否连接可靠，两个同步轮是否水平，如不合适，进行调整。安装完毕后在整个导轨上平行移动机械手，全程应轻松平滑无卡阻现象，同步带始终保持张紧状态。

5. 检查行程开关安装位置

检查原点位置行程开关是否安装在原点位置；机械手在导轨终端是否能触及终端限位行程开关。按动行程开关，查看触点是否接触良好，松开后是否能够自然归位。

6. 连接控制线路

参照图 1-83 连接 PLC、驱动器和步进电动机控制线路。

7. 设置步进驱动器细分步数

参照表 1-18 设置步进驱动器工作方式开关，使得 SW6、SW7、SW8 全为 OFF 状态，即细分步数为 10 000 步/圈。

8. 设置步进驱动器输出相电流

参照表 1-19 设置步进驱动器工作方式开关，使得 SW1、SW2、SW3、SW4 为 OFF、OFF、ON、ON 状态，即输出相电流为 4.9A。

9. 设置步进驱动器静态输出电流

将 SW5 设置为 OFF 状态，即步进电动机静止时的静态电流为半流。

练习题

（1）步进电动机的特点是什么？

（2）什么是步进驱动器的细分？细分的作用是什么？怎样设置细分步数？

（3）步进电动机的最大速度和启动/停止速度的含义是什么？

（4）什么是包络？包络有哪几种模式？

（5）图 1-91 所示的一步包络、两步包络、三步包络各由多少段构成？

子任务二　实施步进电动机控制

任务引入

本任务通过 PLC 程序控制步进电动机运动，驱动机械手作定向、定位运动。控制要求是：按下启动按钮，机械手从原点位置前进 500mm 后自动停止；按下停止按钮，机械手立即停止；按下复位按钮，机械手可从任意位置退回原点位置处并停止；机械手运动有终端限位开关保护。步进电动机控制系统接线如图 1-83 所示，输入/输出端口分配见表 1-20。

表 1-20　　　　　　　　　　　PLC 输入/输出端口分配

输 入 端 口			输 出 端 口	
输入端	输入元件	作用	输出端	作　　用
I0.0	行程开关	原点位置	Q0.0	输出脉冲信号到 PUL+，控制步进电动机旋转圈数
I1.0	按钮	复位	Q0.1	输出电平信号到 DIR+，控制步进电动机旋转方向
I1.1	按钮	启动		
I1.2	按钮	停止		

相关知识

1. PLC 脉冲串输出功能（PTO）

S7-200 晶体管输出型 CPU（DC/DC/DC）内置两个 PTO 发生器，用以输出高速脉冲串，两个发生器分别指定输出端口为 Q0.0 和 Q0.1。脉冲串的频率和数量可由用户编程控制。当执行 PTO 操作时，生成一个占空比为 50% 的脉冲串用于步进电动机的脉冲控制，如图 1-92 所示。

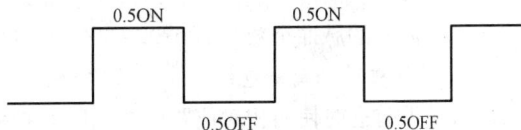

图 1-92　50% 占空比的脉冲串

2. PTO 控制寄存器

PTO 功能的配置使用特殊存储器 SM，见表 1-21。需利用程序先将 PTO 参数存在 SM 中，然后 PLS 指令会从 SM 中读取数据，并按照存储值控制 PTO 发生器。例如控制字节 0A0H＝1010 0000B 表示允许 PTO、多段操作、$1\mu s$ 时基。也可以在任意时刻禁止 PTO，方法是将控制字节的使能位（SM67.7 或 SM77.7）清 0，然后执行 PLS 指令。

表 1-21　　　　　　　　　　　　　PTO 控制寄存器的参数选择

Q0.0.	Q0.1	状 态 字 节
SM66.7	SM76.7	PTO 空闲位，0＝PTO 执行中；1＝PTO 空闲
SMW168	SMW178	包络表参数存储的起始地址，用从 VB××× 开始的字节偏移表示
Q0.0	Q0.1	控 制 字 节
SM67.0	SM77.0	—
SM67.1	SM77.1	
SM67.2	SM77.2	—
SM67.3	SM77.3	PTO 时间基准选择，0＝$1\mu s$/时基；1＝1ms/时基
SM67.4	SM77.4	—
SM67.5	SM77.5	PTO 操作，0＝单段操作；1＝多段操作
SM67.6	SM77.6	PTO/PWM 模式选择，0＝选择 PTO；1＝选择 PWM（脉宽调制）
SM67.7	SM77.7	PTO 允许，0＝禁止；1＝允许

3. PLC 相关指令（见表 1-22）

表 1-22　　　　　　　　　　　　　　PLC 相关指令

PLC 指令	逻 辑 功 能
SBR_N —｜EN	子程序调用指令。当 N＝0、1、2、…时，分别表示调用子程序 0、子程序 1、子程序 2、…
PLS —｜EN　ENO｜— —｜Q0.X	PTO 脉冲串输出指令（Q0.0 或 Q0.1）

💻 任务实施

一、设计步进电动机运动包络

1. 计算脉冲个数

在本任务中使用的同步轮齿距为 3mm，共 24 个齿，步进电动机每转一圈，机械手移动 72mm，驱动器细分步数设置为 10 000 步/圈，即每步机械手位移 0.0072mm。要让机械手移动 500mm，需要的脉冲个数为 500/0.0072＝69 444。

2. 设计机械手前进包络

机械手前进时使用相对位置模式，PLC 控制器给步进驱动器 69 444 个脉冲，其运动包络如图 1-93 所示，其中加速段 700 个脉冲，匀速段 68 464 个脉冲，减速段 280 个脉冲。启动/停止段脉冲周期为 1 500μs（频率为 667Hz），匀速段脉冲周期为 100μs（频率 10kHz）。加速段周期增量为 −2μs，减速段周期增量为 +5μs。前进时方向信号 DIR 为 OFF 状态。

3. 设计机械手后退包络

当机械手后退返回原点位置时，使用相对位置控制和单一速度的连续转动混合模式，其运动包络如图 1-94 所示。为了保证机械手触碰到原点位置行程开关，所需的脉冲个数要大于 69 444。在相对位置控制模式中的脉冲个数为 700+67 000+280＝67 980，在单一速度的连续转动模式中的脉冲个数为 40 000。后退时方向信号 DIR 为 ON 状态。

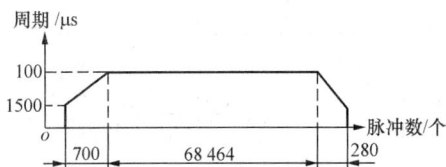

图 1-93　机械手前进的包络　　　　图 1-94　机械手后退的包络

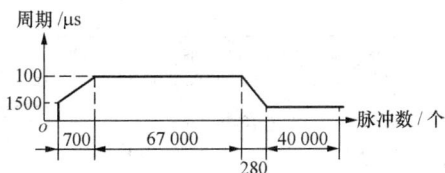

二、编写 PLC 控制程序

根据机械手前进包络参数和后退包络参数编写步进电动机控制程序。程序由主程序和 3 个子程序构成。其中前进包络对应子程序 0；后退包络对应子程序 2；停止包括对应子程序 1。

1. PLC 主程序

PLC 主程序如图 1-95 所示。当按下启动按钮时，调用子程序 0，机械手前进 500mm 后自动停止；当按下复位按钮时，调用子程序 2，并且方向控制继电器 Q0.1 导通，步进电动机换向，机械手后退；当机械手返回至原点行程开关或按下停止按钮时，调用子程序 1，步进电动机停止。

2. PLC 子程序 0

PLC 子程序 0 如图 1-96 所示，逻辑功能为控制机械手前进。

在网络 1 中预装 PTO 包络表，该包络表由加速、匀速和减速三段构成。在加速段，起始周期为 1 500μs，每个脉冲的周期增量为 -2μs，脉冲个数为 700；在匀速段，起始周期为 100μs，周期增量为 0，脉冲个数为 68 464；在减速段，起始周期为 100μs，每个脉冲的周期增量为 +5μs，脉冲个数为 280。

在网络 2 中，设置 PTO 控制字节 SMB67＝0A0H，即允许 PTO 多段操作，以 1μs 为时基。定义包络表参数存储的起始地址为变量寄存器 VB500 字节。启动 PTO 操作，输出脉冲端为 Q0.0。

3. PLC 子程序 1

PLC 子程序 1 如图 1-97 所示，逻辑功能为控制机械手停止。

4. PLC 子程序 2

PLC 子程序 2 如图 1-98 所示，逻辑功能为控制机械手后退。

在网络 1 中预装 PTO 包络表，该包络表由加速、匀速 1、减速和匀速 2 四段构成。在加速段，起始周期为 1 500μs，每个脉冲的周期增量为 −2μs，脉冲个数为 700；在匀速 1 段，起始周期为 100μs，周期增量为 0，脉冲个数为 67 000；在减速段，起始周期为 100μs，每个脉冲的周期增量为 +5μs，脉冲个数为 280；在匀速 2 段，起始周期为 1 500μs，周期增量为 0，脉冲个数为 40 000。

在网络 2 中，设置 SMB67 控制字节为 0A0H，即允许 PTO 多段操作，以 1μs 为时基。定义包络表参数存储起始地址为变量寄存器 VB500 字节，启动 PTO 操作，输出脉冲端为 Q0.0。

梯 形 图	注 释
网络 1　初始化脉冲将输出映像 寄存器 Q0.0 和 Q0.1 复位 SM0.1　　　　Q0.0 ─┤├─　　　─(R) 　　　　　　　　2	SM0.1 初始化脉冲； 输出继电器 Q0.0 和方向控制继电器 Q0.1 复位
网络 2　机械手在原点位置时按下启动按钮， 调用子程序 0，机械手前进 500mm 后自动停止 启动按钮　原点行程开关　　　SBR_0 ─┤├──┤├─┤P├─　　EN | 符号	地址	注释 | |---|---|---| | 启动按钮 | I1.1 | | | 原点行程开关 | I0.0 | |	机械手在原点位置时按下启动按钮，调用子程序 0，机械手前进 500mm 后自动停止
网络 3　按下复位按钮，M0.2 自锁， 改变步进电动机方向 复位按钮　原点行程开关　SM66.7　　M0.2 ─┤├──┤/├──┤├──( ) M0.2　　T38　　　步进电动机方向 DIR ─┤├──┤/├──　　　( ) | 符号	地址	注释 | |---|---|---| | 步进电动机方向 DIR | Q0.1 | | | 复位按钮 | I1.0 | | | 原点行程开关 | I0.0 | |	(1) 当 PTO 空闲时，SM66.7=1，按下复位按钮，M0.2 自锁； (2) 步进电动机方向 DIR 通电，改变步进电动机方向
网络 4　M0.2 调用子程序 2，机械手后退 M0.2　　　　　　SBR_2 ─┤├──┤P├─　EN	M0.2=1 时调用子程序 2，机械手后退
网络 5　当机械手后退至原点行程开关或按下停止 按钮时，调用子程序 1，机械手停止； T38 延时复位，为下次启动作准备。 M0.2　　原点行程开关　　SBR_1 ─┤├──┤├─　　EN 停止按钮　　　　　　T38 ─┤├──　　　IN　　TON 　　　　　　　1─PT　100ms | 符号	地址	注释 | |---|---|---| | 停止按钮 | I1.2 | | | 原点行程开关 | I0.0 | |	(1) 当机械手后退至原点行程开关或按下停止按钮时，调用子程序 1，机械手停止； (2) T38 延时解除 M0.2 自锁，为下次启动作准备

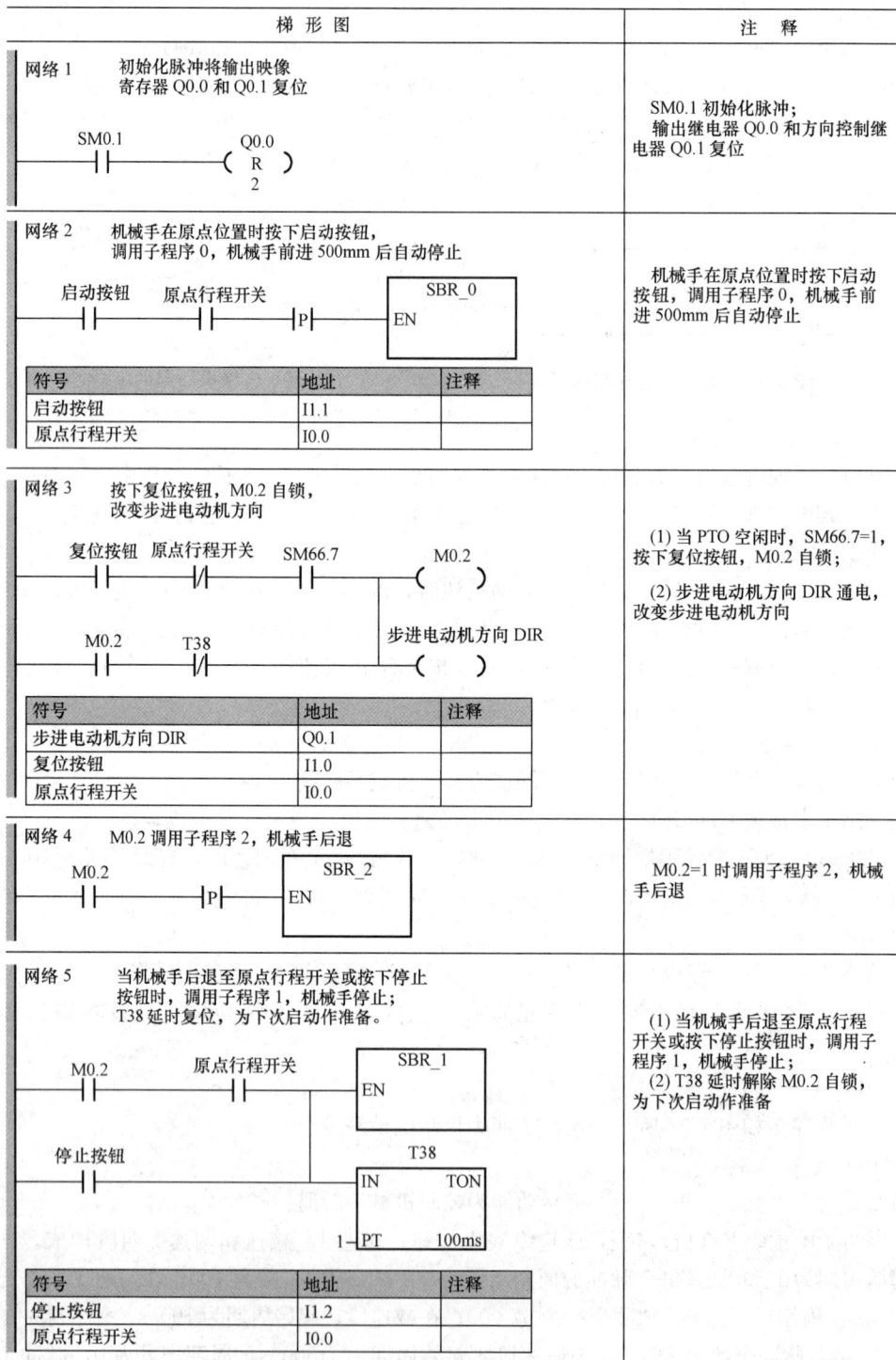

图 1-95　PLC 主程序

任务六

子程序 0 注释 机械手前进程序

网络 1   预装 PTO 包络表，设包络表段数为 3，分别配置 3 段的初始周期、周期增量和脉冲数

SM0.0

```
      MOV_B
     EN   ENO
  3 -IN   OUT- VB500
```

```
      MOV_W                    MOV_W                    MOV_DW
     EN   ENO                 EN   ENO                 EN   ENO
+1500-IN   OUT- VW501    -2 -IN   OUT- VW503    +700-IN   OUT- VD505
```

```
      MOV_W                    MOV_W                    MOV_DW
     EN   ENO                 EN   ENO                 EN   ENO
 +100-IN   OUT- VW509    +0 -IN   OUT- VW511  +68464-IN   OUT- VD513
```

```
      MOV_W                    MOV_W                    MOV_DW
     EN   ENO                 EN   ENO                 EN   ENO
 +100-IN   OUT- VW517    +5 -IN   OUT- VW519   +280-IN   OUT- VD521
```

网络 2   设置控制字节，定义包络表起始地址为 VB500，启动 PTO，PLS0=Q0.0

SM0.0

```
        MOV_B                    MOV_W
       EN   ENO                 EN   ENO
16#A0 -IN   OUT- SMB67   +500-IN   OUT- SMW168
```

```
        PLS
       EN   ENO
   0 -Q0.X
```

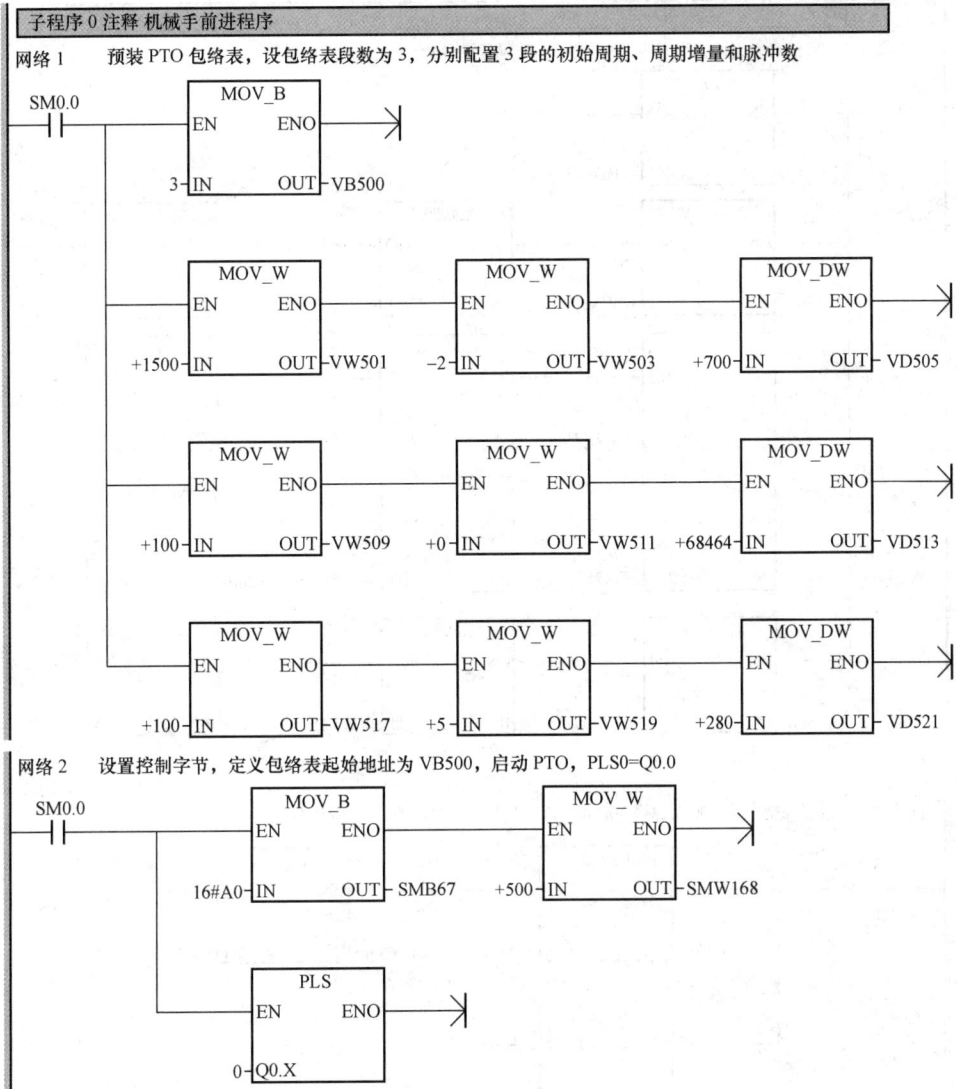

图 1-96   PLC 子程序 0

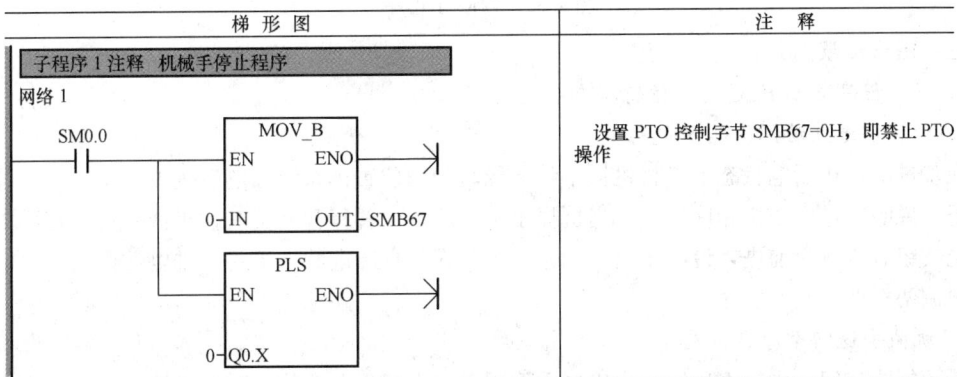

梯 形 图	注 释
子程序 1 注释 机械手停止程序	
网络 1	设置 PTO 控制字节 SMB67=0H，即禁止 PTO 操作
SM0.0 `MOV_B` `EN ENO` `0 -IN OUT- SMB67` `PLS` `EN ENO` `0 -Q0.X`	

图 1-97   PLC 子程序 1

子程序2注释　　机械手后退程序

网络1　预装PTO包络表，设包络表段数为4，分别配置4段的初始周期、周期增量和脉冲数

网络2　　设置控制字节，定义包络表起始地址为VB500，启动PTO，PLS0=Q0.0

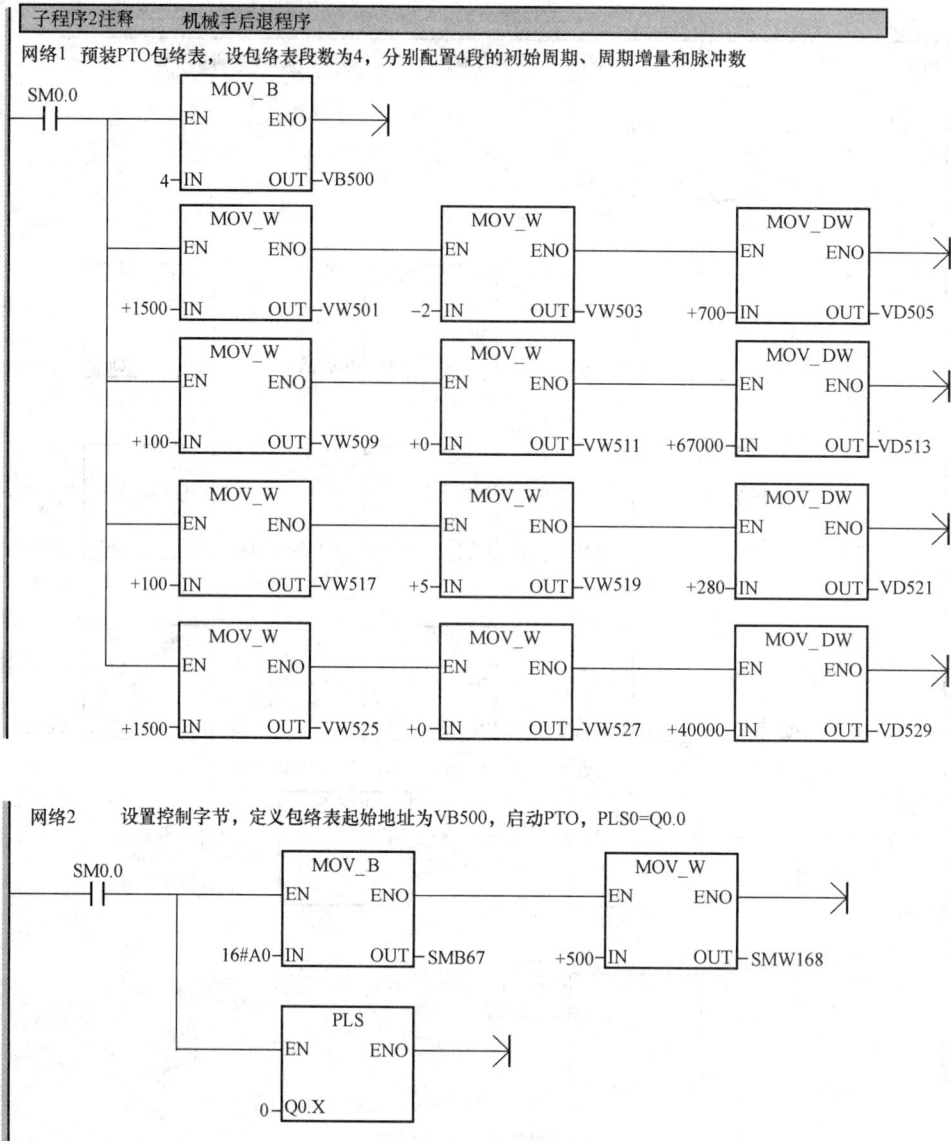

图 1-98　PLC 子程序 2

三、操作步骤

1. 下载程序并使 PLC 处于运行状态

2. 调整步进电动机旋转方向

在步进电动机断电状态下，将机械手移至导轨中间位置。系统通电后按下复位按钮，若机械手后退，说明步进电动机相序正确，当机械手触及原点位置行程开关时，机械手自动停止；若按下复位按钮时机械手前进，说明步进电动机相序有误，在断电状态下将步进电动机的3根电源线任意对调两根即可改变相序。

3. 机械手返回至原点位置

按下复位按钮，机械手后退，当机械手返回至原点行程开关位置时，机械手自动停止。

4. 机械手前进 500mm

按下启动按钮，机械手前进500mm后自动停止。

5．机械手停止

运行中按下停止按钮，机械手停止。

四、故障检修

1．机械手不运行

当按下复位按钮或启动按钮时，机械手无运行动作，故障原因可能是：

(1) 直流电源未开启。采取措施是开启直流电源。

(2) PLC处于停止（STOP）状态。采取措施是转为运转（RUN）状态。

(3) 主动同步轮轴套螺丝未锁紧。采取措施是锁紧轴套螺钉。

(4) 按钮损坏或按钮接线有误。如果按钮损坏或按钮接线有误，则PLC相应输入端LED不亮；如果按钮和接线正常，则PLC相应输入端LED亮。可快速判断故障所在并采取相应措施。

(5) 终端限位行程开关误接动合触点。采取措施是终端限位行程开关接动断触点。

2．驱动机械手转矩偏小

如果驱动机械手转矩偏小，故障原因可能是：

(1) 步进驱动器输出相电流过小。采取措施是重新检查和设置SW1～SW4开关状态，输出大一等级的电流。

(2) 同步带松懈。采取措施为调整同步轮位置，张紧同步带。

(3) 步进电动机温度过高。采取措施是重新检查和设置SW1～SW4开关状态。

3．步进电动机温度过高

如果步进电动机温度过高，会产生消磁作用，降低电磁转矩，造成转动无力，故障原因可能是：

(1) 步进驱动器输出相电流过大。采取措施是重新检查和设置SW1～SW4开关状态，减小输出相电流。

(2) SW5设置为ON状态（静态电流全流）。采取措施是SW5设置为OFF状态（静态电流半流）。

(3) 机械负荷过大。采取措施是调整负荷或更换更大容量的步进电动机。

(4) 使用环境温度超标。采取措施是通风和降温。

4．机械手定位偏差大

如果机械手不能在确定的位置准确停止，故障原因可能是：

(1) 细分设置有误。采取措施是重新检查和设置SW6、SW7、SW8开关状态。

(2) 包络计算有误。采取措施是重新计算包络参数，修改PLC控制程序。

(3) 原点位置行程开关安装有误。采取措施是重新调整行程开关的位置。

5．机械手静止时不能锁紧

如果机械手静止时不能锁紧，故障原因是脱机控制端ENA接入信号ON，采取措施是脱机控制端ENA信号OFF。

五、分组实施

将实习学生分成若干组，在每组任务中要求机械手前进距离不同，对各组完成任务情况分别考核。

练习题

(1) S7-200晶体管输出型CPU有几个PTO发生器？分别使用哪几个输出端口？可以使用继

电器输出型 CPU 控制步进电动机吗？

（2）特殊存储器 SM66.7、SM76.7 和 SMW168、SMW178 的作用是什么？

（3）设步进电动机同步轮齿距为 3mm，共 24 个齿，驱动器细分步数设置为 5000 步/圈。要想移动 200mm，需要多少个脉冲？试设计其运动包络（要求启动/停止频率为 667Hz，运行频率为 10kHz，周期增量为 $-2\mu s$ 或 $+4\mu s$）。

（4）为什么机械手返回原点位置时包络中最后一段要使用单一速度的连续转动模式？

任务七 伺服电动机的使用

子任务一 伺服电动机与伺服驱动器设置

任务引入

步进电动机是一种开环控制电动机，而伺服电动机是通过电动机内部旋转编码器实现反馈的闭环控制电动机，其控制系统方框图如图 1-99 所示。编码器与伺服电动机同轴旋转，并将反馈信号 U_f 送到伺服驱动器，伺服驱动器通过反馈信号中 A、B 两相信号的频率和相位差（A、B 信号相差 $90°$，A 超前 B 或 B 超前 A 表示的方向不同）可将伺服电动机实际运行的角速度和旋转方向检测出来，与输入控制指令 U_g 作比较，获取误差信号，从而调节输出电流，控制伺服电动机修正转速，使设备运行的实际包络与指令包络重合，如图 1-100 所示，这种输出结果紧随输入信号变化的作用称为"伺服"。由此可知，虽然步进电动机与伺服电动机在控制方式上相似（脉冲串和方向信号），但在使用性能和应用场合上存在着较大的差异，伺服电动机的控制精度要远远高于步进电动机，伺服电动机在低速情况下也不会产生步进电动机的抖动现象。

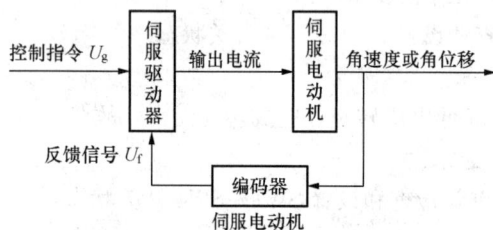

图 1-99 伺服电动机闭环控制系统

由于伺服电动机的实际旋转角速度与设备的机械特性有关，所以在使用交流伺服电动机时必须根据设备的机械性能（刚性、惯量、回路响应、速度响应等）设置伺服驱动器相应的工作参数，否则伺服电动机不能正常工作。

THJDAL-2 型自动生产线装配站使用交流伺服电动机驱动三工位圆形工作台旋转，3 个工位在同一圆周上等间距分布，如图 1-101 所示。电感传感器与金属凸点配合检测原点位置。每个工作周期圆形工作台旋转 3 次，每次 $120°$。

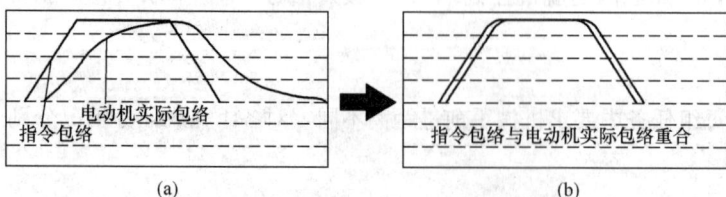

图 1-100 伺服作用示意图

（a）开环控制结果；（b）闭环控制结果

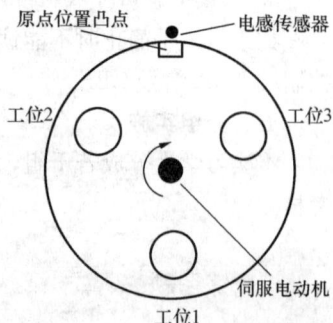

图 1-101 三工位旋转工作台

三工位旋转工作台控制系统由 PLC（DC/DC/DC）、伺服驱动器和伺服电动机构成，其控制线路如图 1-102 所示。

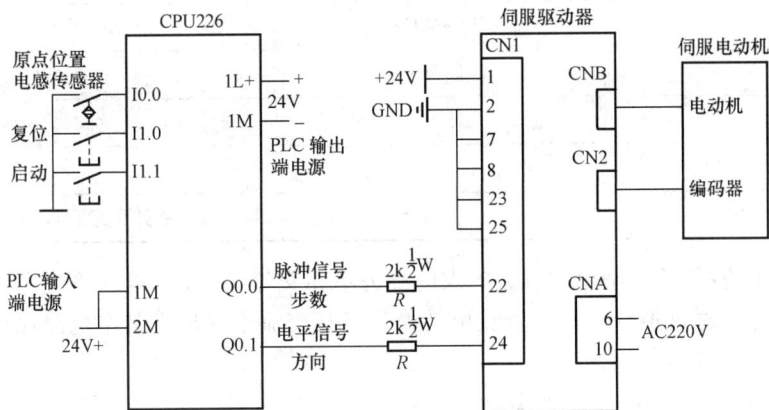

图 1-102　PLC、伺服驱动器、伺服电动机接线图

相关知识

一、交流伺服电动机

伺服电动机可分为直流伺服和交流伺服两大类，其中交流伺服电动机使用范围较广泛。三相交流伺服电动机如图 1-103 所示，在电动机尾部安装了编码器，引出编码器电缆。与普通三相交流异步电动机工作原理类似，伺服驱动器输出 U、V、W 三相交流电流流入伺服电动机的三相定子绕组形成旋转磁场。伺服电动机的转子材料是永磁铁，随着电动机定子空间旋转磁场的变化，转子也做相应频率的速度变化，而且转子速度等于定子速度，所以称"同步"。伺服电动机的特点是：不仅要求它在静止状态下能服从控制信号的命令而转动，而且要求在电动机运行时如果发出停止指令，电动机应立即停转。因此，转子做成杯形，其转动惯量很小，可迅速启动或停止。

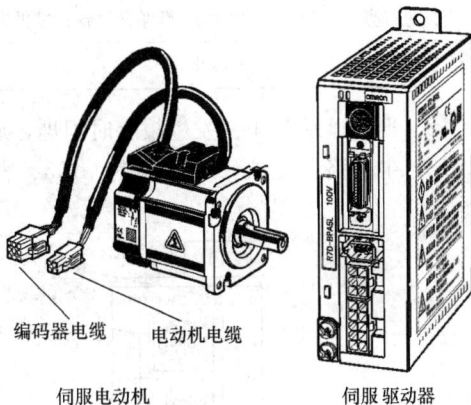

图 1-103　交流伺服电动机和交流伺服驱动器

以欧姆龙三相伺服电动机 R88M-G20030H-Z 为例，其额定功率为 200W，额定电压为交流 200～240V，额定电流为 1.6A，额定转速为 3000r/min，旋转编码器精度为 2500 脉冲/转。

二、交流伺服驱动器

交流伺服驱动器具有位置控制和速度控制两种模式，因此它适用于一般机械加工设备的高精度定位和平稳速度控制。欧姆龙交流伺服驱动器 R7D-BP02HH-Z 如图 1-103 所示，工作参数见表 1-23。

表 1-23　　　　　　　　　　**R7D-BP02HH-Z 伺服驱动器工作参数**

项　目	输　入	输　出
电源电压	单相 200～240V	三相 92V
相电流	1.9A	连续输出 1.6A 瞬时输出最大电流 4.9A

55

续表

项　目	输　　入	输　　出
频率	50～60Hz	0～333.3Hz
功率	350VA	200W
编码器	2500 脉冲/转	
脉宽调制频率 PWM	12kHz	
最大响应频率	线性驱动器为 500kHz，集电极开路为 200kHz	

交流伺服驱动器 R7D-BP02HH-Z 输入电源为单相交流 220V，通过整流电路将交流电变换为直流电，然后通过逆变电路将直流电转换为三相交流电输出。其主电路原理类似于变频器电路。

1. 伺服驱动器的引脚配置与连接

交流伺服驱动器 R7D-BP02HH-Z 的输入/输出端口如图 1-104 所示。

（1）电源显示 LED（见表 1-24）。

表 1-24　　　　　　　　　　　　　　　　　　**电源显示 LED**

LED 显示	状　　态
绿色灯亮	主电源接通
橙色灯亮	警告时 1s 闪烁（过载、过再生、分隔旋转速度异常）
红色灯亮	报警发生

（2）报警显示 LED。发生报警时闪烁，通过橙色及红色 LED 的闪烁次数来表示报警代码。

（3）主回路连接器 CNA，如图 1-105、表 1-25 所示。

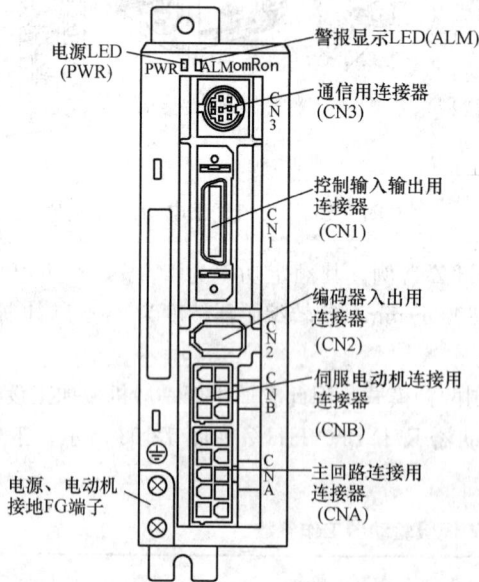

图 1-104　交流伺服驱动器 R7D-BP02HH-Z
输入/输出端口

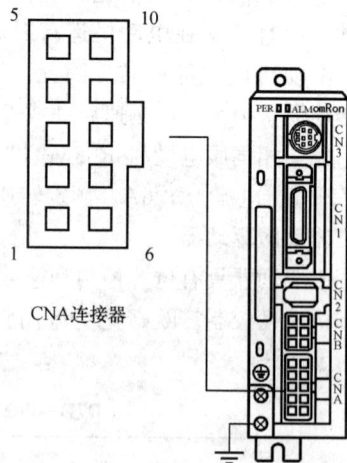

图 1-105　主回路连接器 CNA

表 1-25   主回路连接器 CNA 引脚配置

符号	引脚号	名 称	功 能
L1	10	主回路电源输入端子	三相 220 时连接 L1、L2、L3;
L2	8		单相 220V 连接 L1 与 L3
L3	6		
P	5	外部再生电阻连接端子	再生能量很高时连接外部再生电阻
B1	3		
FG	1	机架地线	接地端子。以最小为 100Ω（3 级）的电阻接地

（4）电动机连接器 CNB，如图 1-106 所示，并见表 1-26。

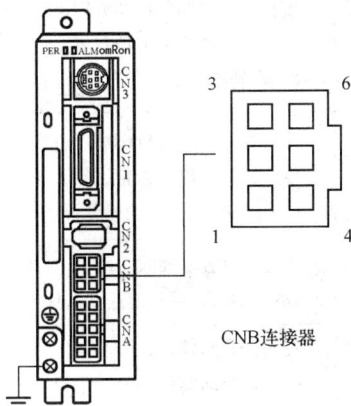

图 1-106   电动机连接器 CNB

表 1-26   电动机连接器 CNB 引脚配置

符号	引脚号	名 称	功 能	
U	1	电动机连接端子	红	输出到伺服电动机端子
V	4		白	
W	6		蓝	
⏚	3	机架地线	绿/黄	连接伺服电动机 FG

（5）输入输出信号 CN1，如图 1-107、图 1-108 所示，并见表 1-27。

表 1-27   输入输出信号 CN1 引脚配置

引脚	标记	名 称	功 能
1	+24VIN	控制用 DC 电源输入	序列输入（引脚 No.1）用电源 DC+12～24V 的输入端子
2	RUN	运转指令输入	ON：伺服 ON（接通电动机电源）
3	RESET	报警复位	ON：对伺服报警的状态进行复位。 开启时间必须在 120ms 以上
4	ECRST/ VSEL2	偏差计数器复位输入/ 内部设定速度选择 2	位置控制模式（Pn02 为「0」或者「2」）时，转换为偏差计数器输入。 ON：禁止脉冲指令，对偏差计数器进行复位（清除）必须开启 2ms 以上 内部速度控制模式（Pn02 为「1」）时，转换为内部设定速度选择 2。 ON：输入内部设定速度选择 2

续表

引脚	标记	名称	功能
5	GSEL/ VZERO/ TLSEL	增益切换/ 零速度指定/ 转矩限制切换	在位置控制模式（Pn02 为「1」）时，如果零速度指定/转矩限制切换（Pn06）为「0」或「1」，则转换为增益切换输入
			内部速度控制模式（Pn02 为「1」）时，转换为零速度指定输入。 OFF：速度指令转换为零。 通过设定零速度指定/转矩限制切换（Pn06），也可以使输入无效。 有效（Pn06 = 1）、无效（Pn06 = 0）
			零速度指定/转矩限制切换（Pn06）如果为「2」，位置控制模式、内部速度控制模式同时切换为转矩限制切换。 OFF：转换为第 1 控制值（Pn70、5E、63）。 ON：转换为第 1 控制值（Pn71、72、73）
6	GESEL/ VSEL1	电子齿轮切换/ 内部设定速度选择 1	位置控制模式（Pn02 为「0」或者「2」）时，转换为电子齿轮切换输入。 OFF：第 1 电子齿轮比分子（Pn46）。 ON：第 2 电子齿轮比分子（Pn47）
			内部速度控制模式（Pn02 为「1」）时，转换为内部设定速度选择 1。 ON：输入内部设定速度选择 1
7	NOT	输入反转侧驱动禁止	反转侧超程输入。 OFF：驱动禁止；ON：驱动允许
8	POT	输入正转侧驱动禁止	正转侧超程输入。 OFF：驱动禁止；ON：驱动允许
9	/ALM	报警输出	驱动器发出报警之后，停止输出
10	INP/TGON	定位完成输出/ 电动机转速检测输出	位置控制模式（Pn02 为「0」或者「2」）时，转换为定位完成输出。 ON：偏差计数器的滞留脉冲在定位完成幅度（Pn60）的设定值以内
			内部速度控制模式（Pn02 为「1」）时，转换为电动机转速检测输出。 ON：电动机转速大于电动机检测转速（Pn62）的设定值
11	BKIR	制动器联锁输出	输出保持制动器的定时信号。 ON 时，请放开保持制动器
12	WARN	警告输出	通过警告输出选择（Pn09）选择的信号被输出
13	OGND	输出共用地线	序列输出（引脚 No. 9、10、11、12）用共用地线
14	GND	共用地线	编码器输出、Z 相输出（引脚 No. 21）用共用地线
15	+A	编码器 A 相输出	
16	−A		
17	+B	编码器 B 相输出	按照编码器分频比设定（Pn44）的设定输出编码器脉冲。 线性驱动器输出（相当于 RS-422）
18	−B		
19	+Z	编码器 Z 相输出	
20	−Z		
21	Z	Z 相输出	输出编码器的 Z 相。（1 脉冲/转）。 集电极开路输出

任务七

续表

引脚	标 记	名 称	功 能
22	+CW/ PULS/FA	反转脉冲/ 进给脉冲/ 90°相位差信号 （A 相）	位置指令用的脉冲串输入端子。 线性驱动器输入时：最大响应频率为 500kpps。 开路集电极输入时：最大响应频率为 200kpps。 可以从反转脉冲/ 正转脉冲（CW/CCW）、进给脉冲/ 方向信号（PULS/ SIGN）、90°相位差（A/B 相）信号（FA/FB）中进行选择。（根据 Pn42 的设定）
23	−CW/ PULS/FA		
24	+CCW/ SIGN/FB	正转脉冲/ 方向信号/ 90°相位差信号 （B 相）	
25	−CCW/ SIGN/FB		

（6）位置指令脉冲输入接线规则。

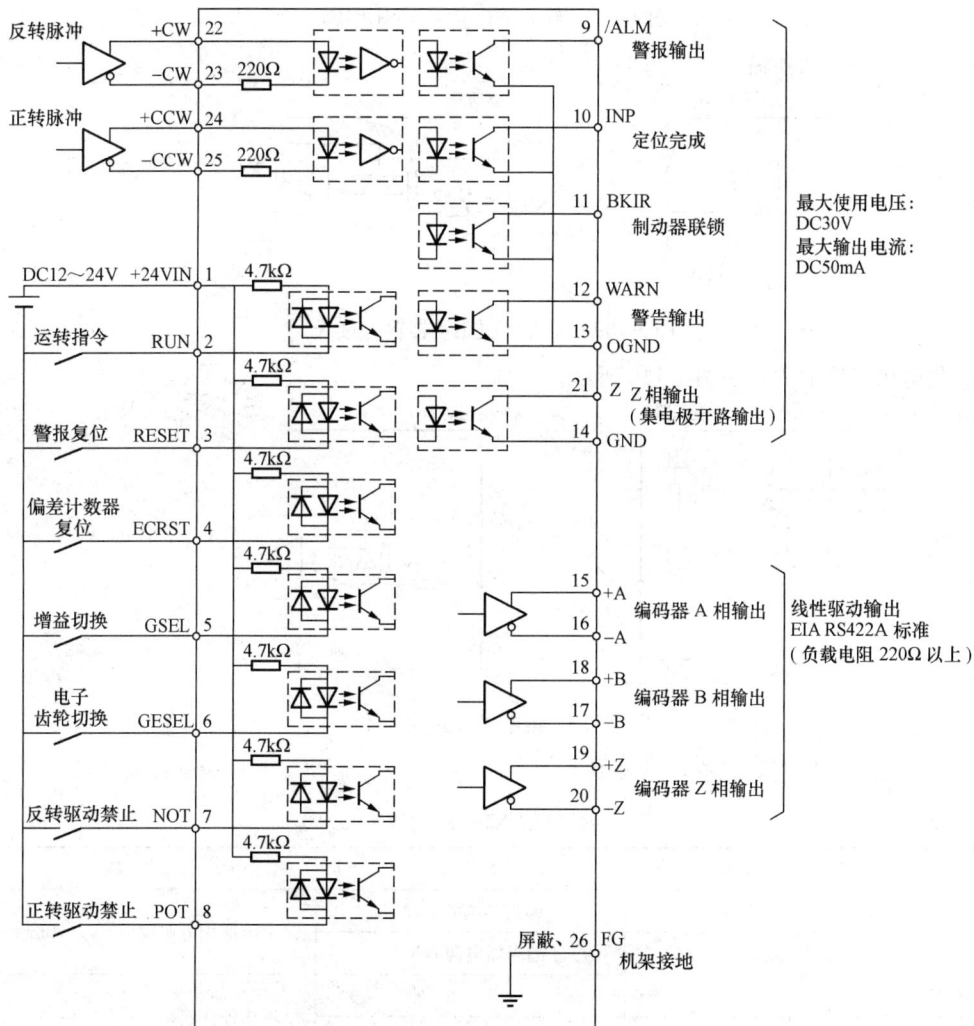

图 1-107 输入输出信号 CN1

1	+24VIN	控制用 DC+12～24V 电源输入		14	GND	接地公共端
2	RUN	运转指令	15	+A		编码器 A 相 + 输出
3	RESET	警报复位输入		16	−A	编码器 A 相 − 输出
4	ECRST/VSEL2	偏差计数器复位输入/内部设定速度选择 2	17	−B		编码器 B 相 − 输出
5	GSEL/VZERO/TLSEL	增益切换/零速指定/转矩限制切换		18	+B	编码器 B 相 + 输出
6	GESEL/VSEL1	电子齿轮切换/内部设定速度选择 1	19	+Z		编码器 Z 相 + 输出
7	NOT	反转驱动禁止输入		20	−Z	编码器 Z 相 − 输出
8	POT	正转驱动禁止输入	21	Z		Z 相输出
9	/ALM	警报输出		22	+CW/+PULS/+FA	+ 反转脉冲/+ 进给脉冲/+A 相
10	INP/TGON	定位完成/电机转速检测	23	−CW/−PULS/−FA		− 反转脉冲/− 进给脉冲/−A 相
11	BKIR	制动器联锁		24	+CCW/+SIGN/+FB	+ 正转脉冲/+ 正反向信号/+B 相
12	WARN	警告输出	25	−CCW/−SIGN/−FB		− 正转脉冲/− 正反向信号/−B 相
13	OGND	输出接地公共端		26	FG	机架地线

图 1-108　输入输出信号 CN1 引脚

① 线性伺服驱动器输入，如图 1-109 所示。

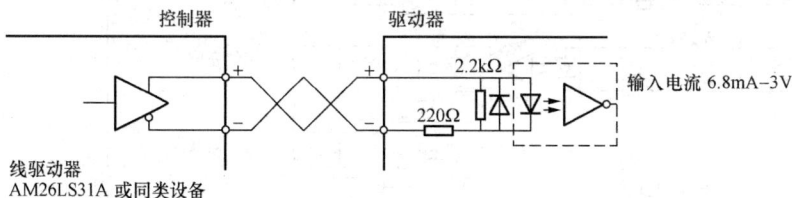

图 1-109　线性伺服驱动器输入接线

② 集电极开路输入，如图 1-110 所示。

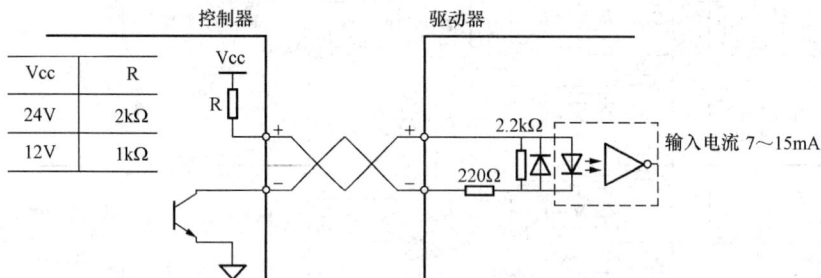

图 1-110　集电极开路输入接线

（7）编码器 CN2 引脚配置，见表 1-28。

表 1-28　　　　　　　　　　　　　　**编码器 CN2 引脚配置**

符　号	引脚号	名　称	功　能
E5V	1	编码器电源＋5V	编码器用电源输出 5V，70mA
E0V	2	编码器电源 GND	
NC	3		不作任何连接
NC	4		

续表

符 号	引脚号	名 称	功 能
S+	5	编码器＋S相输入输出	RS-485 线性驱动器输入输出
S−	6	编码器−S相输入输出	
FG	外壳	屏蔽接地	电缆屏蔽接地

2. 伺服驱动器参数设置

用交流伺服驱动器控制三工位旋转工作台采用位置控制模式，其相关参数见表 1-29。

表 1-29　　　　　　　伺服驱动器位置控制模式的相关参数

序号	参数代号	设置值	默认值	说 明
1	Pn02	2	2	控制模式选择。0：高响应位置控制；1：内部速度设定控制；2：高功能位置控制
2	Pn10	10	40	位置回路响应增益。范围 0～32767，根据机械刚度设定
3	Pn11	500	60	速度回路响应增益。范围 1～3500，根据惯量比设定
4	Pn40	4	4	指令脉冲倍频设定。1 或 2：2 倍频；3 或 4：4 倍频
5	Pn41	1	0	指令脉冲转动方向。0 或 3：电动机按指令脉冲的方向旋转；1 或 2：电动机按指令脉冲的相反方向旋转
6	Pn42	3	1	指令脉冲模式。0 或 2：90°相位差信号输入；1：反转脉冲/正转脉冲；3：进给脉冲/方向信号
7	Pn44	2500	2500	编码器分频比设定。超过 2500 的设定无效
8	Pn46	190	10 000	第一电子齿轮比分子数值
9	Pn47	10 000	10 000	第二电子齿轮比分子数值
10	Pn4A	0	0	电子齿轮比分子指数。范围 0～17，以 2 为底数
11	Pn4B	2500	2500	电子齿轮比分母数值

（1）Pn02 参数选择高功能位置控制。

（2）为了使伺服电动机的动作遵守指令并最大限度地发挥机械系统的性能，需要对增益进行调整。Pn10 参数根据机械刚度选择位置回路响应增益，Pn11 参数根据机械惯量比选择速度回路响应增益。

（3）Pn40～Pn4B 为位置控制参数，决定脉冲与角位移的关系，根据表 1-29 设置参数的计算结果如下列公式所示，一个脉冲信号可产生角位移 27.36 度/10 000。

$$\frac{Pn46}{Pn4B} \times \frac{2^{Pn4A}}{Pn40 \times Pn44} = \frac{Pn46}{Pn4B} \times \frac{2°}{Pn40 \times Pn44}$$

$$\frac{190}{2500} \times \frac{1}{4 \times 2500} = \frac{0.076}{10\ 000}$$

$$360° \times \frac{0.076}{10\ 000} = \frac{27.36°}{10\ 000}$$

一、使用伺服设置软件设置工作参数

1. 软件安装

在计算机中安装欧姆龙公司伺服驱动器设置软件 CX-ONEV2.12。在安装过程中去掉不用的软件项，只保留 CX-Drive，以节省安装空间和时间，如图 1-111 所示。安装完成后再安装软件 CX-DriveV1.61，完成软件升级。

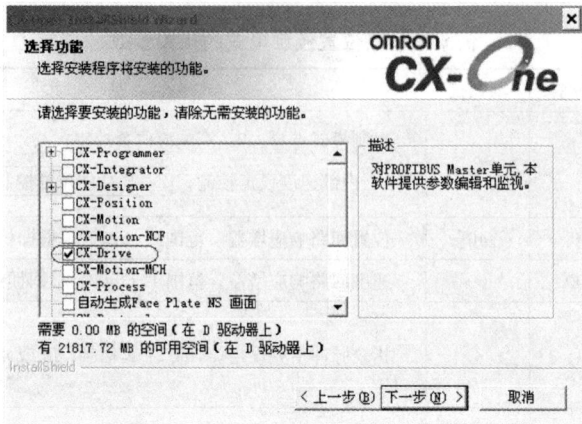

图 1-111　安装伺服设置软件

2. 软件使用

（1）用 RS-232 电缆连接交流伺服驱动器通信口 CN3 和计算机串行通信口 COM1，接通伺服驱动器电源。

（2）打开 CX-Drive 软件，新建一个工程，选择伺服驱动器型号、功率、电源类型，并设置与计算机的通信方式，如图 1-112 所示。简便的方法是单击"自动检测"图标，让软件自动搜索

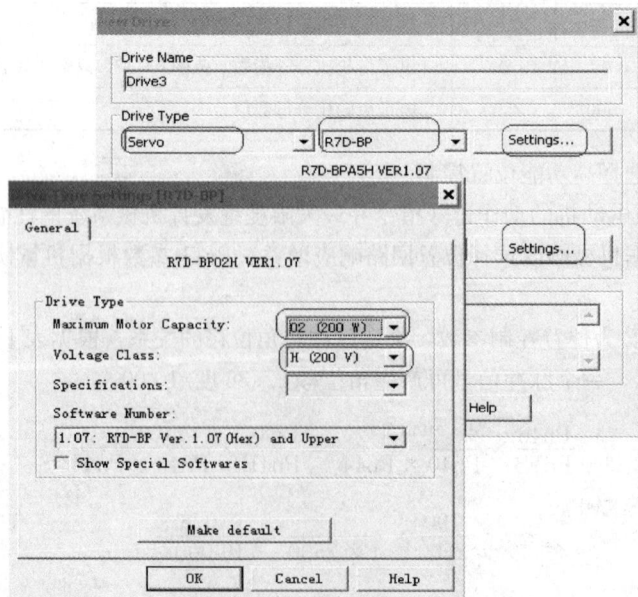

图 1-112　选择伺服驱动器型号和参数

伺服驱动器型号等相关参数，如图 1-113 所示。

图 1-113 自动检测伺服驱动器的图标

（3）选定伺服驱动器后，其参数操作界面如图 1-114 所示，界面上有"在线"、"下载"、"上载"、"选择下载"、"选择上载"等图标。

在线：计算机与伺服驱动器通信。

下载：将设置软件上全部参数传送至伺服驱动器。

上载：将伺服驱动器上全部参数传送至设置软件。

选择下载：将设置软件上选中的参数传送至伺服驱动器。

选择上载：将伺服驱动器上选中的参数传送至设置软件。

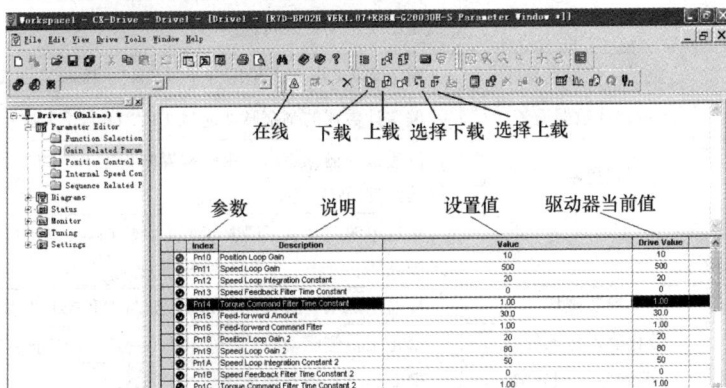

图 1-114 伺服驱动器参数操作界面

3. 设置伺服驱动器参数

接通伺服驱动器电源，使计算机与伺服驱动器保持通信连接。参照表 1-29 分别将参数设置值修改为 Pn10＝10、Pn11＝500、Pn41＝1、Pn42＝3 和 Pn46＝190，其他参数保持默认值。当参数设置值与默认值不同时，该参数图标呈红色。设置后，进行下载或选择下载。参数下载后，关闭伺服驱动器电源，当伺服驱动器重新通电后，所设置的参数才能生效。

二、报警显示与故障排除

当伺服驱动器发生异常时，电源显示 LED 由绿色转为红色或橙色。同时报警显示 LED 闪烁，通过橙色及红色 LED 的闪烁次数来表示报警代码（见表 1-30）有利于快速排除故障。例如，当过载现象（报警代码 16）发生时，伺服驱动器停止运行，并且以橙色 1 次、红色 6 次循环闪烁，如图 1-115 所示。

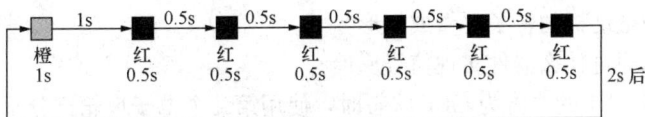

图 1-115 过载报警显示过程

任务七

表 1-30   **报 警 代 码**

序号	报警代码	异常内容	发生异常时的状况
1	11	电源电压不足	在运行指令（RUN）的输入中，主电路 DC 电压降到规定值以下
2	12	过电压	主电路 DC 电压异常地高
3	14	过电流	过电流流过 IGBT。电动机动力线的接地、短路
4	15	内部电阻器过热	驱动器内部的电阻器异常发热
5	16	过载	大幅度超出额定转矩运行了几秒或者几十秒
6	18	再生过载	再生能量超出了电阻器的处理能力
7	21	编码器断线检出	编码器线断线
8	23	编码器数据异常	来自编码器的数据异常
9	24	偏差计数器溢出	计数器的剩余脉冲超出了偏差计数器的超限级别（Pn63）的设定值
10	26	超速	电动机的旋转速度超出了最大转速。使用转矩限制功能时，超速检查级别设定（Pn70、Pn73）的设定值超出了电动机旋转速度
11	27	电子齿轮设定异常	第 1、第 2 电子齿轮比分子（Pn46、Pn47）的设定值不合适
12	29	偏差计数器溢流	偏差计数器的剩余脉冲超过 134 217 728 次脉冲
13	34	超程界限异常	位置指令输入超出了由越程界限设定（Pn26）所设定的电动机可以运作的范围
14	36	参数异常	接通电源时，从 EEPROM 读取数据时，参数保存区域的数据已经被破坏
15	37	参数破坏	接通电源从 EEPROM 读取数据时，和校验不符
16	38	禁止驱动输入异常	禁止正转侧驱动和禁止反转侧驱动都被关闭
17	48	编码器 Z 相异常	检测到 Z 相的脉冲流失
18	49	编码器 CS 信号异常	检测到 CS 信号的逻辑异常
19	95	电动机不一致	伺服电动机和驱动器的组合不恰当。接通电源时，编码器没有被连接
20	96	LSI 设定异常	干扰过大，造成 LSI 的设定不能正常完成
21		其他异常	驱动器启动自我诊断功能，驱动器内部发生了某种异常

任务七

例如，伺服驱动器停止运行，并且以橙色 4 次、红色 9 次循环闪烁，查表 1-30 可知，为"编码器 CS 信号异常"故障，断电后重新插接编码器插头，恢复通电后故障排除。

练习题

（1）闭环控制系统与开环控制系统有什么区别？步进电动机和伺服电动机分别属于什么类型的控制系统？

（2）为什么伺服电动机的转子要做成杯形？

（3）伺服电动机通过什么器件实现信号反馈？

（4）当输入信号 CN1 的 6 脚为 OFF 状态时，使用第几个电子齿轮比分子参数？

（5）调整增益的目的是什么？

（6）设伺服驱动器第一电子齿轮比分子数值为250，其他参数不变，则每个脉冲信号的角位移是多少？

（7）设伺服驱动器停止运行，橙色2次、红色1次循环闪烁，可能是什么故障？如何检修？

（8）设伺服驱动器停止运行，橙色3次、红色8次循环闪烁，可能是什么故障？如何检修？

子任务二　用伺服电动机控制工作台旋转角度

任务引入

利用自动生产线装配站的PLC、伺服驱动器和伺服电动机控制三工位圆形工作台，每旋转一周完成一个工作周期。控制要求是：按下复位按钮，工作台顺时针旋转，当原点位置金属凸点靠近电感传感器时停止，即原点位置复位；待原点位置复位后，按下启动按钮，工作台顺时针旋转120°，从工位1位置旋转到工位2位置停止；延时5s后，从工位2位置旋转到工位3位置停止；再次延时5s后，从工位3位置旋转到工位1位置复位停止，完成一个工作周期。

任务实施

一、安装与接线

（1）伺服电动机机轴与旋转工作台连接。检查安装是否牢固，回转工作台应轻松转动无卡阻现象。

（2）在原点位置处安装电感传感器，电感传感器能识别出有无金属物体接近，进而控制开关通断。电感传感器端面与金属凸出点的检测距离为 $4 \times (1 \pm 20\%)$ mm。

（3）连接伺服驱动器与伺服电动机电缆。

二、设置伺服驱动器参数

接通伺服驱动器电源，使计算机与伺服驱动器保持通信连接。参照表1-29，分别将参数修改为Pn10=10、Pn11=500、Pn41=1、Pn42=3和Pn46=190，其他参数保持默认值。设置后，进行下载或选择下载。参数下载后，关闭伺服驱动器电源，当伺服驱动器重新通电后，所设置的参数生效。因为伺服电动机默认机轴逆时针方向为正转，所以参数Pn41=1，使伺服电动机改变旋转方向，使工作台顺时针方向旋转。

三、设计包络

1. 回转工作台正常运行时包络

根据表1-29设置参数的计算，一个脉冲信号可产生角位移 $27.36°/10\ 000$，回转工作台正常生产时每工位旋转 $120°$，相应脉冲数为 $120°/(27.36°/10\ 000) = 43\ 860$。启动/停止时脉冲周期为 $400\mu s$，频率为 $2.5kHz$；运行时脉冲周期为 $100\mu s$，频率为 $10kHz$。包络如图1-116所示。

2. 回转工作台复位时包络

回转工作台复位时可能要旋转 $360°$，所以设置脉冲数为 $150 + 150\ 000 + 50 = 150\ 200$，其包络如图1-117所示。

四、PLC控制程序

PLC控制三工位旋转工作台的程序由主程序、子程序0和子程序1构成。

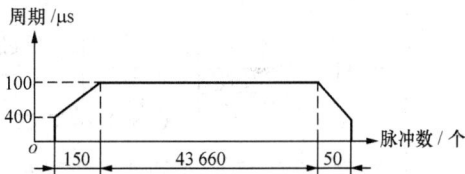

图1-116　回转工作台正常生产状态时包络

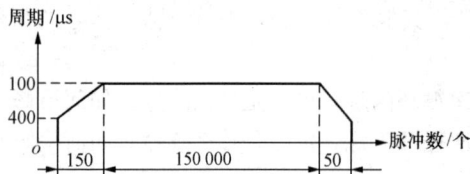

图 1-117 回转工作台复位状态时包络

1. 主程序

PLC 主程序如图 1-118 所示。当按下复位按钮时，调用子程序 0，工作台旋转；当工作台旋转至原点位置时，调用子程序 1，工作台停止。当按下启动按钮时，调用子程序 0，工作台旋转 120°停止；当 PTO 空闲时，SM66.7 为 1，T37 延时 5s 后再次调用子程序 0，工作台继续旋转 120°停止，同时 SM66.7 为 0；当 PTO 再次空闲时，SM66.7 为 1，T37 延时 5s 后再次调用子程序 0，工作

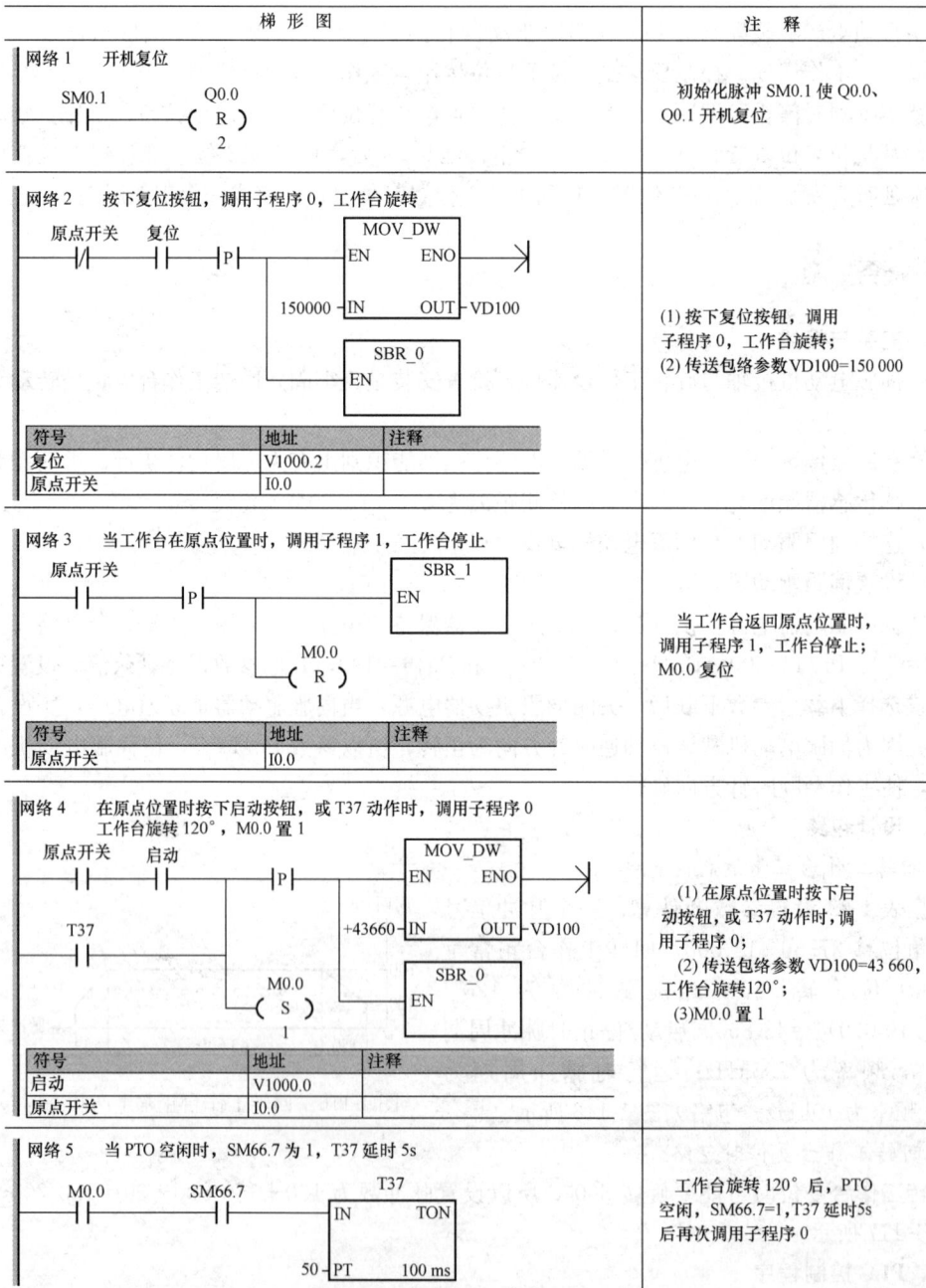

梯 形 图	注 释
网络 1　开机复位 　SM0.1　　　Q0.0 　─┤├─────(R) 　　　　　　　　2	初始化脉冲 SM0.1 使 Q0.0、Q0.1 开机复位
网络 2　按下复位按钮，调用子程序 0，工作台旋转 原点开关　复位 ─┤/├──┤├──┤P├─┐　MOV_DW 　　　　　　　　　　　EN　　ENO 　　　　　　150000─IN　　OUT─VD100 　　　　　　　　　　　SBR_0 　　　　　　　　　　　EN | 符号 | 地址 | 注释 | | 复位 | V1000.2 | | | 原点开关 | I0.0 | |	(1) 按下复位按钮，调用子程序 0，工作台旋转； (2) 传送包络参数 VD100=150 000
网络 3　当工作台在原点位置时，调用子程序 1，工作台停止 原点开关 ─┤├──┤P├─┐　SBR_1 　　　　　　　　EN 　　　　　　M0.0 　　　　　　(R) 　　　　　　　1 | 符号 | 地址 | 注释 | | 原点开关 | I0.0 | |	当工作台返回原点位置时，调用子程序 1，工作台停止；M0.0 复位
网络 4　在原点位置时按下启动按钮，或 T37 动作时，调用子程序 0 **工作台旋转 120°，M0.0 置 1** 原点开关　启动 ─┤├──┤├──┤P├─┐　MOV_DW 　　　　　　　　　　　EN　　ENO 　T37　　　　　+43660─IN　　OUT─VD100 ─┤├─┘ 　　　　　　　　　　　SBR_0 　M0.0　　　　　　　　EN 　(S) 　　1 | 符号 | 地址 | 注释 | | 启动 | V1000.0 | | | 原点开关 | I0.0 | |	(1) 在原点位置时按下启动按钮，或 T37 动作时，调用子程序 0； (2) 传送包络参数 VD100=43 660，工作台旋转 120°； (3) M0.0 置 1
网络 5　当 PTO 空闲时，SM66.7 为 1，T37 延时 5s 　M0.0　　SM66.7　　　T37 ─┤├───┤├───┤IN　　TON 　　　　　　　　　　50─PT　　100 ms	工作台旋转 120°后，PTO 空闲，SM66.7=1，T37 延时 5s 后再次调用子程序 0

图 1-118　PLC 主程序

任务七

台继续旋转 120°，到达原点位置停止。

2. 子程序 0

PLC 子程序 0 如图 1-119 所示，逻辑功能为工作台旋转。在网络 1 中预装 PTO 包络表，该包络表由加速、匀速和减速 3 段构成。在加速段，起始周期为 $400\mu s$，每个脉冲的周期增量为 $-2\mu s$，脉冲个数为 150；在匀速段，起始周期为 $100\mu s$，周期增量为 0，脉冲个数存储在 VD100；在减速段，起始周期为 $100\mu s$，每个脉冲的周期增量为 $+6\mu s$，脉冲个数为 50。

网络 1   包络表段数为 3，分别配置 3 段的初始周期、周期增量和脉冲数

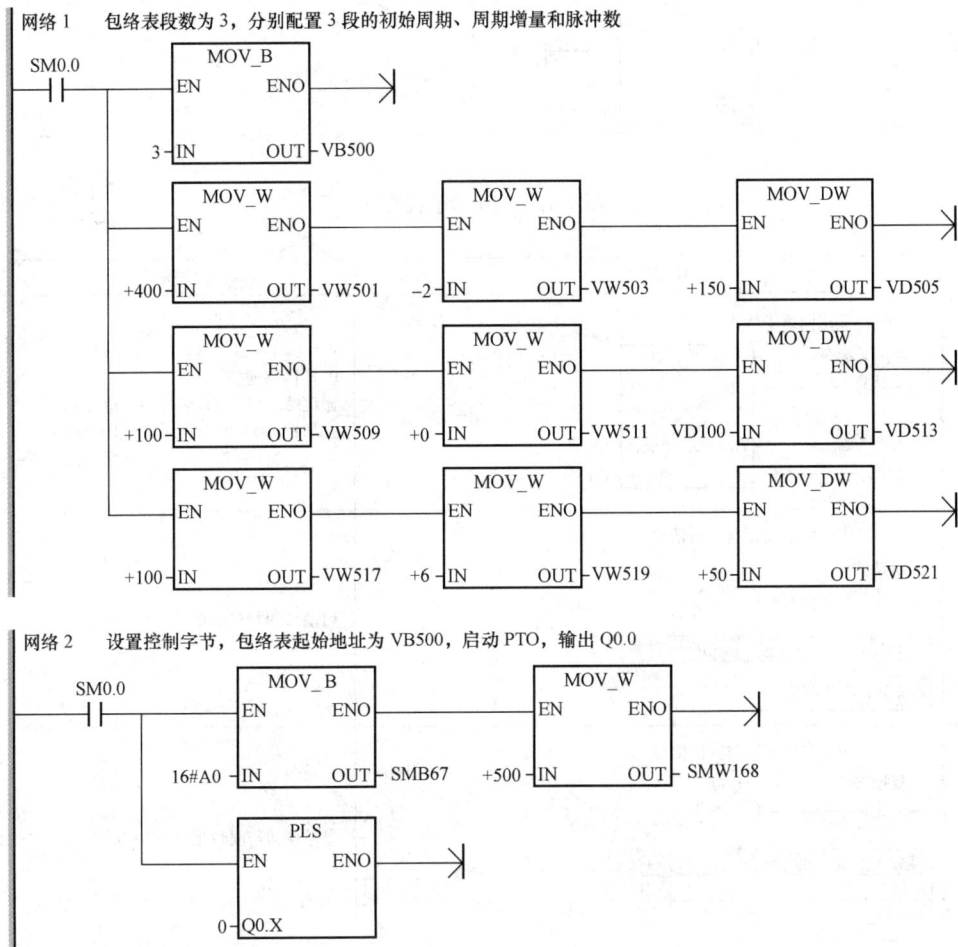

网络 2   设置控制字节，包络表起始地址为 VB500，启动 PTO，输出 Q0.0

图 1-119   PLC 子程序 0

在网络 2 中，设置 SMB67 控制字节为 0A0H，即允许 PTO 多段操作，以 $1\mu s$ 为时基。定义包络表参数存储的起始地址为变量寄存器 VB500 字节。启动 PTO 操作，输出脉冲端为 Q0.0。

3. 子程序 1

PLC 子程序 1 如图 1-120 所示，逻辑功能为工作台停止。

五、主站程序

自动生产线控制系统的启动信号和复位信号均从连接到搬运站的按钮/指示灯模块或触摸屏发出，经搬运站 PLC 程序处理后，向装配站发送控制要求，以实现装配站的启动和复位操作。搬运站（主站）PLC 程序如图 1-121 所示。因此，装配站（从站）程序应与搬运站（主站）程序相配合，即在装配站（从站）程序中启动信号＝V1000.0，复位信号＝V1000.2。

任务七

67

梯形图	注释
网络1　控制字节为0，停止PTO SM0.0 ──┤├────── MOV_B ──────► 　　　　　　EN　　ENO 　　　　　0─IN　　OUT─SMB67 　　　　　　　PLS ──────► 　　　　　　EN　　ENO 　　　　　0─Q0.X	设置PTO控制字节SMB67=0H，即禁止PTO操作

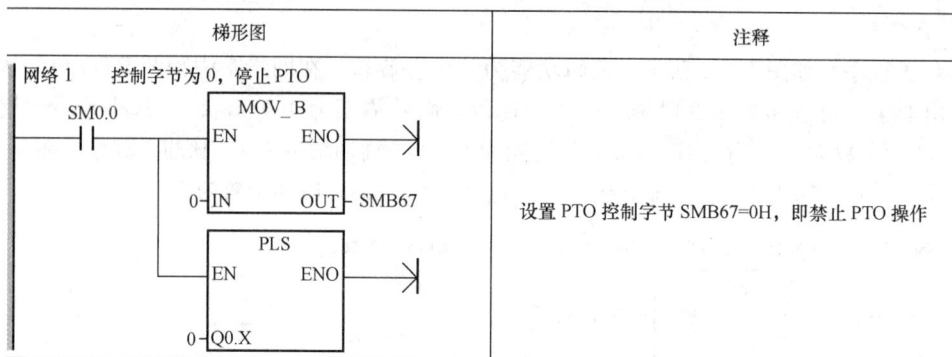

图 1-120　PLC 子程序 1

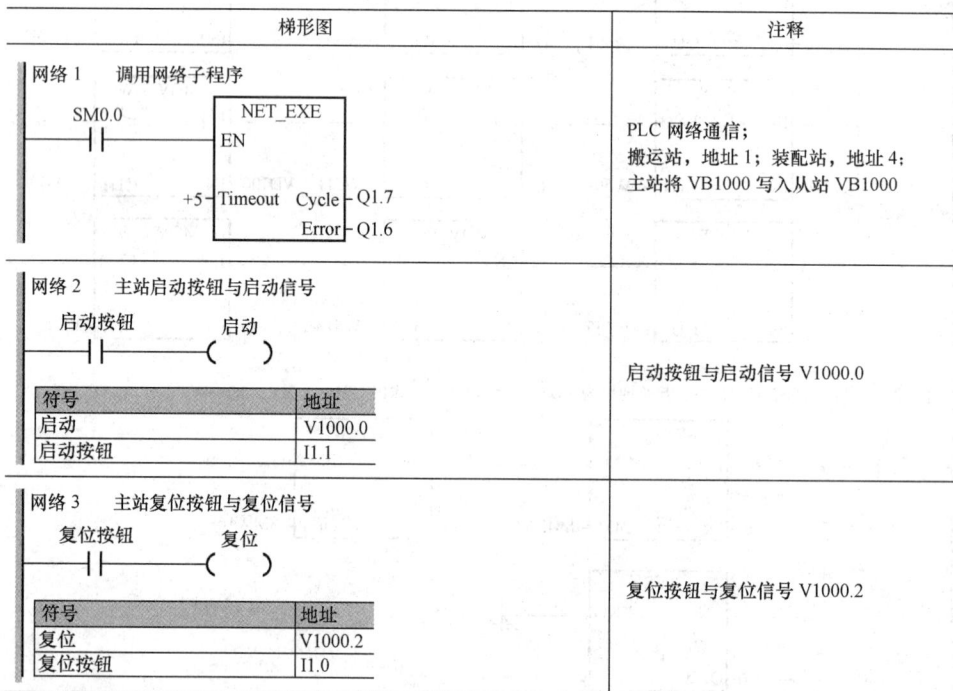

梯形图	注释
网络1　调用网络子程序 SM0.0 ──┤├────── NET_EXE ── 　　　　　　EN 　　　+5─Timeout　Cycle─Q1.7 　　　　　　　　　　Error─Q1.6	PLC网络通信； 搬运站，地址1；装配站，地址4； 主站将VB1000写入从站VB1000
网络2　主站启动按钮与启动信号 启动按钮　　　　启动 ──┤├────────( ) 　符号　　　　　　地址 　启动　　　　　　V1000.0 　启动按钮　　　　I1.1	启动按钮与启动信号V1000.0
网络3　主站复位按钮与复位信号 复位按钮　　　　复位 ──┤├────────( ) 　符号　　　　　　地址 　复位　　　　　　V1000.2 　复位按钮　　　　I1.0	复位按钮与复位信号V1000.2

图 1-121　主站 PLC 程序

六、操作步骤

1. PLC 运行

将 PLC 控制程序分别写入搬运站和装配站 PLC 中，并将 PLC 设置为运行状态。

2. 调整伺服电动机旋转方向

面对工作台台面，伺服电动机应带动工作台作顺时针旋转。按下复位按钮，若工作台旋转方向为顺时针，说明伺服电动机相序正确，当金属凸点接近原点位置电感传感器时，工作台自动停止。若工作台旋转方向为逆时针，应调整伺服电动机相序，方法是修改伺服驱动器方向控制参数 Pn41，或修改 PLC 方向控制端 Q0.1 的输出状态。

3. 操作

按下启动按钮，工作台顺时针旋转 120° 后停止，延时 5s 后再旋转 120° 后停止，延时 5s 后再次旋转 120° 到达原点位置时停止。至此，一个工作周期完成。

七、分组实施

将实习学生分成若干组，每组任务不同，旋转工作台完成一个工作周期分别需要 4～10 次等角度旋转，即每次旋转 90°～36°，间隔时间 5s。对各组完成任务情况分别考核。

练习题

（1）根据表 1-29 设置参数进行计算。如果工作台正常生产时每工位旋转 60°，需要多少个脉冲数？如果旋转 180°，又需要多少个脉冲数？

（2）如何调整伺服电动机的旋转方向？

任务八　西门子变频器的使用

任务引入

三相交流异步电动机具有结构简单、使用方便、工作可靠、价格低廉的优点，不足之处是调速比较困难。近年来，大功率电力晶体管和计算机控制技术的发展，极大地促进了交流变频调速技术的进步，各类变频器种类齐全，使用方便，自动化程度高，充分满足了生产工艺的调速要求。在 THJDAL-2 型自动生产线的分拣站使用了西门子 MM420 变频器，用来控制三相交流减速电动机，带动传动带输送工件。

相关知识

一、西门子变频器 MM420 结构与端子功能

西门子 MM420 是用于控制三相交流电动机速度的变频器系列。该系列有多种型号，从单相电源电压，额定功率 120W，到三相电源电压，额定功率 11kW 供用户选用。

本任务选用的 MM420 额定参数如下。

（1）电源电压：380～480V，三相交流。

（2）额定输出功率：0.75kW。

（3）额定输入电流：2.4A。

（4）额定输出电流：2.1A

MM420 变频器由主电路和控制电路构成，基本结构与外部接线端如图 1-122 所示。

变频器的主电路包括整流电路、储能电路和逆变电路，是变频器的功率电路。

（1）整流电路。由二极管构成三相桥式整流电路，将交流电全波整流为直流电。

（2）储能电路。具有储能和平稳直流电压的作用。

（3）逆变电路。将直流电逆变成频率可调的三相交流电，驱动电动机工作。

变频器的控制电路主要以单片微处理器 CPU 为核心构成，控制电路具有设定和显示运行参数、信号检测、系统保护、计算与控制、驱动逆变管等功能。

MM420 变频器端子功能见表 1-31。

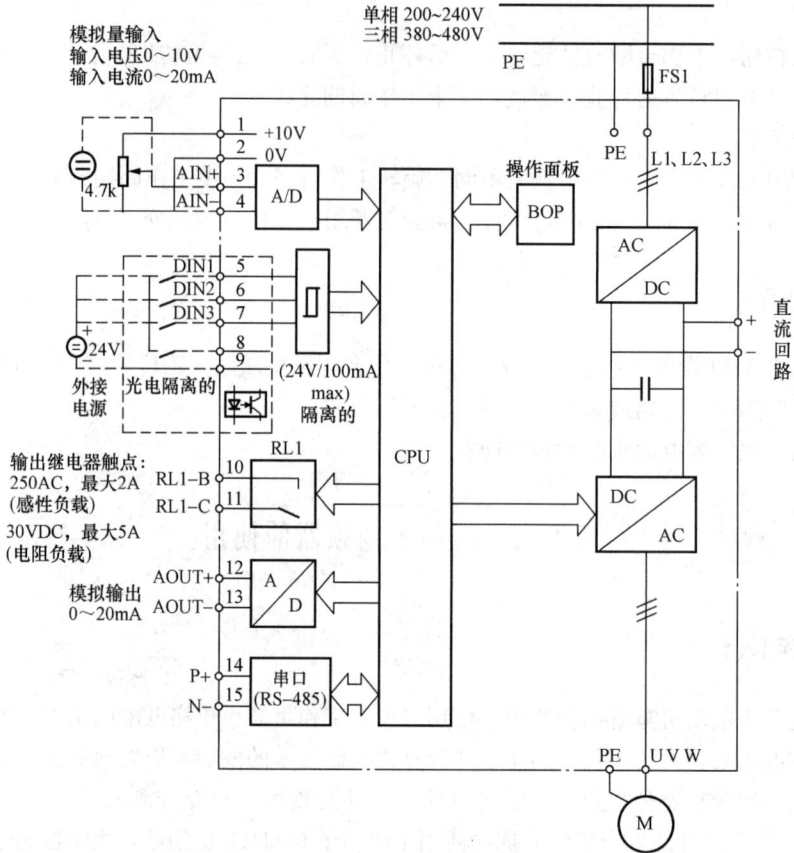

图 1-122 西门子变频器 MM420 基本结构与外部接线端

表 1-31 西门子变频器 **MM420** 端子功能

端子号	端子功能	相关参数
1	频率设定电源（＋10V）	
2	频率设定电源（0V）	
3	模拟信号输入端 AIN＋	P0700
4	模拟信号输入端 AIN－	P0700
5	多功能数字输入端 DIN1	P0701
6	多功能数字输入端 DIN2	P0702
7	多功能数字输入端 DIN3	P0703
8	多功能数字电源＋24V	
9	多功能数字电源 0V	
10	输出继电器 RL1B	P0731
11	输出继电器 RL1C	P0731
12	模拟输出 AOUT＋	P0771
13	模拟输出 AOUT－	P0771
14	RS-485 串行链路 P＋	P0004
15	RS-485 串行链路 N－	P0004

二、西门子变频器 MM420 操作面板

MM420 变频器操作面板 BOP 如图 1-123 所示，操作面板说明见表 1-32。

图 1-123　西门子变频器 MM420 操作面板 BOP

表 1-32　　　　　　　　　西门子变频器 MM420 操作面板说明

显示/按钮	功　能	功　能　说　明
	状态显示	LCD 显示变频器当前的设定值。r××××表示只读参数，P××××表示可以设置的参数，P－－－－表示变频器忙碌，正在处理优先级更高的任务
	启动变频器	按此键启动变频器。默认值运行时此键是被封锁的。为了使此键起作用应设定 P0700＝1
	停止变频器	OFF1：按此键，变频器将按选定的斜坡下降速率减速停车。默认值运行时此键被封锁；为了允许此键操作，应设定 P0700＝1。OFF2：按此键两次（或一次，但时间较长）电动机将在惯性作用下自由停车。此功能总是"使能"的
	改变电动机的转动方向	按此键可以改变电动机的转动方向。电动机的反向用负号（－）表示或用闪烁的小数点表示。默认值运行时此键是被封锁的，为了使此键的操作有效，应设定 P0700＝1
	电动机点动	在变频器无输出的情况下按此键，将使电动机点动，并按预设定的点动频率运行。释放此键时，变频器停车。如果变频器/电动机正在运行，按此键将不起作用
	功能	（1）此键用于浏览辅助信息。 （2）变频器运行过程中，在显示任何一个参数时按下此键并保持不动 2s，将显示以下参数值（在变频器运行中，从任何一个参数开始）： 1）直流回路电压（用 d 表示，单位：V）； 2）输出电流（A）； 3）输出频率（Hz）； 4）输出电压（用 o 表示，单位：V）； 5）由 P0005 选定的数值 [如果 P0005 选择显示上述参数中的任何一个（3、4 或 5），这里将不再显示]。 连续多次按下此键，将轮流显示以上参数。 （3）跳转功能。在显示任何一个参数（r××××或 P××××）时短时间按下此键，将立即跳转到 r0000。如果需要的话，可以接着修改其他的参数。跳转到 r0000 后，按此键将返回原来的显示点

显示/按钮	功 能	功 能 说 明
(P)	访问参数	按此键即可访问参数
▲	增加数值	按此键即可增加面板上显示的参数数值
▼	减少数值	按此键即可减少面板上显示的参数数值

三、西门子变频器 MM420 参数设置方法

为了快速修改参数的数值，可以单独修改显示出的每个数字，操作步骤如下。

(1) 确信已处于某一参数数值的访问级。

(2) 按 (Fn)（功能键），最右边的一个数字闪烁。

(3) 按 ▲ / ▼，修改这位数字的数值。

(4) 再按 (Fn)（功能键），相邻的下一位数字闪烁。

(5) 执行（2）～（4）步，直到显示出所要求的数值。

(6) 按 (P) 键，退出参数数值的访问级。

任务实施

一、实施变频器面板操作

1. 控制要求

操作变频器面板按键设定变频器输出频率 30Hz，并控制电动机正转、反转和停止。电动机的额定值为 380V/0.40A/0.18kW/1400r/min。

2. 操作模块

MM420 变频器操作模块如图 1-124 所示，相应的接线端已引到面板上。

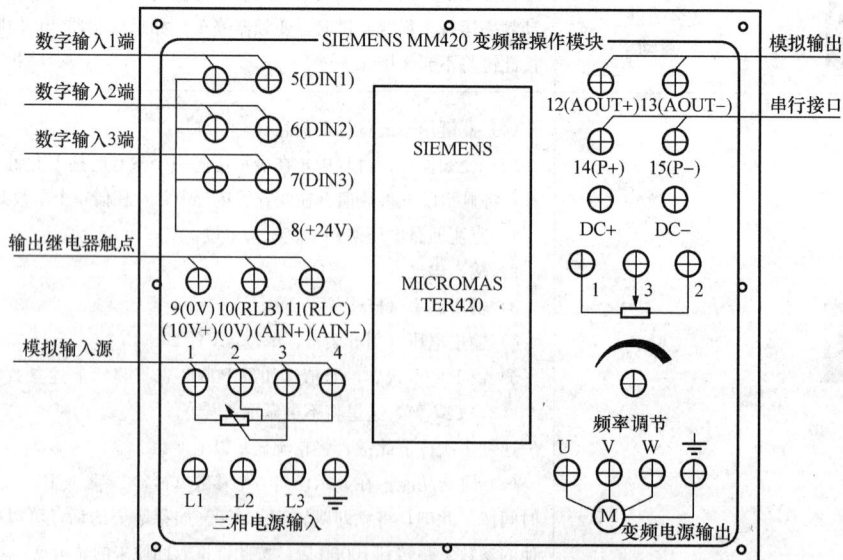

图 1-124 MM420 变频器操作模块

3. 接线

接线图如图 1-125 所示，检查无误后接通电源。

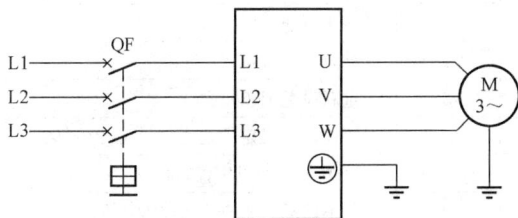

图 1-125　变频器面板操作模式接线图

4. 设置参数（见表 1-33）

表 1-33　　　　　　　　　　西门子变频器 MM420 面板操作参数设置

序号	参数代号	出厂值	设置值	说　明
1	P0010	0	30	调出厂设置参数，准备复位
2	P0970	0	1	恢复出厂值（恢复时间大约 60s）。 0 禁止复位、 1 参数复位 （变频器先停车）
3	P0003	1	3	参数访问级，1 标准级、2 扩展级、 3 专家级 、4 维修级
4	P0004	0	0	参数过滤器，可以快速访问不同的参数。 0 全部参数 、2 变频器参数、3 电动机参数、7 命令、8AD 或 DA 转换、10 设定值通道、12 驱动装置的特征、13 电动机控制、20 通信、21 报警、22 工艺参量控制（例如 PID）
5	P0010	0	1	调试用的参数过滤器，0 准备、 1 启动快速调试 、30 出厂设置参数。 如果 P0010 被访问后没有设定为 0，变频器将不运行；如果 P3900＞0，这一功能自动完成
6	P0100	0	0	工频选择： 0，50Hz ；1，60Hz
7	P0304	400	380	电动机的额定电压（V）
8	P0305	1.90	0.40	电动机的额定电流（A）
9	P0307	0.75	0.18	电动机的额定功率（kW）
10	P0310	50.00	50.00	电动机的额定频率（Hz）
11	P0311	1395	1400	电动机的额定速度（rpm）
12	P0700	2	1	选择控制命令源： 1BOP 面板控制 、2 外部数字端子控制
13	P1000	2	1	选择频率设定值： 1 选择用 BOP 设定的频率值 ； 2 选择外部模拟信号（电位器）设定的频率值； 3 固定频率之和
14	P1080	0.00	0.00	电动机最小频率（Hz）
15	P1082	50.00	50.00	电动机最大频率（Hz）
16	P1120	10.00	6.00	启动加速时间（s）

续表

序号	参数代号	出厂值	设置值	说　明
17	P1121	10.00	6.00	停止减速时间（s）
18	P3900	0	1	结束快速调试
19	P0003	1	3	重新设置 P0003 为 3
20	P0004	0	10	快速访问设定值通道
21	P1040	5.00	30.00	BOP 的频率设定值（Hz）
22	P0010	0	0	如不启动，检查 P0010 是否为 0

5. 操作步骤

（1）正转。按 BOP 上的"启动"键，电动机加速启动，即时输出频率上升，启动结束后显示当前值 30Hz。

（2）反转。按 BOP 上的"反转"键，电动机减速停止，改变方向旋转，启动结束后显示当前值 30Hz。

（3）停止。按 BOP 上的"停止"键，电动机减速停止。

（4）切断电源。

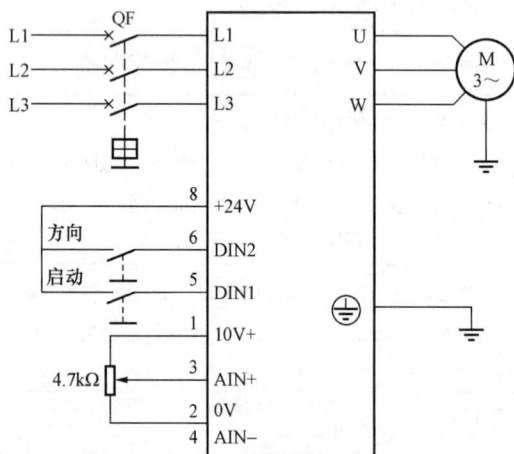

图 1-126　变频器模拟量调速控制接线图

二、实施变频器模拟量调速控制

在自动化控制中，变频器将根据传感器信号对电动机转速进行控制。例如，在室内恒温控制时，如果温度升高，温度传感器信号增大，变频空调器转速加快，使温度下降；否则变频空调器转速降低，使温度上升。传感器输出标准模拟信号为 0～10V，其输出电压正极接入变频器的 3 脚（AIN＋），负极接入 4 脚（AIN－）。本任务对如图 1-126 所示变频器模拟量调速控制线路进行操作，通过调节 4.7kΩ 电位器，产生模拟电压信号，使电动机转速发生变化。并用变频器外部端子控制电动机正转、反转和停止。

1. 控制要求

数字输入端 DIN1 控制启动/停止；DIN2 端控制正反转；变频器输出频率 0～50Hz 由电位器设置。电动机的额定值为 380V/0.40A/0.18kW/1400r/min。

2. 接线

接线图如图 1-126 所示，由于使用变频器内部 10V 电源，所以 2 脚和 4 脚要连接。检查无误后接通电源。

3. 设置参数（见表 1-34）

表 1-34　　　　　西门子变频器 MM420 模拟量调速控制参数设置

序号	参数代号	出厂值	设置值	说　明
1	P0010	0	30	调出厂设置参数，准备复位
2	P0970	0	1	恢复出厂值（恢复时间大约 60s）。 0 禁止复位、1 参数复位（变频器先停车）

序号	参数代号	出厂值	设置值	说　明
3	P0003	1	3	参数访问级，1 标准级、2 扩展级、$\boxed{3\,专家级}$、4 维修级
4	P0004	0	0	参数过滤器，可以快速访问不同的参数。 $\boxed{0\,全部参数}$、2 变频器参数、3 电动机参数、7 命令、8 AD 或 DA 转换、10 设定值通道、12 驱动装置的特征、13 电动机控制、20 通信、21 报警、22 工艺参量控制（例如 PID）
5	P0010	0	1	调试用的参数过滤器，0 准备、$\boxed{1\,启动快速调试}$、30 出厂设置参数。 如果 P0010 被访问后没有设定为 0，变频器将不运行；如果 P3900＞0，这一功能自动完成
6	P0100	0	0	工频选择：$\boxed{0，50\,Hz}$；1，60 Hz
7	P0304	400	380	电动机的额定电压（V）
8	P0305	1.90	0.40	电动机的额定电流（A）
9	P0307	0.75	0.18	电动机的额定功率（kW）
10	P0310	50.00	50.00	电动机的额定频率（Hz）
11	P0311	1395	1400	电动机的额定速度（r/min）
12	P0700	2	2	选择控制命令源： 1 BOP 面板控制、$\boxed{2\,外部数字端子控制}$
13	P1000	2	2	选择频率设定值： 1 选择用 BOP 设定的频率值； $\boxed{2\,选择外部模拟信号（电位器）设定的频率值}$； 3 固定频率之和
14	P1080	0	0	电动机最小频率（Hz）
15	P1082	50.00	50.00	电动机最大频率（Hz）
16	P1120	10.00	6.00	启动加速时间（s）
17	P1121	10.00	6.00	停止减速时间（s）
18	P3900	0	1	结束快速调试
19	P0003	1	3	重新设置 P0003 为 3
20	P0004	0	7	快速访问命令通道
21	P0701	1	1	选择数字输入 1 的功能： $\boxed{1\,启动/停止控制}$、2 反转/停止控制； 10 正向点动、11 反向点动； 12 反转、16 固定频率设定值
22	P0702	12	12	选择数字输入 2 的功能： 1 启动/停止控制、2 反转/停止控制； 10 正向点动、11 反向点动； $\boxed{12\,反转}$、16 固定频率设定值
23	P0010	0	0	如不启动，检查 P0010 是否为 0

任务八

4．操作步骤

（1）把外接电位器逆时针旋转到底，输出频率设定为0。把外接电位器慢慢顺时针旋转到底，输出频率逐步增大，当3脚电压为10V时，输出频率达到50Hz。

（2）启动。接通DIN1端，输出频率随电位器转动逐步增大。

（3）反转。接通DIN2端，电动机反转。

（4）停止。断开DIN1端。

（5）切断电源。

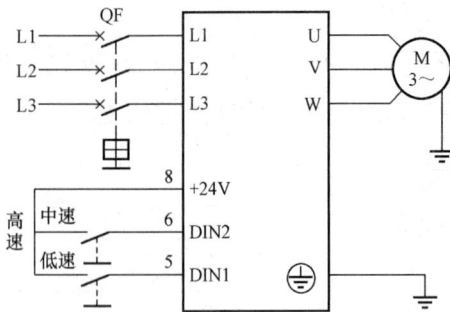

图1-127　变频器多段速控制接线图

三、实施变频器多段速控制

1．控制要求

低速控制时DIN1端接通，输出频率为15Hz；中速控制时DIN2端接通，输出频率为25Hz；高速控制时DIN1端和DIN2端均接通，输出频率为两者之和，即15＋25＝40Hz；DIN1端和DIN2端均断开，输出停止。电动机的额定值为380V/0.40A/0.18kW/1400r/min。

2．接线

接线图如图1-127所示，检查无误后接通电源。

3．设置参数（见表1-35）

表1-35　　　　　西门子变频器MM420多段速控制参数设置

序号	参数代号	出厂值	设置值	说　明
1	P0010	0	30	调出厂设置参数，准备复位
2	P0970	0	1	恢复出厂值（恢复时间大约60s）。 0禁止复位、1参数复位（变频器先停车）
3	P0003	1	3	参数访问级，1标准级、2扩展级、3专家级、4维修级
4	P0004	0	0	参数过滤器，可以快速访问不同的参数。 0全部参数、2变频器参数、3电动机参数、7命令、8AD或DA转换、10设定值通道、12驱动装置的特征、13电动机控制、20通信、21报警、22工艺参量控制（例如PID）
5	P0010	0	1	调试用的参数过滤器，0准备、1启动快速调试、30出厂设置参数。 如果P0010被访问后没有设定为0，变频器将不运行；如果P3900＞0，这一功能自动完成
6	P0100	0	0	工频选择：0，50Hz；1，60Hz
7	P0304	400	380	电动机的额定电压（V）
8	P0305	1.90	0.40	电动机的额定电流（A）
9	P0307	0.75	0.18	电动机的额定功率（kW）
10	P0310	50.00	50.00	电动机的额定频率（Hz）
11	P0311	1395	1400	电动机的额定速度（rpm）

续表

序号	参数代号	出厂值	设置值	说　明
12	P0700	2	2	选择控制命令源： 1BOP 面板控制、 2 外部数字端子控制
13	P1000	2	3	选择频率设定值： 1 选择用 BOP 设定的频率值； 2 选择外部模拟信号（电位器）设定的频率值； 3 固定频率之和
14	P1080	0.00	0.00	电动机最小频率（Hz）
15	P1082	50.00	50.00	电动机最大频率（Hz）
16	P1120	10.00	6.00	启动加速时间（s）
17	P1121	10.00	6.00	停止减速时间（s）
18	P3900	0	1	结束快速调试
19	P0003	1	3	重新设置 P0003 为 3
20	P0004	0	7	快速访问命令通道
21	P0701	1	16	选择数字输入 1 的功能： 1 启动/停止控制、2 反转/停止控制； 10 正向点动、11 反向点动； 12 反转、 16 固定频率设定值
22	P0702	12	16	选择数字输入 2 的功能： 1 启动/停止控制、2 反转/停止控制； 10 正向点动、11 反向点动； 12 反转、 16 固定频率设定值
23	P0004	0	10	快速访问设定值通道
24	P1001	0.00	15.00	固定频率 1＝15Hz
25	P1002	5.00	25.00	固定频率 2＝25Hz
26	P0010	0	0	如不启动，检查 P0010 是否为 0

4. 操作步骤

（1）低速。接通 DIN1 端，输出频率 15Hz，电动机低速运行。

（2）中速。接通 DIN2 端，输出频率 25Hz，电动机中速运行。

（3）高速。接通 DIN1 端和 DIN2 端，输出频率 40Hz，电动机高速运行。

（4）停止。断开 DIN1 端和 DIN2 端。

（5）切断电源。

四、自动化生产线变频器参数设置

1. 控制要求

接通数字输入端 DIN1，变频器启动，输出频率为 30Hz。生产线分拣站传送带电动机额定值为 380V/0.18A/25W/1300rpm。

2. 接线

接线图如图 1-128 所示，检查无误后接通电源。

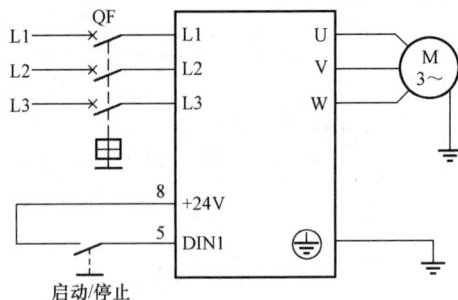

图 1-128　自动生产线变频器接线图

3. 设置参数（见表 1-36）

表 1-36　　　　　　　　　西门子变频器 MM420 自动生产线参数设置

序号	参数代号	出厂值	设置值	说　明
1	P0010	0	30	调出厂设置参数，准备复位
2	P0970	0	1	恢复出厂值（恢复时间大约 60s）。 0 禁止复位、1 参数复位（变频器先停车）
3	P0003	1	3	参数访问级，1 标准级、2 扩展级、3 专家级、4 维修级
4	P0004	0	0	参数过滤器，可以快速访问不同的参数。 0 全部参数、2 变频器参数、3 电动机参数、7 命令、8AD 或 DA 转换、10 设定值通道、12 驱动装置的特征、13 电动机控制、20 通信、21 报警、22 工艺量控制（例如 PID）
5	P0010	0	1	调试用的参数过滤器。 0 准备、1 启动快速调试、30 出厂设置参数 如果 P0010 被访问后没有设定为 0，变频器将不运行；如果 P3900＞0，这一功能自动完成
6	P0100	0	0	工频选择：0，50Hz；1，60Hz
7	P0304	400	380	电动机的额定电压（V）
8	P0305	1.90	0.18	电动机的额定电流（A）
9	P0307	0.75	0.03	电动机的额定功率（kW）
10	P0310	50.00	50.00	电动机的额定频率（Hz）
11	P0311	1395	1300	电动机的额定速度（r/min）
12	P0700	2	2	选择控制命令源： 1BOP 面板控制、2 外部数字端子控制
13	P1000	2	1	选择频率设定值： 1 选择 BOP 面板设定的频率值； 2 选择外部模拟信号（电位器）设定的频率值； 3 固定频率之和
14	P1080	0.00	0.00	电动机最小频率（Hz）
15	P1082	50.00	50.00	电动机最大频率（Hz）
16	P1120	10.00	2.00	加速时间（s）

续表

序号	参数代号	出厂值	设置值	说　　明
17	P1121	10.00	2.00	减速时间（s）
18	P3900	0	1	结束快速调试
19	P0003	1	3	重新设置 P0003 为 3
20	P0004	0	10	快速访问设定值通道
21	P1040	5.00	30.00	BOP 的频率设定值（Hz）
22	P0010	0	0	如不启动，检查 P0010 是否为 0

4. 操作步骤

（1）启动。接通 DIN1 端，输出频率 30Hz，电动机运行。

（2）停止。断开 DIN1 端，电动机停止。

（3）切断电源。

练习题

（1）变频器的主要作用是什么？

（2）变频器由几部分组成？各部分的功能是什么？

（3）怎样恢复 MM420 变频器的出厂值？

（4）如果要求电动机启动过程缓慢，如何设置参数？

任务九　常用传感器的使用

任务引入

任一控制系统都是由传感器、控制单元和执行机构三者所组成的。传感器在控制系统中的作用就如同人的眼睛、鼻子和耳朵，用于采集外部的信息。控制单元如同人的大脑，对于采集到的信息进行分析、判断和做出决策。执行机构如同人的手和脚，对决策做出反应。传感器的信息是否正确决定了执行机构的正确性，即决定了生产设备运行的正确性和可靠性。在自动生产线中使用的传感器类型有编码器、光电传感器、接近开关、磁性传感器等。

相关知识

一、传感器的定义

传感器是把外界的非电信号转换成电信号的装置。传感器的功能是：一感、二传，即感受被测信息并传送出去，传感器工作原理如图 1-129 所示，图中各元件或电路的作用如下。

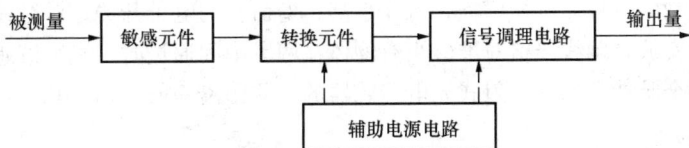

图 1-129　传感器工作原理框图

敏感元件：直接感受被测量，并输出与被测量有一定关系的某一物理量。

转换元件：把非电信号转换成电信号。

信号调理电路：将转换元件输出的电信号处理为标准信号，以便于显示、记录、处理和控制。

辅助电源电路：包括交、直流供电。

二、光电式编码器

生产线装配站上伺服电动机使用了编码器。编码器是将旋转角度变换成数字信号输出的传感器，光电式编码器由于具有非接触性、体积小、分辨率高和可靠性高等特点得到了广泛的应用。

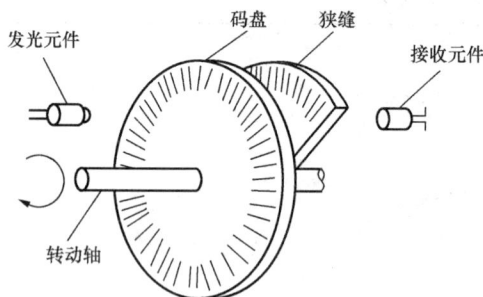

图 1-130　光电码盘编码器结构

1. 光电编码器的结构

光电编码器用光电方法将位移或旋转角度转换为脉冲信号，如图 1-130 所示。在发光元件和光电接收元件之间有一个装在转动轴上的具有相当数量的透光扇形区的码盘，当发光元件形成的光束投影在码盘上时，在码盘的另一侧就形成光脉冲，脉冲光照射在光电接收元件上就产生与之对应的电脉冲信号。

2. 光电编码器的分类

光电编码器按脉冲信号的性质可分为绝对式和增量式两种。

绝对式光电编码器码盘图案不均匀，编码器的码盘与码道位数相等，在相应的位置可输出对应的数字码，具有坐标固定，与测量以前状态无关，抗干扰能力强，断电位置保持，不需方向判别和可逆计数，信号并行传送等优点。缺点是结构复杂，提高分辨率需要提高码道数目。

增量式光电编码器码盘图案均匀，可将任意位置作为基准点，从该点开始按一定量化单位检测。通过计数设备来知道其位置，当编码器不动或停电时，依靠计数设备的内部记忆来记住位置。这样，当停电后，编码器不能有任何的移动，当来电工作时，编码器输出脉冲过程中，也不能有干扰而丢失脉冲，不然，计数设备记忆的零点就会偏移。

3. 编码器的电气连接

编码器的输出接线如图 1-131 所示，绿、白、黄分别表示 A 相、B 相和原点信号输出，红、黑分别表示电源与 0V 接线。编码器的信号输出线应采用屏蔽电缆，不能与动力线等绕在一起或同一管道传输。

三、光电传感器

光电传感器具有体积小，检测距离长，安装方便等特点，广泛应用于生产的各个环节。光电传感器的光线发射与接收部分可分为对射式和反射式两大类，如图 1-132 所示。

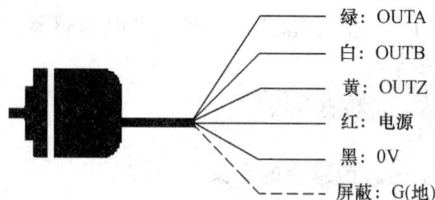

绿：OUTA
白：OUTB
黄：OUTZ
红：电源
黑：0V
屏蔽：G(地)

图 1-311　编码器的电气连接

1. 工作原理

光电传感器是通过把光的强度变化转变为电信号变化，并以此来控制的一种无机械磨损、可靠性高、寿命长的电子开关。对射式光电传感器的发射器和接收器相对安放，轴线严格对准。当有物体在两者中间通过时，光束被遮断，接收器接收不到光线而产生一个脉冲信号。对射式光电传感器的检测距离一般可达十几米，对所有能遮断光线的物体均可检测。

反射式光电传感器采用较为方便的单侧安装方式，它对安装角度的变化不太敏感，有的还采

任务九

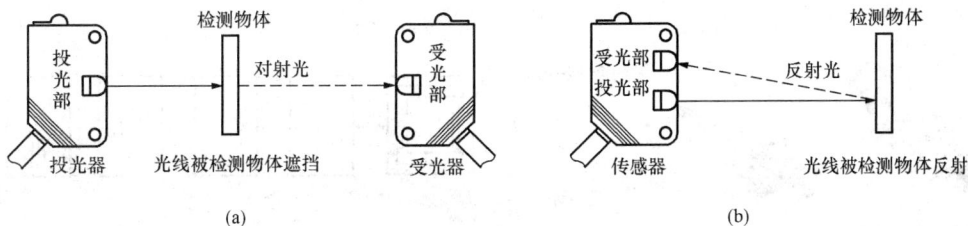

图 1-132 光电传感器工作示意图

（a）对射式光电传感器；（b）反射式光电传感器

用偏光镜，它能将光源发出的光转变成偏振光反射回去，提高抗干扰能力。

2. 规格参数

型号为 GD-S186E/S18SP6R 的光电传感器的规格参数见表 1-37。从表中可以看出，该光电传感器为对射式，检测距离不小于 15m。当发射器通电时，发射器上的绿灯亮；当接收器接收到入射光信号时，接收器上的红灯亮。

表 1-37 　　　　　　　　　　　　光电传感器的规格参数

检测方式	对　射　式
动作功能	瞬时动作型（A）
距 离	不小于 15m
电源电压	DC10～30V
功 耗	1VA 以下
控制输出	PNP 动合（NO）和动断（NC）输出，负载电流 100mA，残余电压不大 1.5V
响应时间	1ms 以下
工作方式	亮动和暗动
指 示 灯	发射器通电点绿灯，接收器入光点红灯
电路保护	极性保护、过载保护
连接方式	直线引线，线长 2m
工作环境	照度：太阳光 10 000lx，白炽灯 3000lx，温度：-15～+55℃，湿度：45%～85%RH
壳体材料	黄铜镀镍
外形尺寸	M18mm×70mm
防护等级	IP65

3. 安装

光电传感器的外形如图 1-133 所示，其外形尺寸为 M18mm×70mm。光电传感器的安装比较方便，可以在安装物体上加工一个 M18 的通孔，直接安装即可。在钻孔时一定要注意发射端和接收端所钻的孔的轴线要严格对准，如果偏差大会产生较大的误差。另外，光电传感器的信号输出线应采用屏蔽电缆，不能与动力线等绕在一起或同一管道传输。

四、电感式接近开关

1. 工作原理

电感式接近开关属于输出开关量信号的传感器，由 LC 高频振荡器和放大处理电路组成，其工作原理如图 1-134 所示。当金属物体接近高频振荡感应器时，便产生涡流，涡流形成的磁场反作用于高频振荡感应器，使接近开关振荡能力衰减，内部电路的参数发生变化，由此识别出有无金属物体接近，进而控制开关的通或断。这种接近开关只能检测出金属物体。

任务九

图 1-133 光电传感器外形

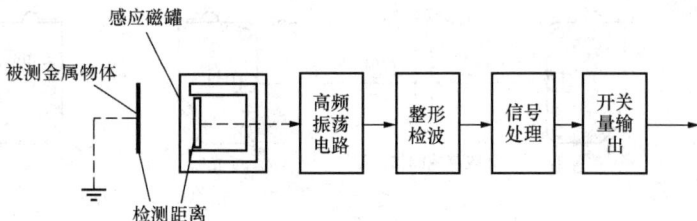

图 1-134 电感式接近开关工作原理

2. 规格参数（见表 1-38）

表 1-38 电感式接近开关的规格参数

型号	NI4－M12－AD4X	额定工作电流	≤100mA
输出	动合，两线制	开关频率	≤1kHz
额定工作距离	4mm	短路保护	有
安装方式	非齐平	连接方式	M12×1 接插件
重复精度	≤2%	长度	54mm
温度漂移	≤±10%	防护等级	IP67
额定工作电压	10～65VDC	开关状态指示	LED

3. 安装

接近开关的外形尺寸如图 1-135 所示，该传感器采用非齐平式安装，它的直径为 12mm，固定时只要在设备外壳上打一个 12mm 的圆孔就能轻松固定，背后有工作指示灯，当检测到物体时红色 LED 点亮，平时处于熄灭状态，非常直观。应注意的是：

（1）调节距离不宜太小或太大，太小宜损坏，太大会造成不起作用。

（2）在使用时要按可靠动作距离进行调试，确保使用可靠准确。

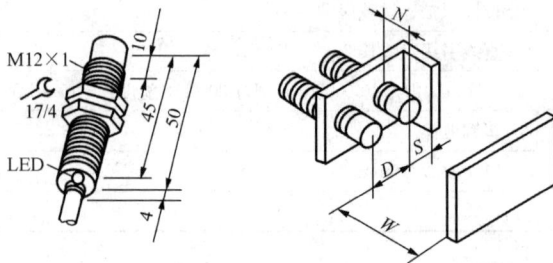

图 1-135 电感式接近开关的外形尺寸和安装

4. 电气连接

该接近开关的输出触点是动合的，开关信号采用两线制输出，如图 1-36 所示。可直接与 PLC 相连，当有金属物体接近时，触点闭合，信号便输出到 PLC 进行处理。

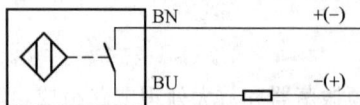

图 1-136 电感式接近开关的电气连接

五、磁性开关

磁性开关也称为磁性传感器，是一种非接触式位置检测开关，这种非接触式位置检测不会磨损和损坏检测对象，响应速度高。磁性开关用来检测磁铁的存在，其实物图及电气图形符号如图 1-137 所示。

1. 工作原理

磁性开关的内部电路如图 1-138 所示，当磁铁接近舌簧开关时，开关闭合，发光管 LED 亮。当没有磁铁接近舌簧开关时，开关断开，发光管 LED 不亮。接线时要注意正负极性，否则磁性开关不工作。

图 1-137 磁性开关

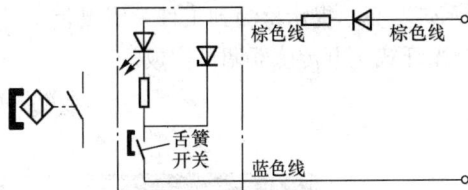

图 1-138 磁性开关内部电路

2. 磁性开关在气缸上的应用

如图 1-139 所示，在气缸的活塞环上安装磁环，在气缸筒外面的两端各安装一个磁性开关，就可以用这两个传感器识别气缸运动的两个极限位置，并将位置信号送到 PLC 处理。

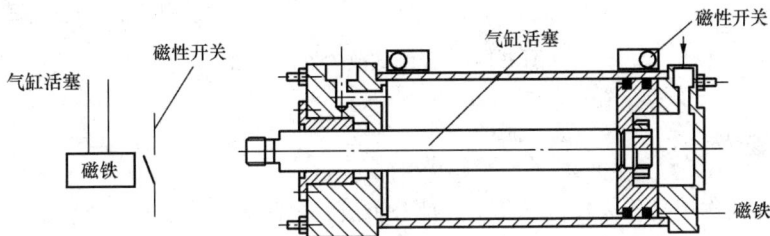

图 1-139 气缸与磁性开关

六、光纤式光电传感器

1. 光纤式光电传感器简介

在分拣站传送带的上方分别装有两个光纤式光电传感器，如图 1-140 所示。光纤式光电传感器由光纤检测头、光纤放大器两部分组成，光纤放大器和光纤检测头是分离的两个部分，光纤检测头的尾端部分分成两条光纤，使用时分别插入放大器的两个光纤孔。光纤式光电传感器的输出接至 PLC。为了能对白色和黑色的工件进行区分，使用中将两个光纤式光电传感器灵敏度调整成不一样。光纤传感器的传感部分没有电路连接，不产生热量，只利用很少的光能，这些特点使光纤传感器成为危险环境下的理想选择。

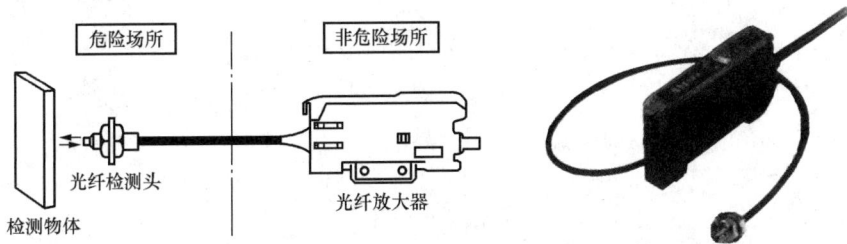

图 1-140 光纤式光电传感器

2. 光纤式光电传感器在分拣站中的应用

在分拣站中光纤式光电传感器的放大器的灵敏度可以调节，当光纤传感器灵敏度调得较小时，对于反射性较差的黑色工件，光纤放大器无法接收到反射信号；而对于反射性较好的白色工件，光纤放大器就可以接收到反射信号。从而将两种工件分开，完成自动分拣工序。

　　3. 灵敏度调整

　　图 1-141 是光纤放大器的俯视图，调节灵敏度旋钮就能调节放大器的灵敏度。调节时，会看到"入光量显示灯"发光的变化。在检测距离固定后，当白色工件出现在光纤检测头下方时，"动作显示灯"亮，提示检测到工件；当黑色工件出现在光纤检测头下方时，"动作显示灯"不亮，这个光纤式光电传感器调试完成。

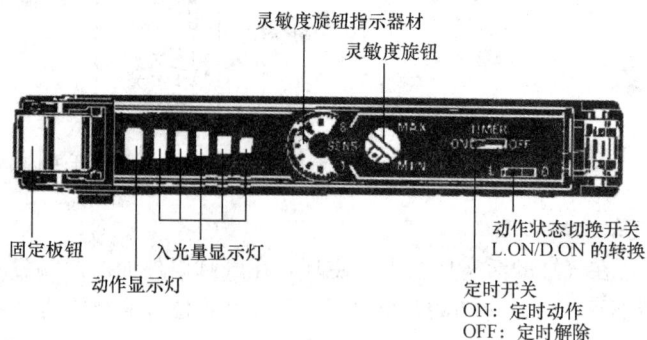

图 1-141　光纤式放大器俯视图

练习题

　　(1) 传感器的作用是什么？传感器由几部分组成？各部分的功能是什么？

　　(2) 光电传感器分为哪两类？有什么区别？

　　(3) 电感式接近开关可以检测非金属物体吗？为什么？

　　(4) 磁性开关如何检测气缸活塞的位置？

　　(5) 光纤传感器如何区别白色和黑色工件？

模块二 自动生产线各分站的独立控制

自动生产线各分站的独立控制是指供料、加工、装配、分拣和搬运五个站分别受各自 PLC 的控制，独立完成本站的功能，工件的上料与下料由手工操作，与其他站无控制关联。

任务一 供料站机构功能及控制程序

任务引入

供料站（见图 2-1）是自动生产线的起始站，向系统中的其他站提供原料，相当于实际生产线中的自动上料装置。系统启动后，把放置在工件库中待加工的工件自动推到物料台上，物料台上的工件被取出后，进行下一次推出工件操作。

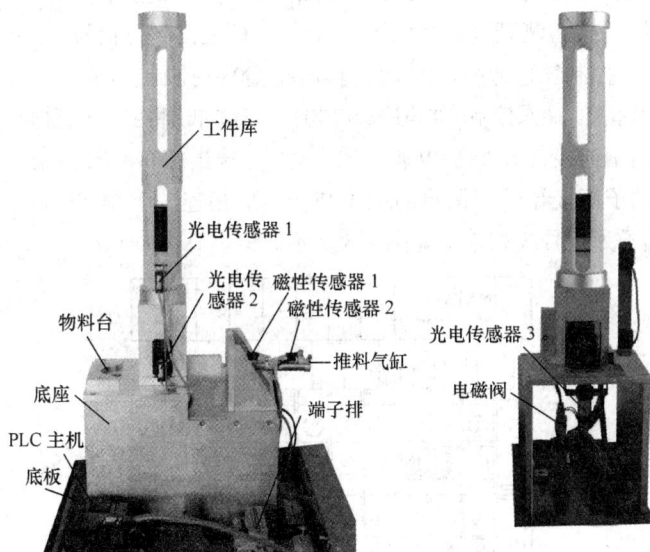

图 2-1 供料站

相关知识

一、供料站组成及功能

供料站由井式工件库、推料气缸、物料台、3 个光电传感器、2 个磁性传感器、电磁阀和底座等零部件构成。

1. 供料站组成

（1）井式工件库：置放黑白两种颜色的圆柱体台阶状塑料大工件，如图2-2（a）所示。装配站井式工件库内置放圆环体塑料小工件，如图2-2（b）所示，在装配站大、小两种工件嵌套配合。

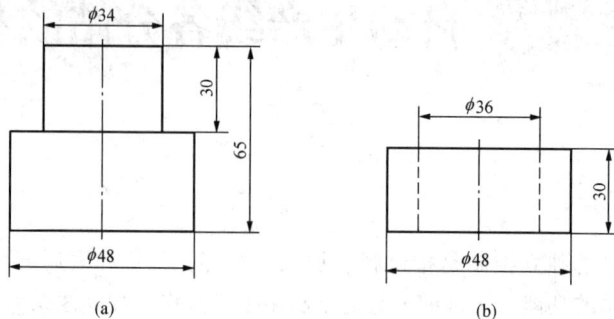

图2-2　大小工件规格

（a）供料站工件库大工件；（b）装配站工件库小工件

（2）PLC主机：控制端子与端子排相连，起程序控制作用。

（3）反射光电传感器1：用于检测工件库工件是否不够。工件的检测距离可由光电传感器头部的旋钮调节，调节检测范围为1～9cm。

（4）反射光电传感器2：用于检测推料区有无工件。工件的检测同上。

（5）反射光电传感器3：用于检测物料台上是否有工件。工件的检测距离可由光电传感器头部的旋钮调节，调节检测范围为5～30cm。

（6）磁性传感器1：当检测到气缸伸出到位时给PLC发出到位信号。

（7）磁性传感器2：当检测到气缸缩回到位时给PLC发出到位信号。

（8）电磁阀：用于控制气缸伸缩，由PLC输出端Q0.0控制。

（9）推料气缸：由单控电磁阀控制。当电磁阀得电时，气缸伸出将工件推至物料台。失电气缸缩回。

（10）端子排：用于连接直流24V电源、PLC输入/输出端口、传感器和电磁阀。其中下排1～3和上排1～3号端子短接经过带保险的端子与+24V相连。上排4～11号端子短接与0V相连，下排4～11号端子为信号线相连，如图2-3所示。

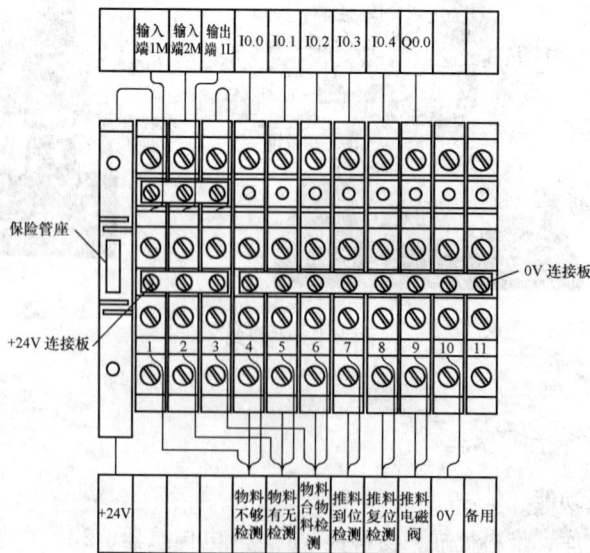

图2-3　供料站端子接线图

①光电传感器引出线：棕色接"＋24V"电源，蓝色接"0V"，黑色接 PLC 输入端。

②磁性传感器引出线：蓝色为负，接"0V"；棕色为正，接 PLC 输入端。

③电磁阀引出线：黑色为负，接"0V"；红色为正，接 PLC 输出端。

④端子排左侧保险管座内安装 2A 保险管，向上扳开保险管盖可切断 PLC 输入/输出端＋24V 电源。

2. 主要技术指标

(1) 控制电源：直流 24V/2A。

(2) PLC 主机：CPU222 AC/DC/RLY。

(3) 光电传感器 1、2：E3Z-LS63。

(4) 光电传感器 3：SB03-1K。

(5) 磁性传感器 1、2：D-C73。

(6) 电磁阀：SY5120。

(7) 推料气缸：CDJ2KB16-75

3. 气动控制回路

气动控制系统是供料站的执行机构，气动控制回路如图 2-4 所示。1Y1 为控制推料气缸的电磁阀，当电磁阀通电时气缸伸出，断电时气缸缩回。1B1、1B2 为安装在推料气缸的两个极限工作位置的磁性传感器，当气缸伸出到位时 1B1 动作，当气缸缩回到位时 1B2 动作。

二、供料站电气控制系统

1. PLC 控制电路图（见图 2-5）

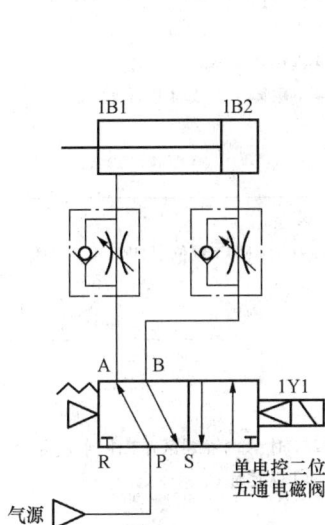

图 2-4 供料站气动控制回路   图 2-5 供料站 PLC 控制电路

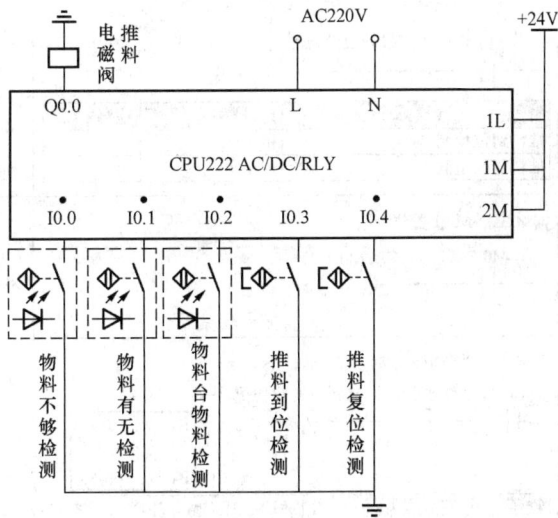

2. PLC 程序

PLC 程序如图 2-6 所示。在网络 2 中，使用移位寄存器指令 SHRB 进行顺序控制。SHRB 指令有 3 个参数，分别是输入数值位 DATA，最低位 S_BIT，移位长度和方向 N。正向移位时 N 为正，当使能端 EN 有效时各位由低向高移一位，DATA 从最低位移入。在开始移位控制时，S_BIT=1,其他位均为 0，DATA=0，因此，在移位过程中始终只有一位状态为 1。

梯 形 图	注 释
程序注释 供料站单机操作程序 网络 1　M0.0、M10.0 置位，其他复位 SM0.1　　　M0.0 ─┤├─────(S) 　　　　　　　　1 　　　　　　　M0.1 　　　　　　　(R) 　　　　　　　10 　　　　　　　M10.0 　　　　　　　(S) 　　　　　　　1	SM0.1 为初始化脉冲，开机复位； M0.0 置位； M0.1～M1.2 共 10 个位存储器复位； M10.0 置位
网络 2　　SHRB– 移位寄存器 M0.0　推料复位检测 ─┤├──────┤├── M0.1　　　M10.0 ─┤├──────┤├── M0.2　　　T37 ─┤├──────┤├── M0.3　推料到位检测 ─┤├──────┤├── M0.4　推料复位检测 ─┤├──────┤├── ┌─────── SHRB ───────┐ EN　　　　　　ENO M2.0─DATA M0.0─S_BIT +10─N 	符号	地址	注释
推料到位检测	I0.3	
推料复位检测	I0.4			SHRB 指令： EN: 使能位； N: +10，移位方向和长度； DATA: M2.0=0； S_BIT: M0.0=1。 (1) 当 M0.0=1 时，如果推料复位状态，则 M0.1=1； (2) M10.0=1，M0.2=1，如果推料区有工件，物料台无工件，则 T37 延时； (3) T37 延时时间到，M0.3=1，推料电磁阀通电； (4) 如果推料到位，M0.4=1； (5) 推料电磁阀断电，如果推料复位，M0.5=1
网络 3　M0.1 置位 M0.5　　　M0.1 ─┤├─────(S) 　　　　　　　1	当 M0.5=1 时，M0.1 置位，SHRB 重新开始移位
网络 4　　当 M0.2=1 时，T37 延时 1s M0.2　物料有无检测　物料台物料检测　　　　T37 ─┤├────┤├────┤/├──┤IN　　TON│ 　　　　　　　　　　　　+10─┤PT　　100ms│ 	符号	地址	注释
物料台物料检测	I0.2	
物料有无检测	I0.1			当 M0.2=1 时，如果推料区有工件，物料台无工件，则 T37 延时 1s
网络 5　　当 M0.3=1 时，推料电磁阀通电 M0.3　　推料电磁阀 ─┤├──────( ) | 符号	地址
推料电磁阀	Q0.0		当 M0.3=1 时，推料电磁阀通电，将工件推向物料台

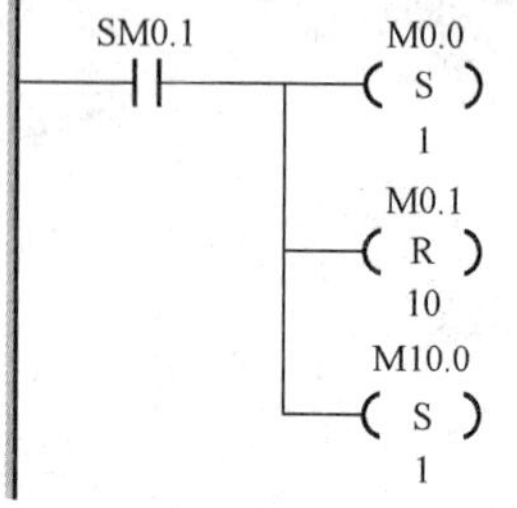

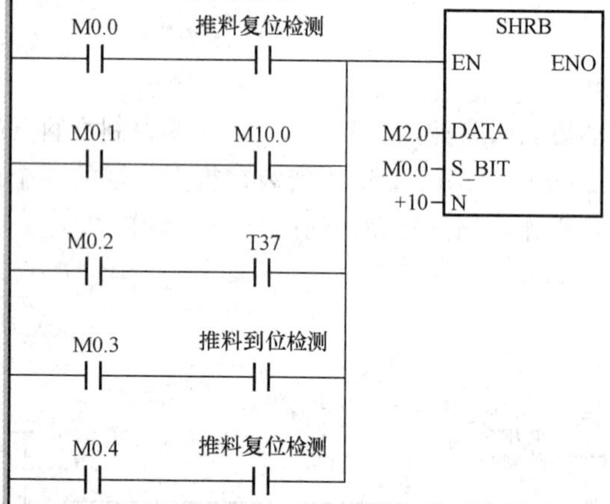

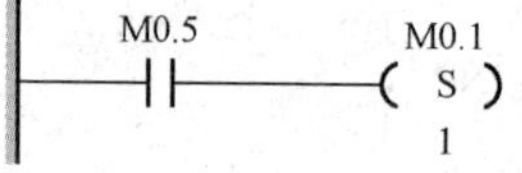

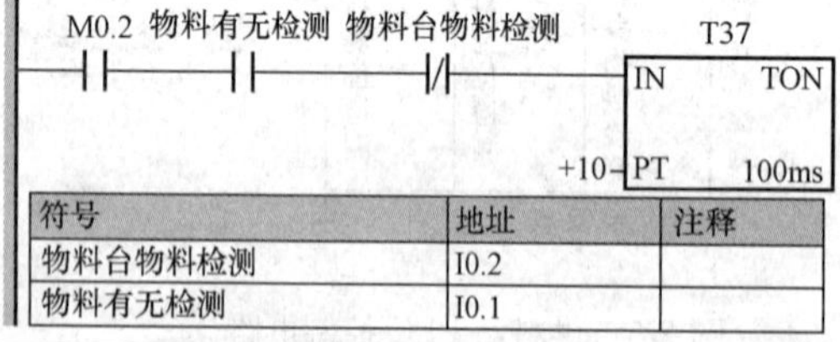

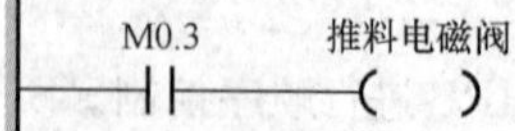

图 2-6　供料站 PLC 控制程序

任务实施

1. PLC 正常开机状态

（1）I0.0 接通，表示工件库工件充足。

（2）I0.1 接通，表示推料区有工件。

（3）I0.2 接通，表示物料台有工件。

（4）I0.4 接通，表示气缸推料完成，已复位。

当 PLC 处于正常开机状态时，与 I0.0、I0.1、I0.2 和 I0.4 对应的 LED 亮，如图 2-5 所示。如果不能正常开机，可以查看 LED 亮灯状态，以便快速判断故障所在。

2. 操作步骤

（1）将工件装入工件库。

（2）用手拿走物料台上的工件。

（3）延时 1s 后气缸自动推出工件到物料台。

练习题

（1）供料站的功能是什么？

（2）3 个光电传感器分别检测什么物理量？

（3）2 个磁性传感器分别检测什么物理量？

（4）电磁阀的电源类型和大小是什么？

（5）供料站气缸的作用是什么？

（6）简述移位寄存器指令 SHRB 的功能和各参数作用。

任务二　加工站机构功能及控制程序

任务引入

加工站（见图 2-7）主要完成对工件中心模拟钻孔加工。加工站物料台的光电传感器检测到工件后，气动手指夹紧工件，二维运动装置开始动作，工件沿 Y 轴方向移动，主轴电动机沿 X 轴方向移动，当主轴电动机与工件中心对准定位后，主轴下降并启动电动机运转，模拟钻孔加工。钻孔加工完成后，主轴电动机提升并停止，二维运动装置返回原点。取走加工好工件后，操作结束。

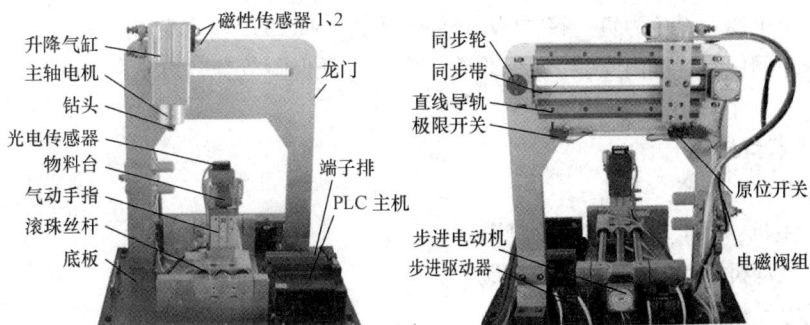

图 2-7　加工站

相关知识

一、加工站组成及功能

加工站由物料台、物料夹紧装置、龙门式二维运动装置、行程开关、主轴电动机以及相应的传感器、电磁阀、步进电动机及驱动器、滚珠丝杆、支架等零部件构成。

1. 加工站组成

（1）PLC主机：控制端子与端子排相连，起程序控制作用。

（2）两相步进电动机及驱动器：共两套，分别用于驱动龙门式二维（X、Y方向）装置运动。

（3）光电传感器：用于检测物料台是否有工件。工件的检测距离可由光电传感器头部的旋钮调节，调节检测范围为1～9cm。

（4）磁性传感器3：用于气动手指的位置检测，当检测到气动手指夹紧后给PLC发出到位信号。

（5）磁性传感器1、2：用于升降气缸位置检测，当检测到升降气缸准确到位后给PLC发出到位信号。

（6）行程开关：共6个。X轴、Y轴分别装有3个行程开关，其中一个提供原点位置信号，另外两个用于终端限位保护，当任何一轴运行过头，碰到行程开关时断开步进驱动器控制信号公共端。

（7）电磁阀：气动手指、升降气缸均用二位五通的带手控开关的单控电磁阀控制，两个单控电磁阀集中安装在带有消声器的汇流板上。当PLC给电磁阀一个信号，电磁阀动作，对应气缸动作。

（8）气动手指：由单控电磁阀控制。当气动电磁阀得电时，气动手指夹紧工件；断电时气动手指松开。

（9）升降气缸：由单控电磁阀控制。当气动电磁阀得电时，气缸伸出，带动主轴电动机下降；断电时气缸上升复位。

（10）主轴电动机：用于驱动模拟钻头。

（11）滚珠丝杆：用于带动气动手指沿Y轴方向移动，并实现精确定位。

（12）同步轮同步带：用于带动主轴电动机沿X轴方向移动，并实现精确定位。

（13）端子排：用于连接直流24V电源、PLC输入/输出端口、传感器和电磁阀。其中下排1～4和上排1～4号端子短接经过带保险的端子与＋24V相连。上排5～19号端子短接与0V相连，下排5～19号端子为信号相连，如图2-8所示。

①光电传感器引出线：棕色接"＋24V"电源，蓝色接"0V"，黑色接PLC输入端。

②磁性传感器引出线：蓝色为负，接"0V"；棕色为正，接PLC输入端。

③电磁阀引出线：黑色为负，接"0V"；红色为正，接PLC输出端。

④端子排左侧保险管座内安装2A保险管，向上扳开保险管盖，可切断PLC输入/输出端＋24V电源。

2. 主要技术指标

（1）控制电源：直流24V/2A。

（2）PLC主机：CPU224 DC/DC/DC。

（3）步进电动机驱动器1、2：M415B。

（4）步进电动机1、2：42J1834-810。

（5）反射光电传感器：E3Z-LS63。

| 输入端 1M | 输入端 2M | 电源端 L+ | 输出端 1L+ | 输出端 2L+ | I0.0 | I0.1 | I0.2 | I0.3 | I0.4 | I0.5 | Q0.0 | Q0.1 | Q0.2 | Q0.3 | Q0.4 | Q0.5 | Q0.6 | 电源端 M | 输出端 1M | 输出端 2M |

R 2k ½W　R 2k ½W　R 2k ½W　R 2k ½W

端子编号：1　2　3　4　5　6　7　8　9　10　11　12　13　14　15　16　17　18　19

| +24V | X轴驱动器 V+ | Y轴驱动器 V+ | X轴驱动器 OPT0 | Y轴驱动器 OPT0 | 物料台物料检测 | X轴原点检测 | Y轴原点检测 | 气夹紧检测 | 主轴上限检测 | 主轴下限检测 | X轴脉冲 PUL | Y轴脉冲 PUL | X轴方向 DIR | Y轴方向 DIR | 夹紧电磁阀 | 主轴升降电磁阀 | 主轴电动机 | 0V | X轴驱动器 GND | Y轴驱动器 GND |

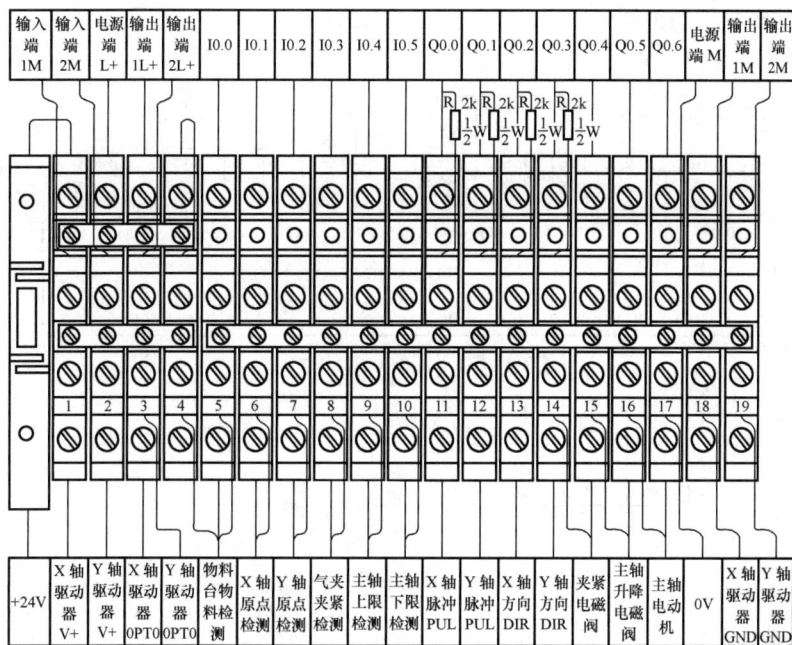

图 2-8　加工站端子接线图

（6）磁性传感器 3：D-Z73。

（7）磁性传感器 1、2：D-A73。

（8）行程开关：RV-165-1C25。

（9）电磁阀：SY5120。

（10）气动手指：MHZ2-20D。

（11）升降气缸：CDQ2B50-20。

3．气动控制回路

气动控制系统是加工站的执行机构，气动控制回路如图 2-9 所示。1B、2B1、2B2 为安装在气缸极限工作位置的磁性传感器。1Y1、2Y1 为控制气缸的电磁阀，1Y1 断电时夹紧手指放松。

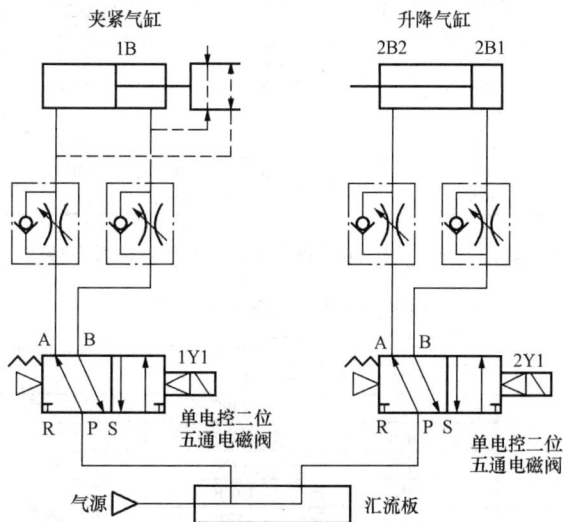

夹紧气缸　1B　　升降气缸　2B2　2B1

A　B　1Y1　单电控二位五通电磁阀

A　B　2Y1　单电控二位五通电磁阀

R　P　S

气源　汇流板

图 2-9　加工站气动控制回路

二、加工站电气控制系统

1. PLC控制电路图（见图2-10）

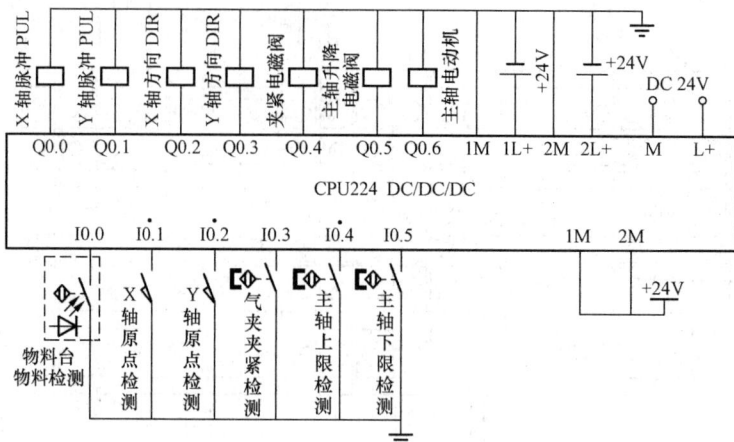

图2-10　加工站PLC控制电路

2. 步进电动机及驱动器

（1）两相步进电动机42J1834-810的主要参数。

1）相电流：直流1A；

2）相电阻：4.6Ω。

（2）两相步进电动机驱动器M415B的主要参数。

1）供电电压：直流12～40V，典型值24V；

2）输出相电流：0.21～1.5A，典型值1A；

3）控制信号输入电流：6～20mA，典型值10mA。

（3）参数设定。在步进驱动器的侧面连接端子中间有6位SW功能设置开关，用于设定电流和细分步数。该站X轴、Y轴驱动器电流都设定为0.84A，见表2-1。

表2-1　　　　　　　　　　　　加工站步进驱动器电流设定

序　号	SW1	SW2	SW3	电流（A）
1	OFF	ON	ON	0.21
2	ON	OFF	ON	0.42
3	OFF	OFF	ON	0.63
4	ON	ON	OFF	0.84
5	OFF	ON	OFF	1.05
6	ON	OFF	OFF	1.26
7	OFF	OFF	OFF	1.50

X轴、Y轴驱动器细分系数都设定为16，即每圈3 200个脉冲信号，见表2-2。

表2-2　　　　　　　　　　　　加工站步进驱动器细分设定

序　号	SW4	SW5	SW6	细分系数	步/圈
1	ON	ON	ON	1	200
2	OFF	ON	ON	2	400
3	ON	OFF	ON	4	800
4	OFF	OFF	ON	8	1600
5	ON	ON	OFF	16	3200
6	OFF	ON	OFF	32	6400
7	ON	OFF	OFF	64	12 800

（4）轴步进电动机接线图（见图 2-11，Y 轴同理）。

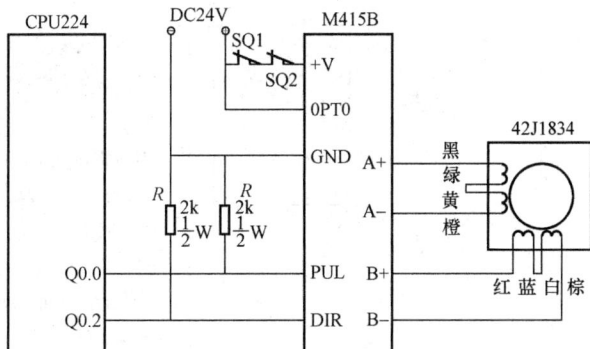

图 2-11　加工站步进电动机接线图

3. PLC 程序

加工站 PLC 程序由主程序、X 轴运行子程序 0、X 轴停止子程序 1、Y 轴运行子程序 2、Y 轴停止子程序 3 五个部分构成。

（1）主程序（见图 2-12）。

（2）X 轴运动包络与子程序 0。X 轴包络如图 2-13 所示，X 轴前进时 VD100＝3300，X 轴后退返回原点位置时 VD100＝160 000。X 轴前进时方向信号 DIR 断电。与 X 轴包络对应的子程序 0 如图 2-14 所示。

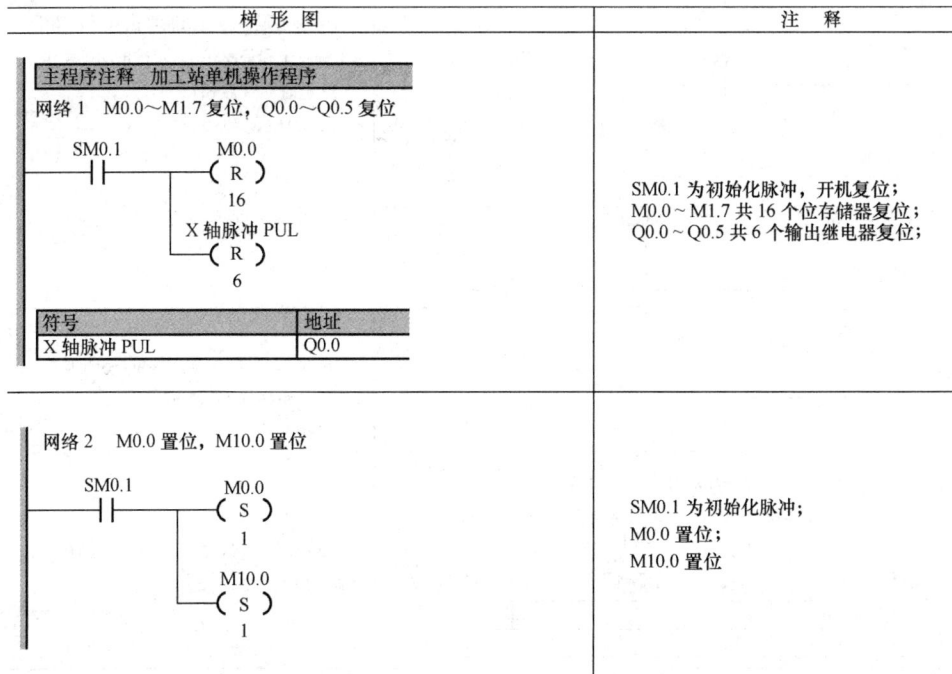

图 2-12　加工站 PLC 主程序（一）

任务二

梯 形 图	注 释
网络3 移位寄存器指令SHRB M0.0　气夹夹紧检测　　　┌─ SHRB ─┐ ─┤├─────┤/├──────┤EN　ENO│ 　　　　　　　　　　　　　│　　　　│ M0.1　主轴上限　　　M2.0┤DATA　│ ─┤├─────────────┤├─　M0.0┤S_BIT│ 　　　　　　　　　　　+16┤N　　　│ 　　　　　　　　　　　　　└─────┘ M0.2　M10.1 ─┤├──┤├─ M0.3　M10.0 ─┤├──┤├─ M0.4　T37 ─┤├──┤├─ M0.5　气夹夹紧检测 ─┤├──┤├─ M0.6　SM66.7　SM76.7 ─┤├──┤├──┤├─ M0.7　T38 ─┤├──┤├─ M1.0　主轴上限 ─┤├──┤├─ M1.1　T39 ─┤├──┤├─ M1.2 ─┤├─	移位寄存器指令SHRB。 (1) 当M0.0=1时，如果没有工件，则M0.1=1； (2) 当主轴在上限位置时，M0.2=1，调用子程序0和子程序2，X轴和Y轴后退返回原点位置； (3) 当X、Y轴同时在原点位置时，M10.1=1，M0.3=1； (4) 因为M10.0置位，M0.4=1； (5) 如果有工件，T37延时后，M0.5=1； (6) 如果气夹夹紧，M0.6=1，调用子程序0和子程序2，X轴和Y轴前进至工作位置； (7) 当PTO空闲时，SM66.7和SM76.7=1，M0.7=1； (8) 主轴下降，当下降到下限时，T38延时，1s后M1.0=1； (9) 主轴上升，到上限位置时，M1.1=1； (10) 调用子程序0和子程序2，X轴和Y轴后退；当返回原点位置时，调用子程序1和程序3，步进电动机停止；T39延时0.5s后M1.2=1； (11) M1.3=1

符号	地址	注释
气夹夹紧检测	I0.3	
主轴上限	I0.4	

| **网络4　当M1.3=1，M0.3置位**

M1.3　　　　　M0.3
─┤├──────(S)
　　　　　　　　　1 | 当M1.3=1时，M0.3置位，SHRB指令重新开始移位 |

| **网络5　当X轴、Y轴在原点时，M10.1=1**

M0.2　X轴原点检测　Y轴原点检测　　M10.1
─┤├──┤├──────┤├──────( ) | 当M0.2=1时，如果X轴、Y轴在原点，则M10.1通电 |

符号	地址	注释
X轴原点检测	I0.1	
Y轴原点检测	I0.2	

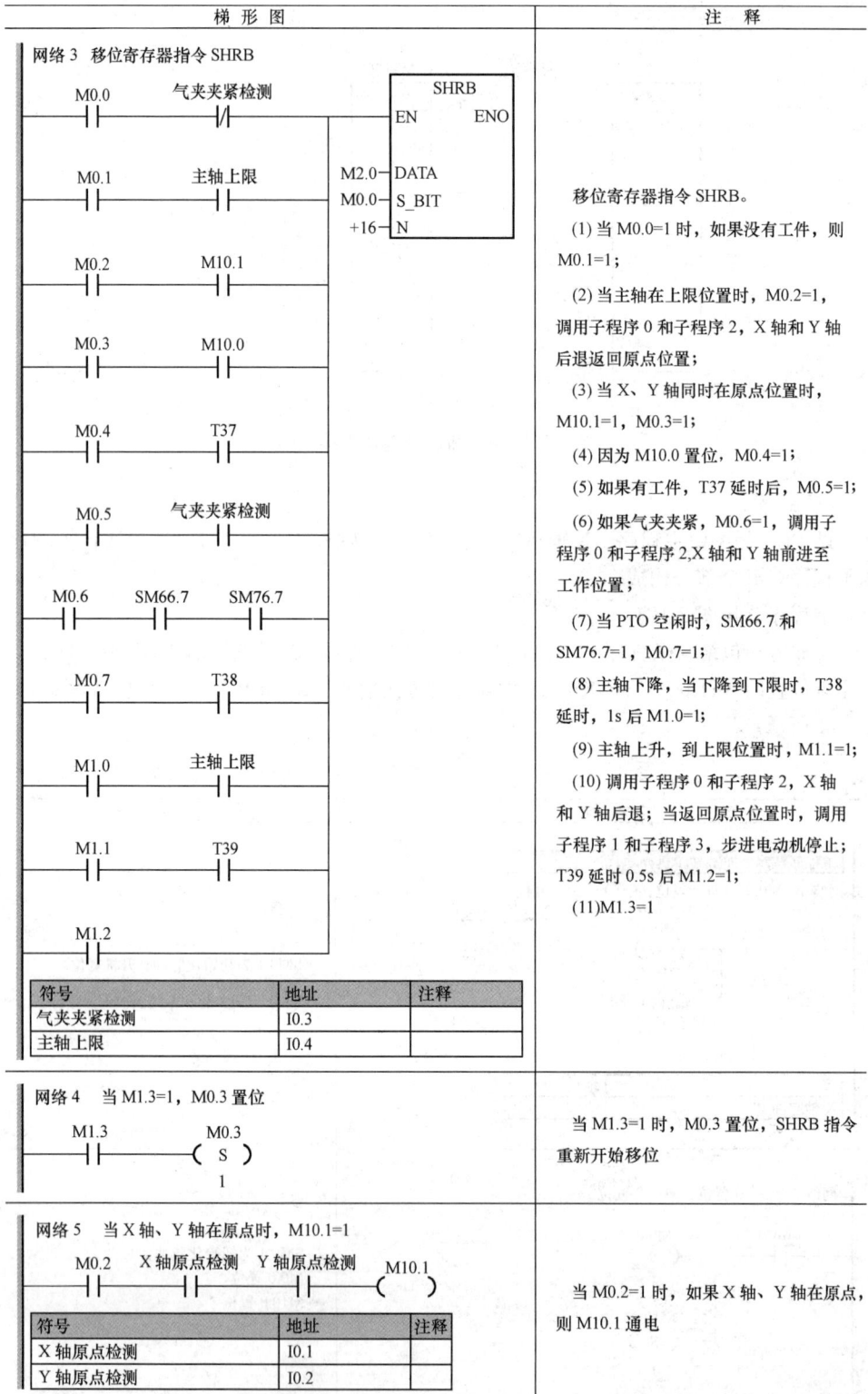

图 2-12　加工站 PLC 主程序（二）

梯 形 图	注 释
网络 6 当物料台有工件时，T37 延时 3s M0.4 物料台物料检测　　　　　　　T37 ─┤├──────┤├───────┤IN　　TON├ 　　　　　　　　　　　　　　　+30─┤PT　　100ms├ 	符号	地址	注释
物料台物料检测	I0.0			当 M0.4=1 时，如果有物料台有工件，T37 延时 3s
网络 7 当 M0.5=1 时，夹紧电磁阀置位 M0.5 夹紧电磁阀 ─┤├────(S) 　　　　　　　1 | 符号	地址
夹紧电磁阀	Q0.4		当 M0.5=1 时，夹紧电磁阀置位
网络 8 当 M0.6=1 时，Y 轴方向 DIR 通电 M0.6 Y 轴方向 DIR ─┤├────( ) | 符号	地址
Y 轴方向 DIR	Q0.3		当 M0.6=1 时，Y 轴方向 DIR 通电，Y 轴方向前进；X 轴方向 DIR 断电，X 轴方向前进
网络 9 当 M0.7=1 时，主轴升降电磁阀通电，主轴电机通电。当主轴下降到下限位置时，T38 延时 1s M0.7 主轴下限　　　　　　　T38 ─┤├───┤├──────┤IN　　TON├ 　　　　　　　　　　　　+10─┤PT　　100ms├ 　　主轴升降电磁阀 　　　( ) 　　主轴电动机 　　　( ) 	符号	地址	注释
主轴电动机	Q0.6	
主轴升降电磁阀	Q0.5	
主轴下限	I0.5			当 M0.7=1 时： (1) 主轴升降电磁阀通电，主轴气缸下降； (2) 当下降到下限位置时，T38 延时 1s； (3) 主轴电动机旋转
网络 10 当 M0.2 或 M1.1=1 时，X 轴方向 DIR 通电 M0.2 X 轴原点检测 X 轴方向 DIR ─┤├───┤/├────( ) M1.1 ─┤├ | 符号	地址
X 轴方向 DIR	Q0.2
X 轴原点检测	I0.1		当 M0.2 或 M1.1=1 时，X 轴方向 DIR 通电，X 轴方向后退；Y 轴方向 DIR 断电，Y 轴方向后退

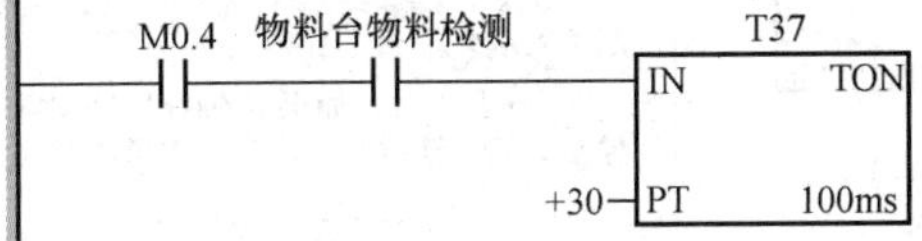

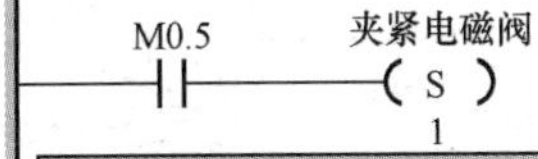

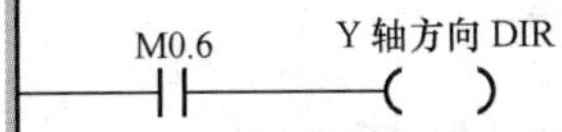

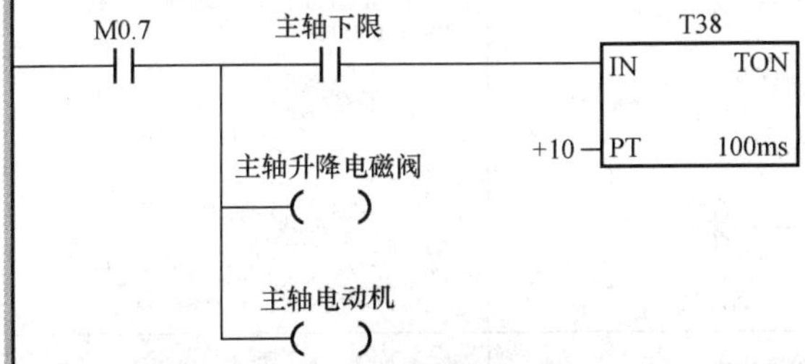

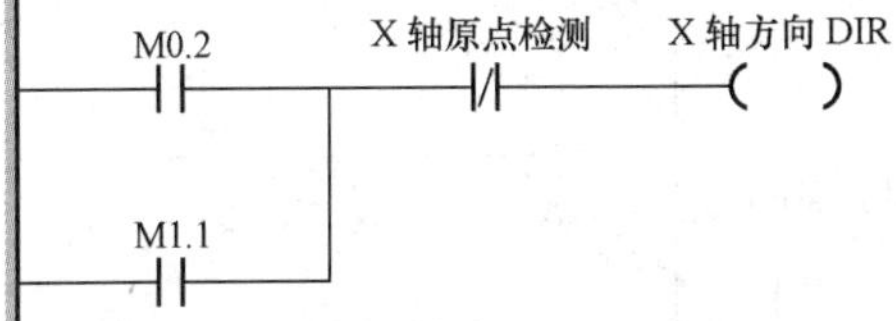

图 2-12　加工站 PLC 主程序（三）

任务二

梯 形 图	注　释

网络 11 当 M1.1=1 时，如果 X 轴、Y 轴在原点位置，T39 延时 0.5s，当 Y 轴在原点时，夹紧电磁阀复位

```
 M1.1      X轴原点检测  Y轴原点检测         T39
──┤├────────┤├──────────┤├──────────┤IN    TON├
                                      │         │
                                   +5─┤PT  100ms│
 Y轴原点检测   夹紧电磁阀
────┤├──────────( R )
                   1
```

当 M1.1=1 时，如果 X 轴、Y 轴均在原点，T39 延时 0.5s；夹紧电磁阀复位

符号	地址	注释
X 轴原点检测	I0.1	
Y 轴原点检测	I0.2	
夹紧电磁阀	Q0.4	

网络 12 在不同工步时，传送数值不同。

```
 SM0.0   M0.2        MOV_DW
──┤├──────┤├───────┤EN   ENO├
                    │         │
   M1.1    +160 000─┤IN   OUT ├─VD100
────┤├──

   M0.6            MOV_DW
────┤├───────────┤EN   ENO├
           +3300─┤IN   OUT ├─VD100

   M0.2            MOV_DW
────┤├───────────┤EN   ENO├
                   │        │
   M1.1  +160 000─┤IN   OUT ├─VD200
────┤├──

   M0.6            MOV_DW
────┤├───────────┤EN   ENO├
         +69 000─┤IN   OUT ├─VD200
```

SM0.0 通电后始终为 1。
(1) M0.2 或 M1.1=1 时，X 轴返回原点位置，传送数值为 160 000；
(2) M0.6=1 时，X 轴前进，传送数值为 3300；
(3) M0.2 或 M1.1=1 时，Y 轴返回原点位置，传送数值为 160 000；
(4) M0.6=1 时，Y 轴前进，传送数值为 69 000

网络 13 在 M0.2 或 M0.6 或 M1.1=1 时，调用子程序 0

```
   M0.2                SBR_0
────┤├──────┤P├──────┤EN

   M0.6
────┤├──

   M1.1
────┤├──
```

在 M0.2 或 M0.6 或 M1.1=1 时，调用子程序 0，X 轴前进或后退

网络 14 在 M0.2 或 M1.1=1 时，如果 X 轴返回原点，调用子程序 1

```
   M0.2    X轴原点检测      SBR_1
────┤├────────┤├────────┤EN

   M1.1
────┤├──
```

在 M0.2 或 M1.1=1 时，当 X 轴后退返回原点位置时，调用停止子程序 1，X 轴停止运行

符号	地址	注释
X 轴原点检测	I0.1	

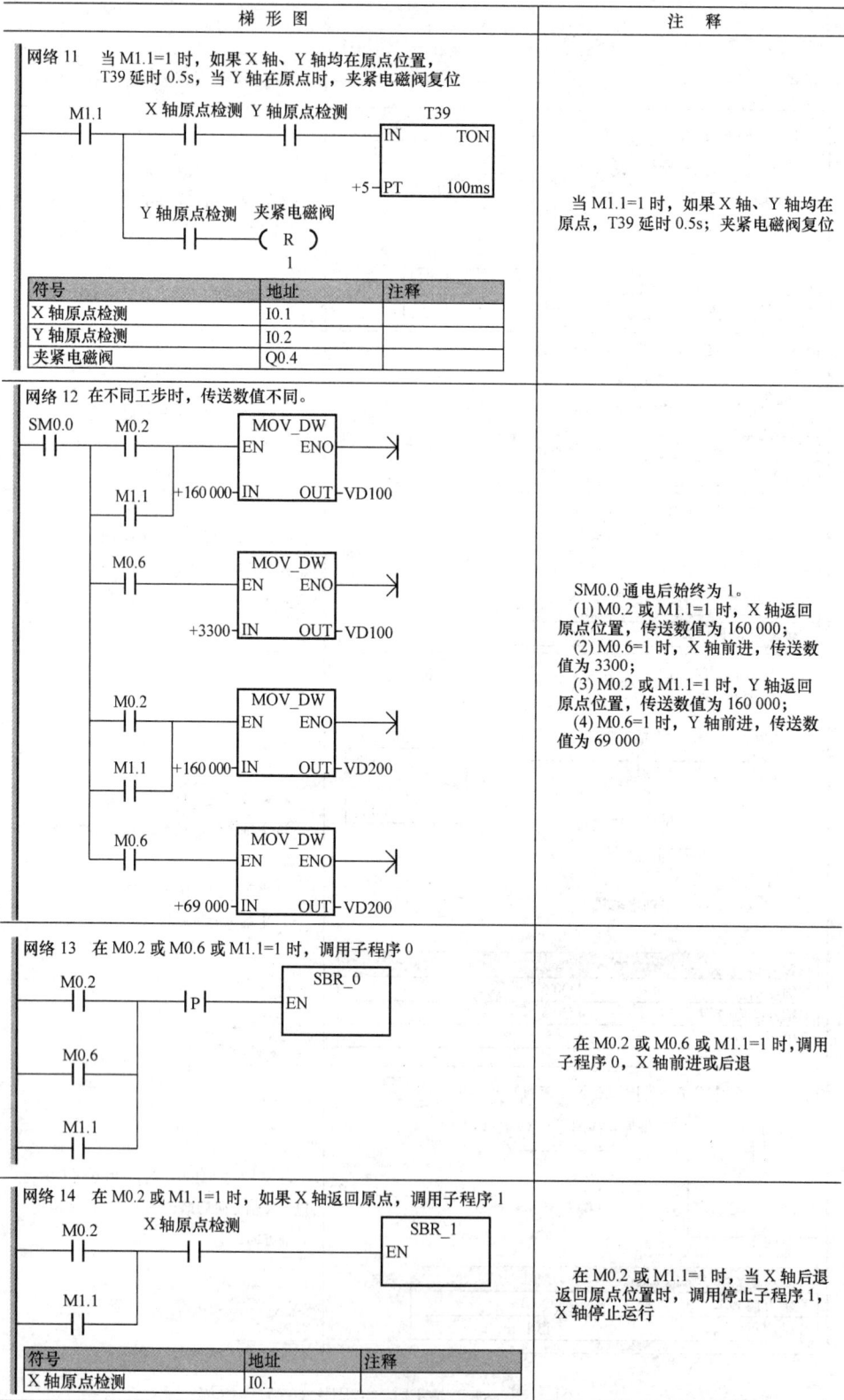

图 2-12　加工站 PLC 主程序（四）

梯 形 图	注 释
网络15 在M0.2或M0.6或M1.1=1时,调用子程序2 M0.2 ─┤├─┬─┤P├─ SBR_2 EN M0.6 ─┤├─┤ M1.1 ─┤├─┘	在M0.2或M0.6或M1.1=1时,调用子程序2,Y轴前进或后退
网络16 在M0.2或M1.1=1时,如果Y轴返回原点,调用子程序3 M0.2 ─┤├─┬─ Y轴原点检测 ─┤├─ SBR_3 EN M1.1 ─┤├─┘	在M0.2或M1.1=1时,当Y轴后退返回原点位置时,调用停止子程序3,Y轴停止运行

符号	地址	注释
Y轴原点检测	I0.2	

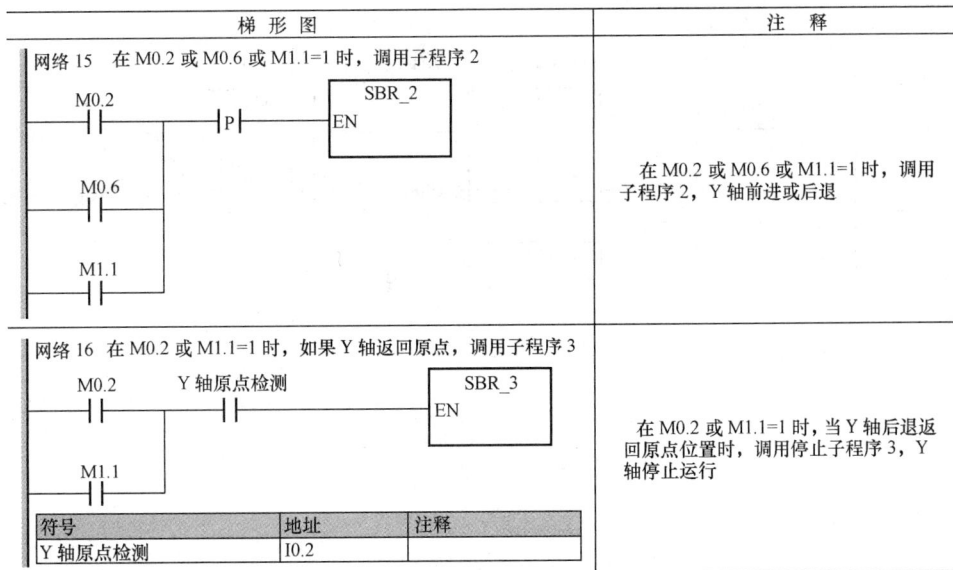

图2-12 加工站PLC主程序(五)

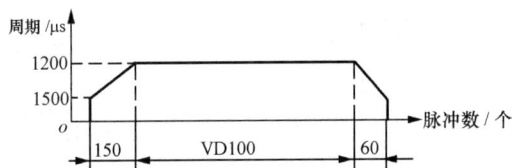

图2-13 X轴包络

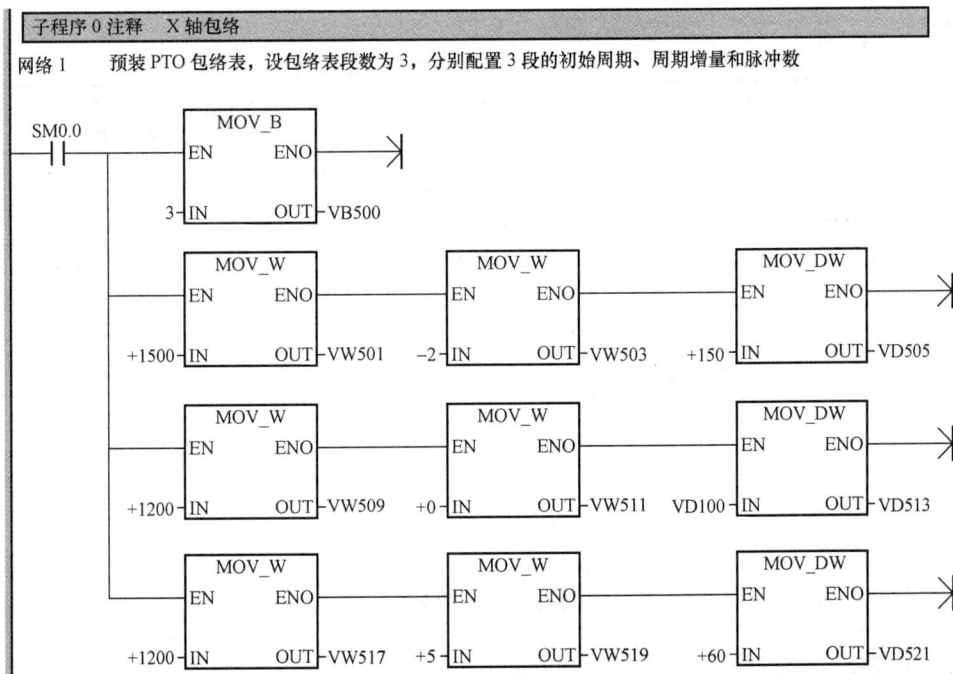

子程序0注释 X轴包络

网络1 预装PTO包络表,设包络表段数为3,分别配置3段的初始周期、周期增量和脉冲数

图2-14 加工站PLC子程序0(一)

网络 2　　设置控制字节，定义包络表起始地址为 VB500，启动 PTO，PLS0=Q0.0

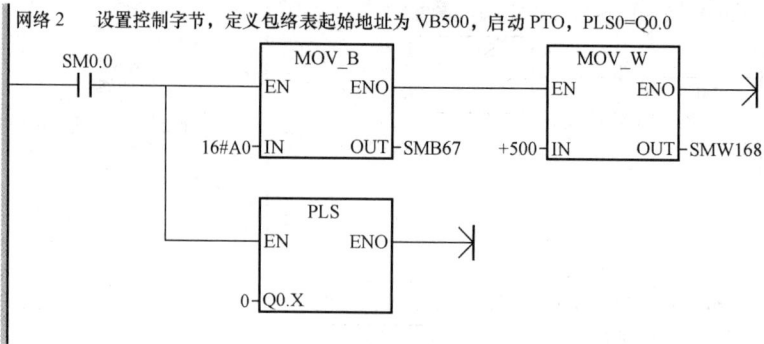

图 2-14　加工站 PLC 子程序 0（二）

（3）X 轴停止子程序 1（见图 2-15）。

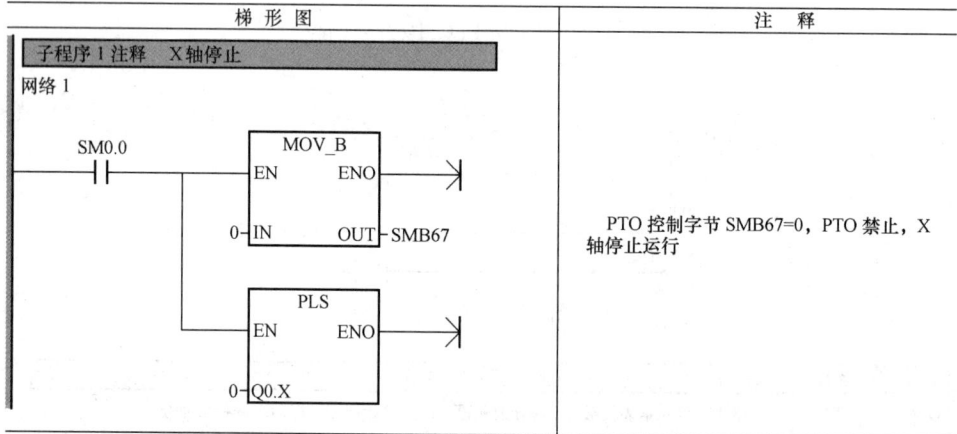

图 2-15　加工站 PLC 子程序 1

（4）Y 轴运动包络与子程序 2。Y 轴包络如图 2-16 所示，Y 轴前进时 VD200＝69 000，Y 轴后退返回原点位置时 VD200＝160 000。Y 轴前进时方向信号 DIR 通电。与 Y 轴包络对应的子程序 2 如图 2-17 所示。

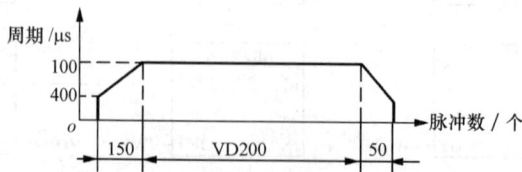

图 2-16　Y 轴包络

（5）Y 轴停止子程序 3（见图 2-18）。

子程序 2 注释　Y 轴包络

网络 1　预装 PTO 包络表，设包络表段数为 3，分别配置 3 段的初始周期、周期增量和脉冲数

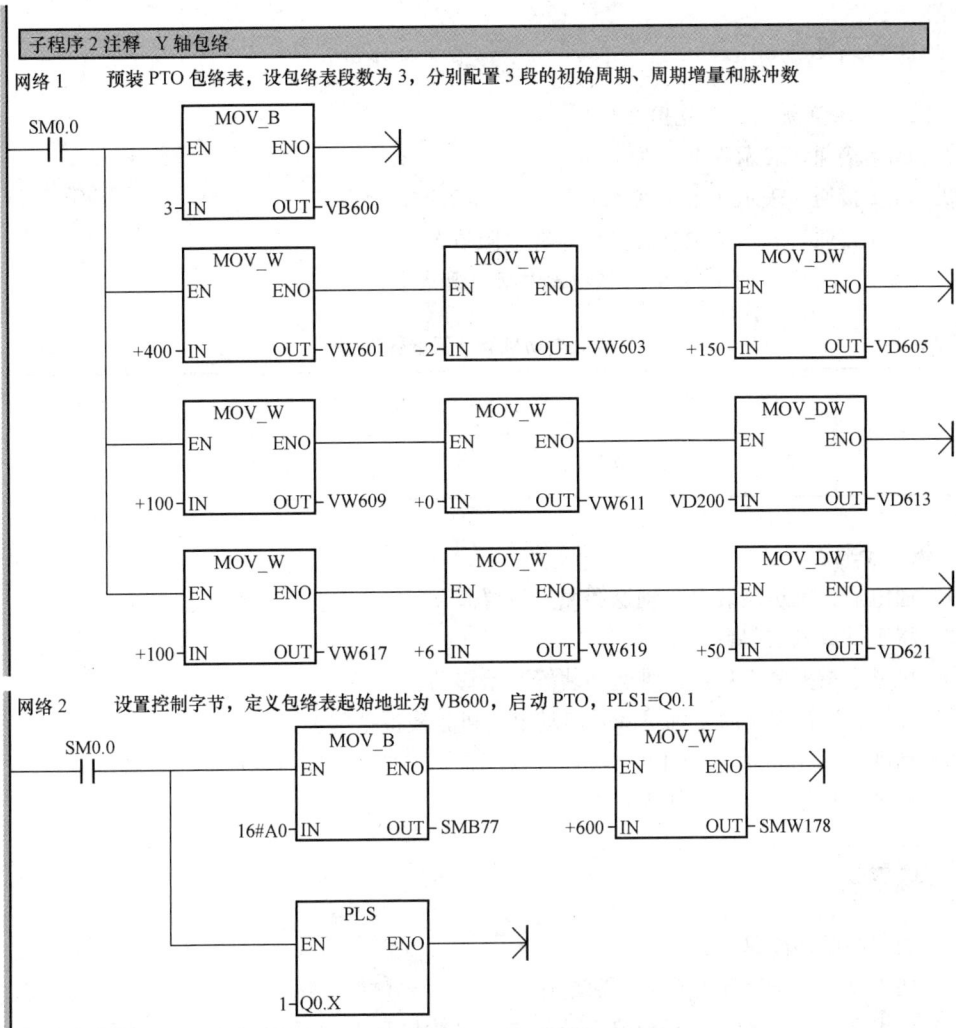

网络 2　设置控制字节，定义包络表起始地址为 VB600，启动 PTO，PLS1=Q0.1

图 2-17　加工站 PLC 子程序 2

梯　形　图	注　释

子程序 3 注释　Y 轴停止

网络 1

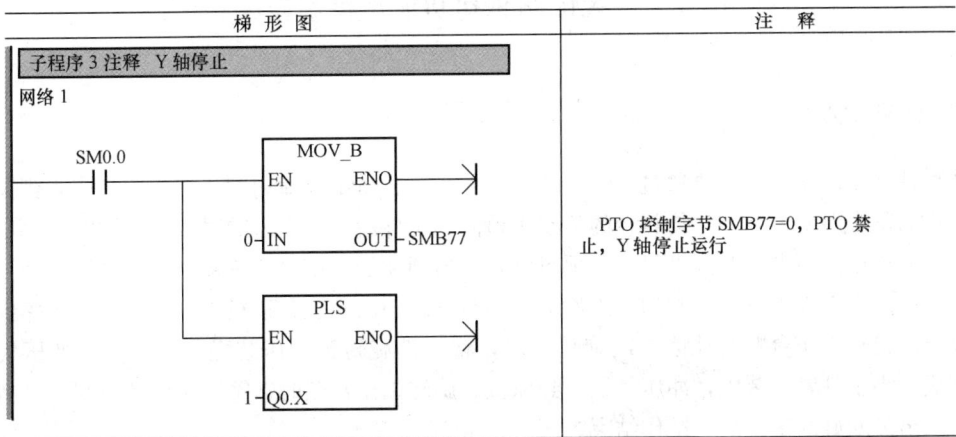

PTO 控制字节 SMB77=0，PTO 禁止，Y 轴停止运行

图 2-18　加工站 PLC 子程序 3

任务二

任务实施

1. PLC 正常开机状态（见图 2-10）

（1）I0.1 接通，表示 X 轴在原点位置。

（2）I0.2 接通，表示 Y 轴在原点位置。

（3）I0.4 接通，表示主轴气缸复位，在上限位置。

2. 设置 X 轴、Y 轴步进电动机驱动器参数（见表 2-3）

表 2-3　　　　　　　　　　步进电动机驱动器参数设置

开关	SW1	SW2	SW3	SW4	SW5	SW6
状态	ON	ON	OFF	ON	ON	OFF

3. 操作步骤

（1）通电后二维运动装置自动返回原点位置。

（2）将工件放入物料台。

（3）机械手指夹紧工件，二维运动装置开始移动。

（4）X 轴、Y 轴定位后主轴下降并启动电动机，模拟钻削加工。

（5）钻削加工完成后，主轴电动机提升并停止，二维运动装置返回原点位置。

（6）机械手指放松，取出加工好工件。

练习题

（1）加工站的功能是什么？

（2）加工站 4 个子程序的功能分别是什么？

（3）绘出 X 轴、Y 轴的运动包络，分析包络参数与 PLC 子程序有何对应关系。

（4）如何控制 X 轴、Y 轴的运动方向？

任务三　装配站机构功能及控制程序

任务引入

装配站（见图 2-19）主要通过三工位旋转工作台完成将工件库内圆环体小工件嵌入到圆柱台阶大工件的紧合装配。装配站物料台的传感器检测到工件后，工作台顺时针旋转120°，将工件旋转到井式供料单元下方，井式供料单元顶料气缸伸出顶住倒数第二个工件；挡料气缸缩回，工件库中最底层的小工件落到待装配的大工件上，挡料气缸伸出到位，顶料气缸缩回，工件落到工件库最底层。旋转工作台顺时针第二次旋转120°，将工件旋转到冲压装配单元下方，冲压气缸下压，完成大小工件紧合装配，冲压气缸回到原位。旋转工作台顺时针第三次旋转120°，到待搬运位置，取出装配好的工件后，操作结束。

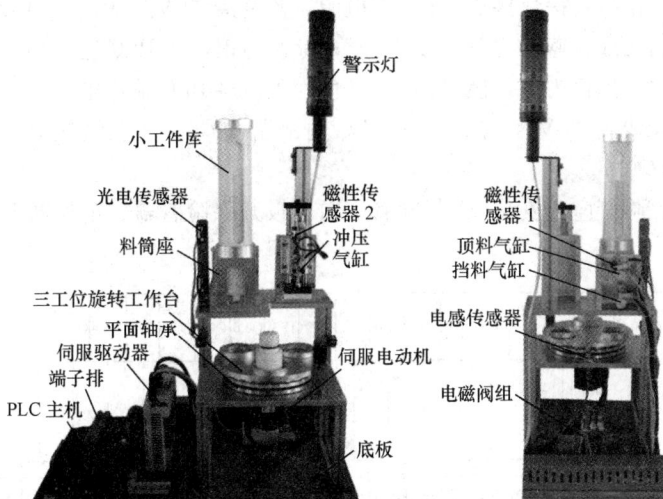

图 2-19　装配站

相关知识

一、装配站组成及功能

装配站由井式工件库、三工位旋转工作台、平面轴承、冲压装配单元、光电传感器、电感传感器、磁性传感器、电磁阀、交流伺服电动机及驱动器、警示灯、底板等零部件构成。

1. 装配站组成

(1) PLC 主机：控制端子与端子排相连，起程序控制作用。

(2) 伺服电动机及驱动器：根据 PLC 发出的脉冲信号驱动三工位工作台旋转并精确定位。

(3) 光电传感器：用于检测工件库、物料台是否有物料。检测距离可由光电传感器头部的旋钮调节，调节检测范围为 1～9cm。

(4) 电感传感器：用于检测工作台是否回到原点，检测距离为 $4\times(1\pm20\%)$ mm。

(5) 磁性传感器：用于气缸的位置检测，当检测到气缸准确到位后给 PLC 发出到位信号。

(6) 红、绿、黄三色警示灯：用于指示系统工作状态。

(7) 电磁阀：顶料气缸、挡料气缸、冲压气缸均用二位五通的带手控开关的单控电磁阀控制，3 个单控电磁阀集中安装在带有消声器的汇流板上。当 PLC 给电磁阀一个信号，电磁阀动作，对应气缸动作。

(8) 顶料气缸：当气动电磁阀得电，气缸伸出，顶住倒数第二个工件。

(9) 挡料气缸：当气动电磁阀得电，气缸缩回，倒数第一个工件落下。

(10) 冲压气缸：当气动电磁阀得电，气缸伸出，实现大小两个工件紧合装配。

(11) 端子排：用于连接直流 24V 电源、PLC 输入/输出端口、传感器和电磁阀。其中下排 1～4 和上排 1～4 号端子短接经过带保险的端子与＋24V 相连。上排 5～26 号端子短接与 0V 相连，下排 5～26 号端子为信号相连，如图 2-20 所示。

①光电传感器引出线：棕色接"＋24V"电源，蓝色接"0V"，黑色接 PLC 输入端。

②电感传感器引出线：棕色接"＋24V"电源，蓝色接"0V"，黑色接 PLC 输入端。

③磁性传感器引出线：蓝色为负，接"0V"；棕色为正，接 PLC 输入端。

④电磁阀引出线：黑色为负，接"0V"；红色为正，接 PLC 输出端。

⑤警示灯：黄绿线接"0V"，黑色线接 PLC 输出端 Q0.5，蓝色线接 PLC 输出端 Q0.6，棕色线接 PLC 输出端 Q0.7。

⑥端子排左侧保险管座内安装 2A 保险管，向上扳开保险管盖，可切断 PLC 输入/输出端＋24V 电源。

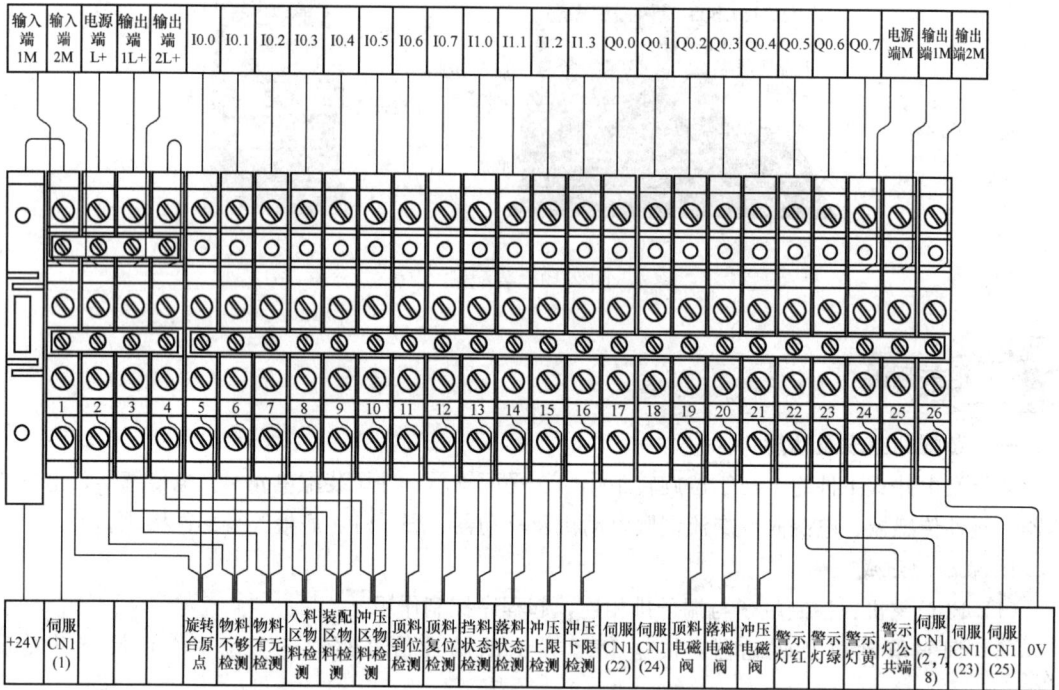

图 2-20　装配站端子接线图

2．主要技术指标

（1）控制电源：直流 24V/2A。

（2）PLC 主机：CPU224 DC/DC/DC。

（3）伺服电动机驱动器：R7D-BP02HH-Z。

（4）伺服电动机：R88M-G20030H-Z。

（5）反射光电传感器：E3Z-LS63。

（6）电感传感器：LE4-1K。

（7）磁性传感器 1、2：D-C73。

（8）磁性传感器 3：MT-22。

（9）电磁阀：SY5120。

（10）顶料气缸：CDJ2B16-30。

（11）挡料气缸：CDJ2B16-45。

（12）冲压气缸：GD16×50MT2。

3．气动控制回路

气动控制系统是装配站的执行机构，气动控制回路如图 2-21 所示。B1、B2 为安装在气缸两端位置的磁性传感器。1Y1、2Y1、3Y1 为控制气缸的电磁阀。

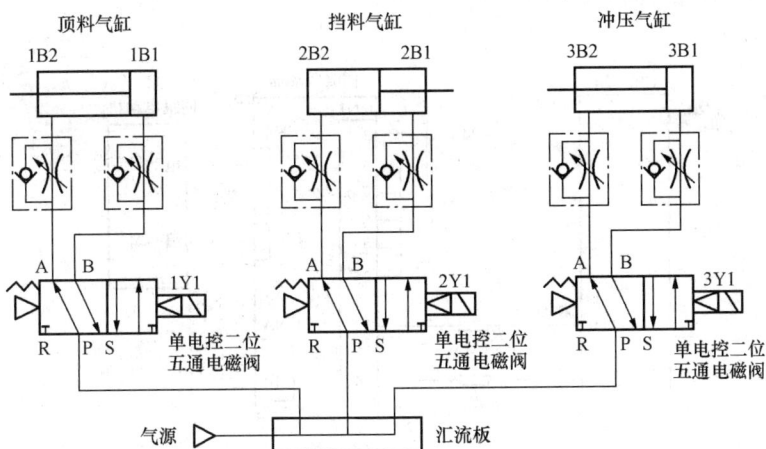

图 2-21 装配站气动控制回路

二、装配站电气控制系统

1. PLC 控制电路图（见图 2-22）

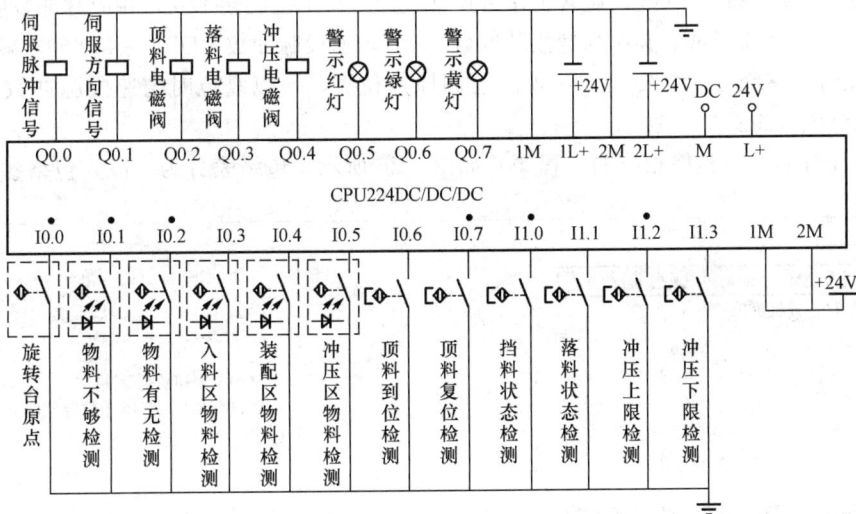

图 2-22 装配站 PLC 控制电路

2. 伺服电动机及驱动器

(1) 伺服电动机 R88M-G20030H-Z 的主要参数。

相电流：交流 1.6A。

相电阻：7.3Ω。

(2) 伺服驱动器 R7D-BP02HH-Z 的主要参数。

供电电压：交流 200～240V，典型值 220V。

输出相电流：1.6A。

控制信号输入电流：6～20mA，典型值 10mA。

（3）伺服电动机接线图（见图 2-23）。

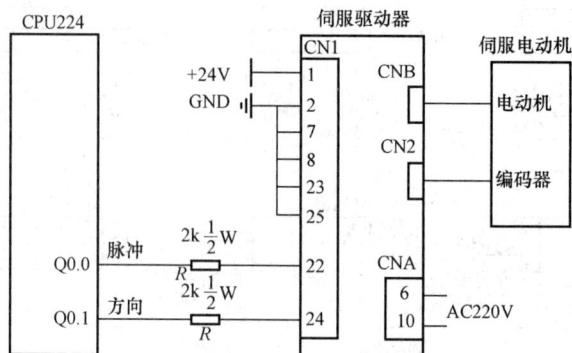

图 2-23　装配站伺服电动机接线图

3. PLC 程序

装配站 PLC 程序由主程序、旋转工作台旋转子程序 0、停止子程序 1 三部分构成。

（1）主程序（见图 2-24）。

（2）旋转工作台运行包络与子程序 0。根据表 1-29 伺服驱动器设置参数的计算，一个脉冲信号可产生角位移 27.36°/10 000，旋转工作台正常生产时每工位旋转 120°，相应脉冲数应为 120°/（27.36°/10 000）＝43 860。其中加速段脉冲数 150，匀速段脉冲数 VD100＝43 660，减速段脉冲数 50。复位时工作台可能要旋转 360°才能返回原点位置，所以复位时匀速段脉冲数 VD100＝150 000。运行包络如图 2-25 所示。

与旋转工作台运行包络相应的子程序 0 如图 2-26 所示。包络表分为 3 段，包络参数存储在

梯　形　图	注　　释
主程序注释　装配站单机操作程序 网络 1　开机复位 SM0.1　　　　M0.0 ├─┤├──────(R) 　　　　　　　　　16 　　　　　　伺服脉冲信号 　　　　　　　　(R) 　　　　　　　　　10 | 符号	地址 | | 伺服脉冲信号 | Q0.0 |	SM0.1 为初始化脉冲； M0.0～M1.7 共 16 个位存储器复位； Q0.0～Q1.1 复位
网络 2　M0.0 置位 SM0.1　　　　M0.0 ├─┤├──────(S) 　　　　　　　　　1	SM0.1 为初始化脉冲； M0.0 置位
网络 3　M10.0 置位 SM0.0　　　　M10.0 ├─┤├──────(S) 　　　　　　　　　1	SM0.0 开机始终为 1； M10.0 置位

图 2-24　装配站 PLC 主程序（一）

梯　形　图	注　释

网络4　移位寄存器指令SHRB

M0.0　顶料复位检测　挡料状态检测　冲压上限检测
┤├─────┤├─────┤├─────┤├

```
                              ┌──────────┐
                              │   SHRB   │
                              │ EN   ENO │
        M0.1    旋转台原点      │          │
         ┤├──────┤├          M2.0─┤DATA     │
                              M0.0─┤S_BIT    │
        M0.2    M10.0          +16─┤N        │
         ┤├──────┤├          └──────────┘
```

M0.3　　T37
┤├──────┤├

M0.4　　T50　　装配区物料检测
┤├──────┤├──────┤├

M0.5　　T38
┤├──────┤├

M0.6　　T39
┤├──────┤├

M0.7　　挡料状态检测
┤├──────┤├

M1.0　　顶料复位检测
┤├──────┤├

M1.1　　T40　　冲压区物料检测
┤├──────┤├──────┤├

M1.2　　T41
┤├──────┤├

M1.3　　冲压上限检测
┤├──────┤├

M1.4　　T42
┤├──────┤├

M1.5　　SM0.0
┤├──────┤├

符号	地址	注释
冲压区物料检测	I0.5	
冲压上限检测	I1.2	
挡料状态检测	I1.0	
顶料复位检测	I0.7	
旋转台原点	I0.0	
装配区物料检测	I0.4	

移位寄存器指令SHRB。

(1)当M0.0=1时,如果顶料、挡料、冲压均在复位状态,则M0.1=1;

(2)当M0.1=1时,如果工作台在原点位置,调用停止子程序1;如果工作台不在原点位置,T46延时调用运行子程序0,当工作台返回原点位置时,M0.2=1,调用停止子程序1;此步作用为工作台位置复位;

(3)因M10.0=1,所以M0.3=1;

(4)如果有工件,T37延时后,M0.4=1;

(5)当M0.4=1时,调用运行子程序0,工作台旋转120°;当PTO空闲时,T50延时,如果装配区有物料,M0.5=1;

(6)如果顶料到位,T38延时后,M0.6=1;

(7)如果落料到位,T39延时后,M0.7=1;

(8)如果挡料状态到位,M1.0=1;

(9)如果顶料复位,M1.1=1;

(10)当M1.1=1时,调用运行子程序0,工作台旋转120°;当PTO空闲时,T40延时,如果冲压区有物料,M1.2=1;

(11)如果冲压到位,T41延时后M1.3=1;

(12)如果冲压上限到位,M1.4=1;

(13)当M1.4=1时,T46延时调用运行子程序0,当工作台返回原点位置时,调用停止子程序1;T42延时后M1.5=1;

(14)M1.6=1

网络5　M1.6=1时,M0.3置位

```
M1.6          M0.3
 ┤├──────────( S )
                1
```

当M1.6=1时,M0.3置位,SHRB重新开始移位

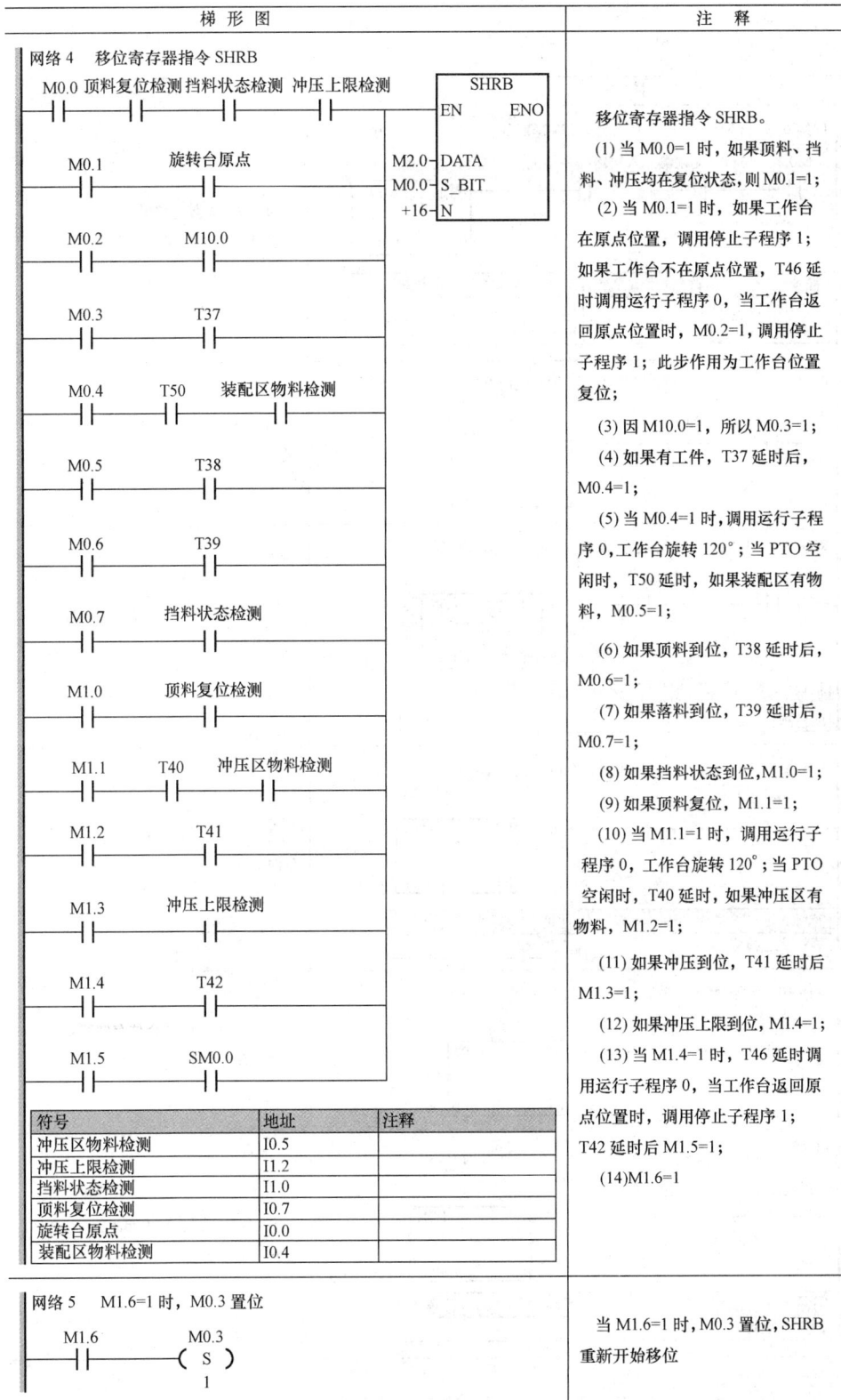

图2-24　装配站PLC主程序(二)

梯 形 图	注 释
网络6 当 M0.3=1 时，有物料，T37 延时 3s M0.3　物料有无检测　入料区物料检测　　　　　T37 ├┤├──────┤├──────┤├──────IN　　TON 　　　　　　　　　　　　　　　　　　　　+30─PT　　100ms 	符号	地址	注释
---	---	---
入料区物料检测	I0.3	
物料有无检测	I0.2			当 M0.3=1 时，如果物料台有工件，入料区有工件，则 T37 延时 3s
网络7 当 M0.4=1 时，PTO 空闲，T50 延时 0.5s M0.4　　SM66.7　　　　T50 ├┤├────┤├────IN　　TON 　　　　　　　　　　+5─PT　　100ms	当 M0.4=1 时，如果 PTO 空闲，T50 延时 0.5s
网络8 当 M0.5=1 时，如果顶料到位，T38 延时 0.5s M0.5　　顶料到位检测　　T38 ├┤├────┤├────IN　　TON 　　　　　　　　　　+5─PT　　100ms 	符号	地址	注释
---	---	---
顶料到位检测	I0.6			当 M0.5=1 时，如果顶料到位，T38 延时 0.5s
网络9 当 M0.6=1 时，如果落料到位，T39 延时 0.5s M0.6　　落料状态检测　　T39 ├┤├────┤├────IN　　TON 　　　　　　　　　　+5─PT　　100ms 	符号	地址	注释
---	---	---
落料状态检测	I1.1			当 M0.6=1 时，如果落料到位，T39 延时 0.5s
网络10 当 M1.1=1 时，PTO 空闲，T40 延时 0.5s M1.1　　SM66.7　　　　T40 ├┤├────┤├────IN　　TON 　　　　　　　　　　+5─PT　　100ms	当 M1.1=1 时，如果 PTO 空闲，T40 延时 0.5s
网络11 当 M1.2=1 时，如果冲压到位，T41 延时 0.5s M1.2　　冲压下限检测　　T41 ├┤├────┤├────IN　　TON 　　　　　　　　　　+5─PT　　100ms 	符号	地址	注释
---	---	---
冲压下限检测	I1.3			当 M1.2=1 时，如果冲压到位，T41 延时 0.5s

图 2-24　装配站 PLC 主程序（三）

梯 形 图	注 释
网络 12 当 M1.4=1 时，如果工作台回原点位置，T42 延时 0.5s M1.4　　旋转台原点　　　　　　　　　T42 ──┤├────┤├──────────［IN　　　TON］ 　　　　　　　　　　　　　　　　+5─［PT　　100ms］ | 符号	地址	注释 | |---|---|---| | 旋转台原点 | I0.0 | |	当 M1.4=1 时，如果工作台返回原点位置，T42 延时 0.5s
网络 13 当 M0.5 或 M0.6 或 M0.7=1 时，顶料电磁阀通电 M0.5　　　顶料电磁阀 ──┤├────────（　） M0.6 ──┤├── M0.7 ──┤├── | 符号	地址	注释 | |---|---|---| | 顶料电磁阀 | Q0.2 | |	当 M0.5 或 M0.6 或 M0.7=1 时，顶料电磁阀通电
网络 14 当 M0.6=1 时，落料电磁阀通电 M0.6　　　落料电磁阀 ──┤├────────（　） | 符号	地址 | |---|---| | 落料电磁阀 | Q0.3 |	当 M0.6=1 时，落料电磁阀通电
网络 15 当 M1.2=1 时，冲压电磁阀通电 M1.2　　　冲压电磁阀 ──┤├────────（　） | 符号	地址 | |---|---| | 冲压电磁阀 | Q0.4 |	当 M1.2=1 时，冲压电磁阀通电
网络 16 当 M0.1 或 M1.4=1 时，传送数值 =150 000 当 M0.4 或 M1.1=1 时，传送数值 =43 660 SM0.0　　M0.1　　　　MOV_DW ──┤├──┬─┤├──────［EN　　　ENO］ 　　　　│ M1.4 　　　　└─┤├── +150 000─［IN　　　OUT］─VD100 　　　　　M0.4　　　　MOV_DW 　　　　┬─┤├──────［EN　　　ENO］ 　　　　│ M1.1 　　　　└─┤├── +43 660─［IN　　　OUT］─VD100	(1) 当 M0.1 或 M1.4=1 时，传送数值 VD100=150 000；作为工作台位置复位用； (2) 当 M0.4 或 M1.1=1 时，传送数值 VD100=43 660；作为工作台旋转 120° 用
网络 17 当 M0.1 或 M1.4=1 时，T46 延时 0.2s M0.1　　　　　　T46 ──┤├──────［IN　　　TON］ M1.4 ──┤├── +2─［PT　　100ms］	当 M0.1 或 M1.4=1 时，T46 延时 0.2s

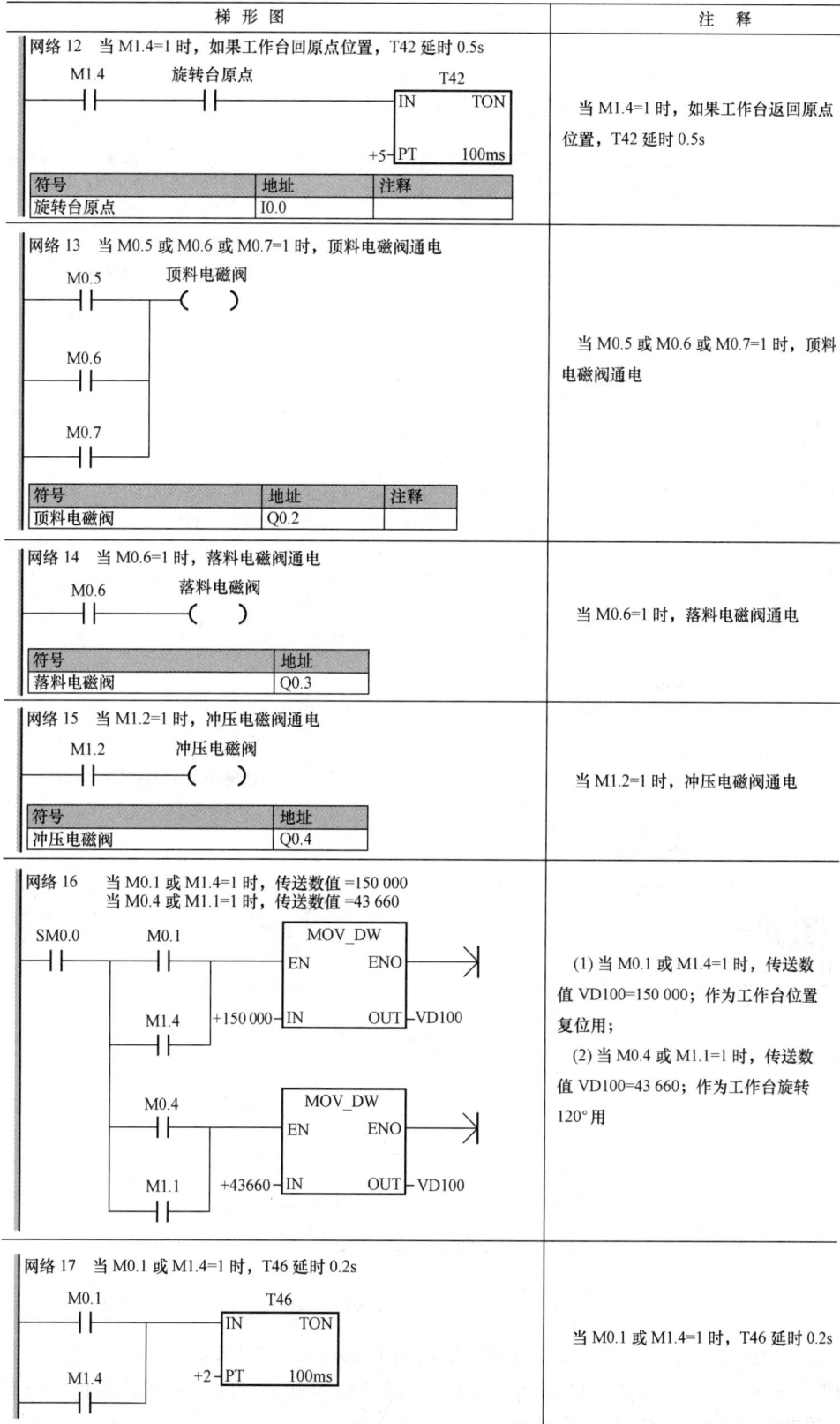

图 2-24　装配站 PLC 主程序（四）

任务三

梯 形 图	注 释
网络 18 当 M0.1 或 M1.4=1 时，工作台过原点位置时，或 M0.2=1 时，调用停止子程序 1 M0.1 —||— 旋转台原点 —||— SBR_1 EN M1.4 —||— M0.2 —||— 符号 | 地址 | 注释 旋转台原点 | I0.0 |	(1) 当 M0.1 或 M1.4=1 时，工作台位于原点位置时，调用停止子程序 1； (2) 或 M0.2=1 时，调用停止子程序 1
网络 19 当 T46 或 M0.4 或 M1.1=1 时，调用运行子程序 0 T46 —||— —| P |— SBR_0 EN M0.4 —||— M1.1 —||—	当 T46 或 M0.4 或 M1.1=1 时，调用运行子程序 0
网络 20 三色灯亮 SM0.0 —||— 警示红灯 —( ) 警示绿灯 —( ) 警示黄灯 —( ) 符号 | 地址 警示红灯 | Q0.5 警示黄灯 | Q0.7 警示绿灯 | Q0.6	在装配站独立控制程序中，红、绿、黄灯常亮

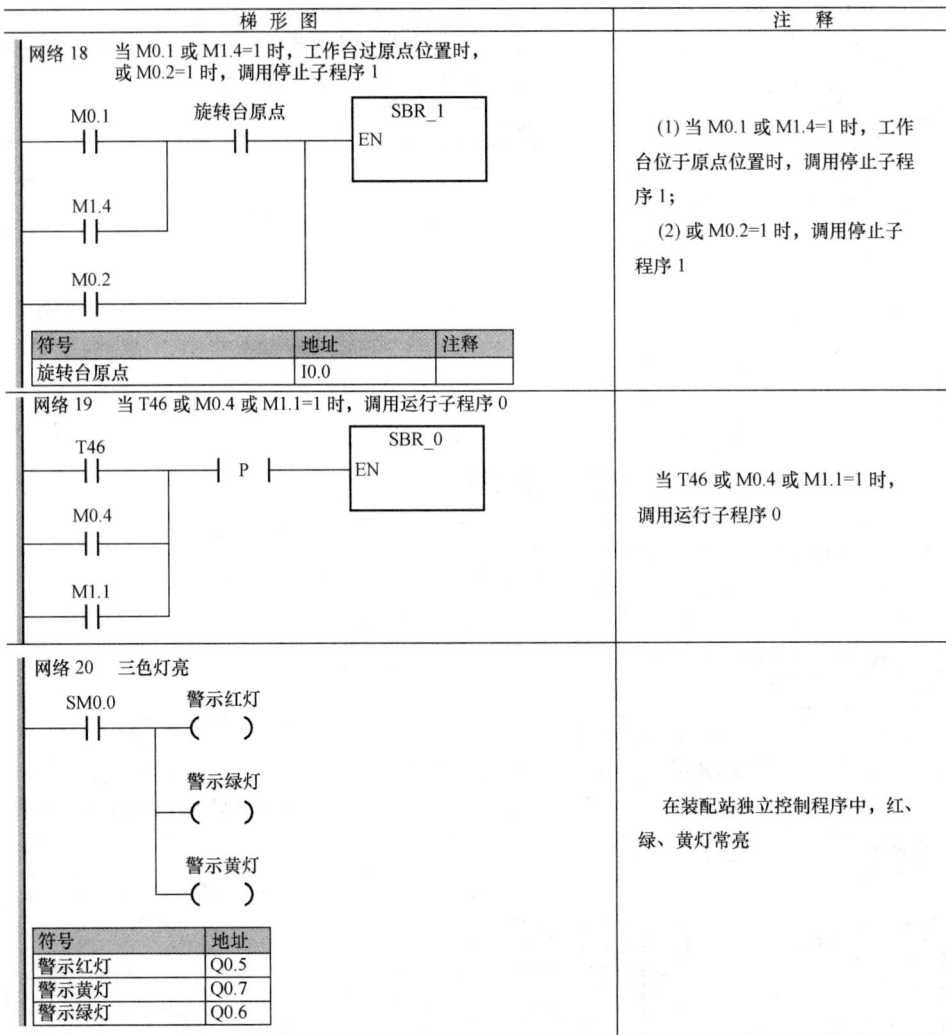

图 2-24 装配站 PLC 主程序（五）

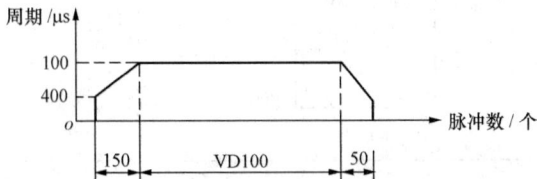

图 2-25 旋转工作台运行包络

从 VB500 开始的变量存储器中。加速段的初始周期是 $400\mu s$，周期增量 $-2\mu s$，经过 150 个脉冲后，周期下降到 $100\mu s$；匀速段的周期是 $100\mu s$，脉冲数存储于 VD100；减速段的初始周期是 $100\mu s$，周期增量 $+6\mu s$，经过 50 个脉冲后，周期上升到 $400\mu s$。

（3）停止子程序 1（见图 2-27）。

子程序 0 注释 工作台旋转包络

网络 1 预装 PTO 包络表，设包络表段数为 3，分别配置 3 段的初始周期、周期增量和脉冲数。

网络 2 设置控制字节，定义包络表起始地址为 VB500，启动 PTO，PLS0=Q0.0

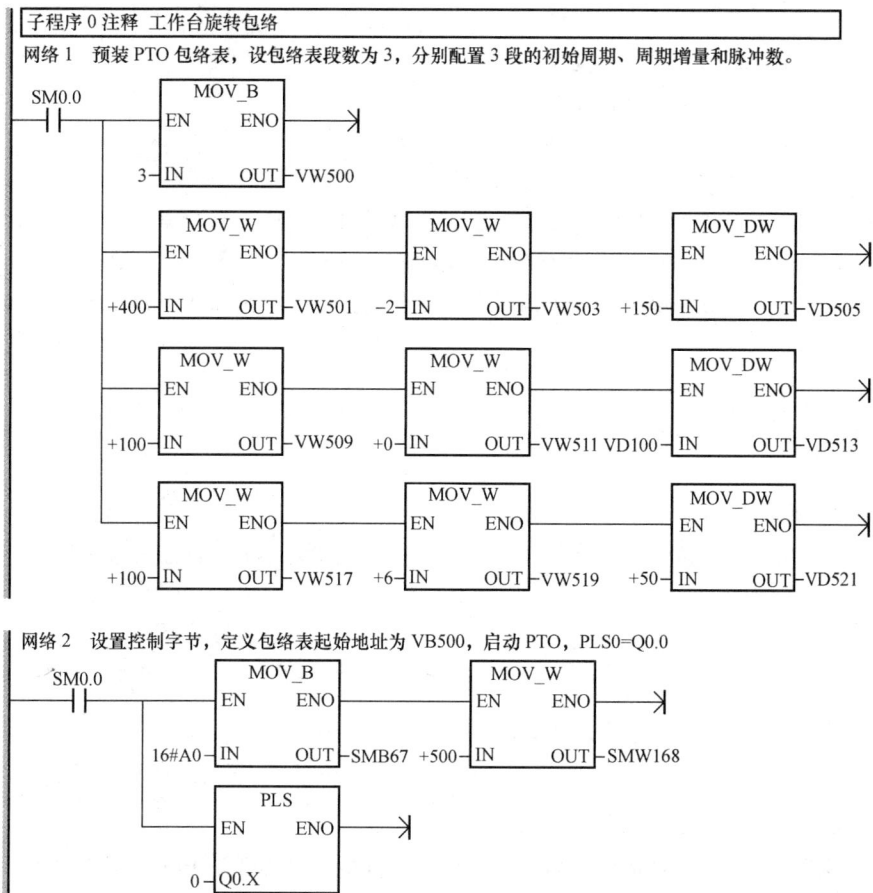

图 2-26 装配站 PLC 子程序 0

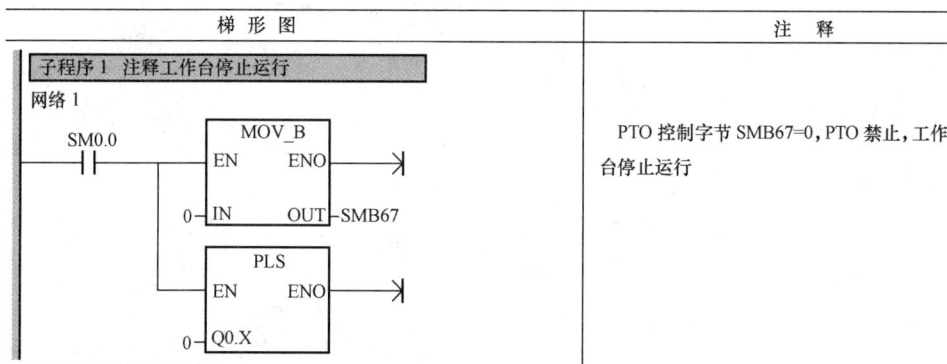

梯 形 图	注 释
子程序 1 注释工作台停止运行 网络 1	PTO 控制字节 SMB67=0，PTO 禁止，工作台停止运行

图 2-27 装配站 PLC 子程序 1

任务实施

1. PLC 正常开机状态（见图 2-22）

（1）I0.0 接通，表示旋转工作台在原点位置。

（2）I0.1 接通，表示工件库工件充足。

（3）I0.2 接通，表示工件库有工件。

（4）I0.7 接通，表示顶料气缸复位。

（5）I1.0 接通，表示挡料气缸复位。

（6）I1.2 接通，表示冲压气缸复位，在上限位置。

2. 设置伺服驱动器参数

接通伺服驱动器电源，使计算机与伺服驱动器保持通信连接。参照表1-29，分别将参数修改为 Pn10＝10、Pn11＝500、Pn41＝1、Pn42＝3 和 Pn46＝190，其他参数保持默认值。设置后，进行下载或选择下载。参数下载后，关闭伺服驱动器电源，当伺服驱动器重新通电后，所设置的参数生效。

3. 操作步骤

（1）通电后工作台自动复位到原点位置。

（2）将工件放入物料台上。

（3）工作台顺时针旋转 120°，将工件旋转到井式供料单元下方，小工件落到待装配工件上。

（4）工作台顺时针旋转 120°，将工件旋转到冲压装配单元下方，冲压气缸下压，完成大小工件紧合装配。

（5）工作台顺时针旋转到待搬运位置，取走装配好的工件后，操作结束。

练习题

（1）装配站的功能是什么？

（2）装配站两个子程序的功能分别是什么？

（3）分别绘出旋转工作台运行包络和复位包络，分析包络参数与 PLC 子程序有何对应关系。

（4）如果工作台旋转方向与实际要求方向相反，如何调整方向？

任务四　分拣站机构功能及控制程序

任务引入

分拣站（见图 2-28）主要完成已装配工件的分拣，使不同颜色的工件分流到不同的物料槽。入料口反射光电传感器检测到工件后变频器启动，驱动传送带把工件送入分拣区。如果工件为白

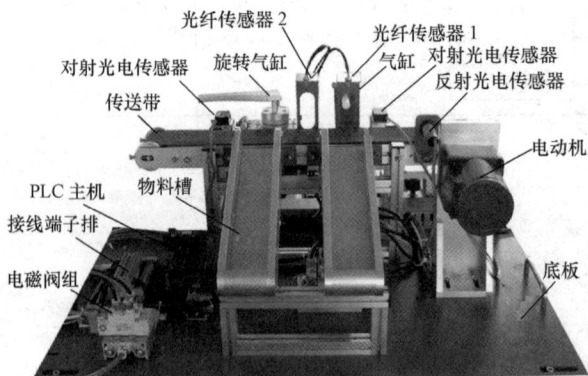

图 2-28　分拣站

色，光纤传感器 1 发出信号，工件被推到 1 号物料槽中，停止变频器；如果工件为黑色，光纤传感器 1 未检出，光纤传感器 2 发出信号，旋转气缸旋转 68°，工件被导入 2 号物料槽中，当物料槽对射光电传感器检测到有工件通过时，停止变频器。

相关知识

一、分拣站组成及功能

分拣站由传送带、三相变频器、三相交流减速电机、推料气缸和旋转气缸、磁性传感器、电磁阀、反射光电传感器、光纤传感器、对射光电传感器、支架底板等零部件构成。

1. 分拣站组成

（1）PLC 主机：控制端子与端子排相连，起程序控制作用。

（2）三相变频器：用于控制三相交流减速电动机，带动皮带转动。

（3）反射光电传感器：用于检测入料口是否有工件。

（4）对射光电传感器：用于检测工件是否到达物料槽。

（5）光纤传感器：根据不同颜色材料反射光强度的不同来区分工件。第一个光纤传感器仅能检测到白色工件，第二个光纤传感器能检测到黑色工件。光纤传感器的检测灵敏度可通过光纤放大器的旋钮调节。

（6）磁性传感器 1：用于推料气缸的位置检测，当检测到气缸推出到位后给 PLC 发出到位信号。

（7）磁性传感器 2：用于旋转气缸的位置检测，当检测到气缸旋转到位后给 PLC 发出到位信号。

（8）电磁阀：推料气缸、旋转气缸均用二位五通的带手控开关的单控电磁阀控制，两个单控电磁阀集中安装在带有消声器的汇流板上。当 PLC 给电磁阀一个信号，电磁阀动作，对应气缸动作。

（9）推料气缸：当气动电磁阀得电，气缸杆伸出，将白色工件推入第一个物料槽。

（10）旋转气缸：当气动电磁阀得电，旋转气缸旋转 68°，摆臂将黑色工件导入第二个物料槽。

（11）端子排：用于连接直流 24V 电源、PLC 输入/输出端口、传感器和电磁阀。其中下排 1～3 号和上排 1～3 号端子短接经过带保险的端子与＋24V 相连。上排 4～16 号端子短接与 0V 相连，下排 4～16 号端子为信号相连，如图 2-29 所示。

①光电传感器引出线：棕色接"＋24V"电源，蓝色接"0V"，黑色接 PLC 输入端。

②磁性传感器引出线：蓝色为负，接"0V"；棕色为正，接 PLC 输入端。

③电磁阀引出线：黑色为负，接"0V"；红色为正，接 PLC 输出端。

④端子排左侧保险管座内安装 2A 保险管，向上扳开保险管盖，可切断 PLC 输入/输出端 ＋24V 电源。

2. 主要技术指标

（1）控制电源：直流 24V/2A。

（2）PLC 主机：CPU222 AC/DC/RLY。

（3）变频器：MM420。

（4）三相交流减速电动机：80YS25GY38X；380V/25W/0.18A/1 300r/min；减速器：80GK10HF398 1：10。

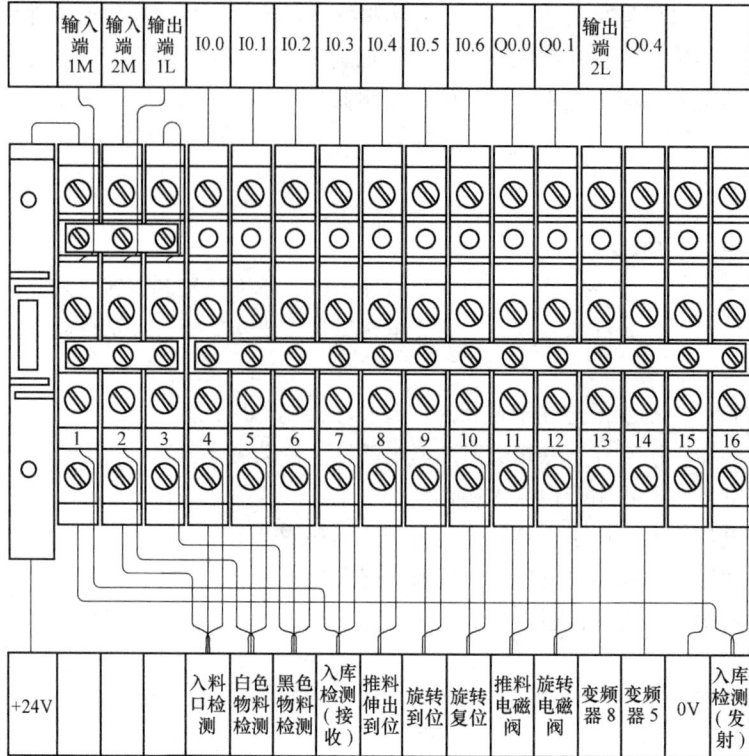

图 2-29　分拣站端子接线图

（5）反射光电传感器：SB03-1K。

（6）对射光电传感器：WS100-D1032。

（7）磁性传感器 1：D-C73。

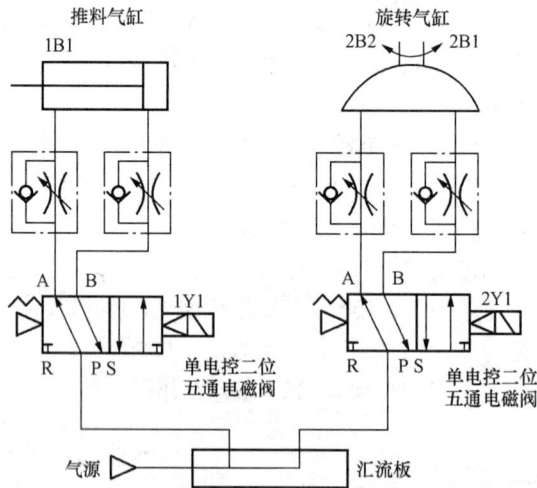

图 2-30　分拣站气动控制回路

（8）磁性传感器 2：D-A93。

（9）电磁阀：SY5120。

（10）顶料气缸：CDJ2B16-60。

任务四

（11）旋转气缸：MSQB10A。

3．气动控制回路

气动控制系统是分拣站的执行机构，气动控制回路如图 2-30 所示。1B1 为安装在推料气缸伸出极限工作位置的磁性传感器，2B1、2B2 为安装在旋转气缸的两个极限工作位置的磁性传感器。1Y1、2Y1 为控制气缸的电磁阀。调整旋转气缸节流阀下方的两个螺杆，可以调节摆臂的旋转角度。

二、分拣站电气控制系统

1．PLC 控制电路图（见图 2-31）

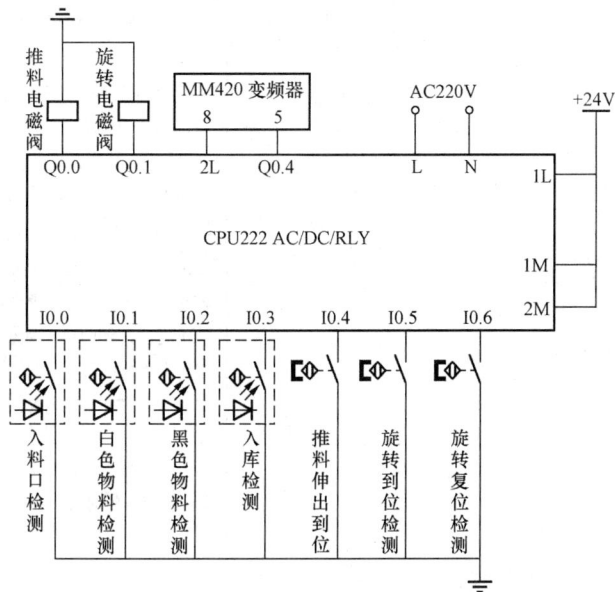

图 2-31　分拣站 PLC 控制电路

2．PLC 程序（见图 2-32）

梯　形　图	注　释
程序注释　分拣站单机操作程序 网络 1　M0.0 置位，其他复位 SM0.1　　　M0.0 ├┤├────（ S ） 　　　　　　　1 　　　　　　M0.1 　　　　　──（ R ） 　　　　　　10 　　　　　　M10.0 　　　　　──（ R ） 　　　　　　4	SM0.1 初始化脉冲，开机复位； M0.0 置位； M0.1～M1.2 复位； M10.0～M10.3 复位
网络 2　M10.0 置位 SM0.0　　　M10.0 ├┤├────（ S ） 　　　　　　　1	SM0.0 开机始终接通； M10.0 置位

图 2-32　分拣站 PLC 控制程序（一）

梯 形 图	注 释
网络 3 SHRB- 移位寄存器指令 M0.0　　推料伸出到位 ┤├─────┤/├─────┐　SHRB 　　　　　　　　　　　　　　EN　　ENO M0.1　　旋转复位检测 ┤├─────┤├─────　M2.0─DATA 　　　　　　　　　　　　M0.0─S_BIT 　　　　　　　　　　　　+10─N M0.2　　　T33 ┤├─────┤├ 　　　　　　M10.2 　　　　　┤├ 　　　　　　M10.3 　　　　　┤├ M0.3　　推料伸出到位 ┤├─────┤├ 　　　　　　M10.1 　　　　　┤├ 　　　　　　M10.3 　　　　　┤├ M0.4　　　M10.0 ┤├─────┤├ M0.5　　　T37 ┤├─────┤├	SHRB 移位寄存器指令。 　移位前，M2.0=0，M0.0=1。 　(1) 当 M0.0=1 时，如果推料气缸伸出复位，则 M0.1=1； 　(2) 如果旋转气缸复位，M0.2=1，启动变频器； 　(3) 如果检测为白色工件，T33 延时 0.5s 后，M0.3=1；如果检测为黑色工件，M10.1 置位，黑色工件入库后 M10.2=1，M0.3=1；如果无工件，T39 延时 5s 后 M10.3=1，M0.3=1； 　(4) 当 M0.3=1 时，停止变频器，推料气缸动作，将白色工件推到物料槽，如果推料伸出到位，M0.4=1；因为工件为黑色时，M10.1 置位；无工件时 M10.3. 置位，所以使 M0.4=1，跳过 M0.3 状态； 　(5)M10.0=1，M0.5=1； 　(6) 当 M0.5=1 时，如果入料口有工件，T37 延时，延时时间到，M0.6=1

符号	地址
推料伸出到位	I0.4
旋转复位检测	I0.6

梯 形 图	注 释
网络 4　当 M0.6=1 时，M0.0 置位 M0.6　　　　M10.1 ┤├─────（ R ） 　　　　　　　　3 　　　　　　　M0.0 　　　　　　　（ S ） 　　　　　　　　1	当 M0.6=1 时，M10.1～M10.3 复位 M0.0 置位，SHRB 重新开始移位

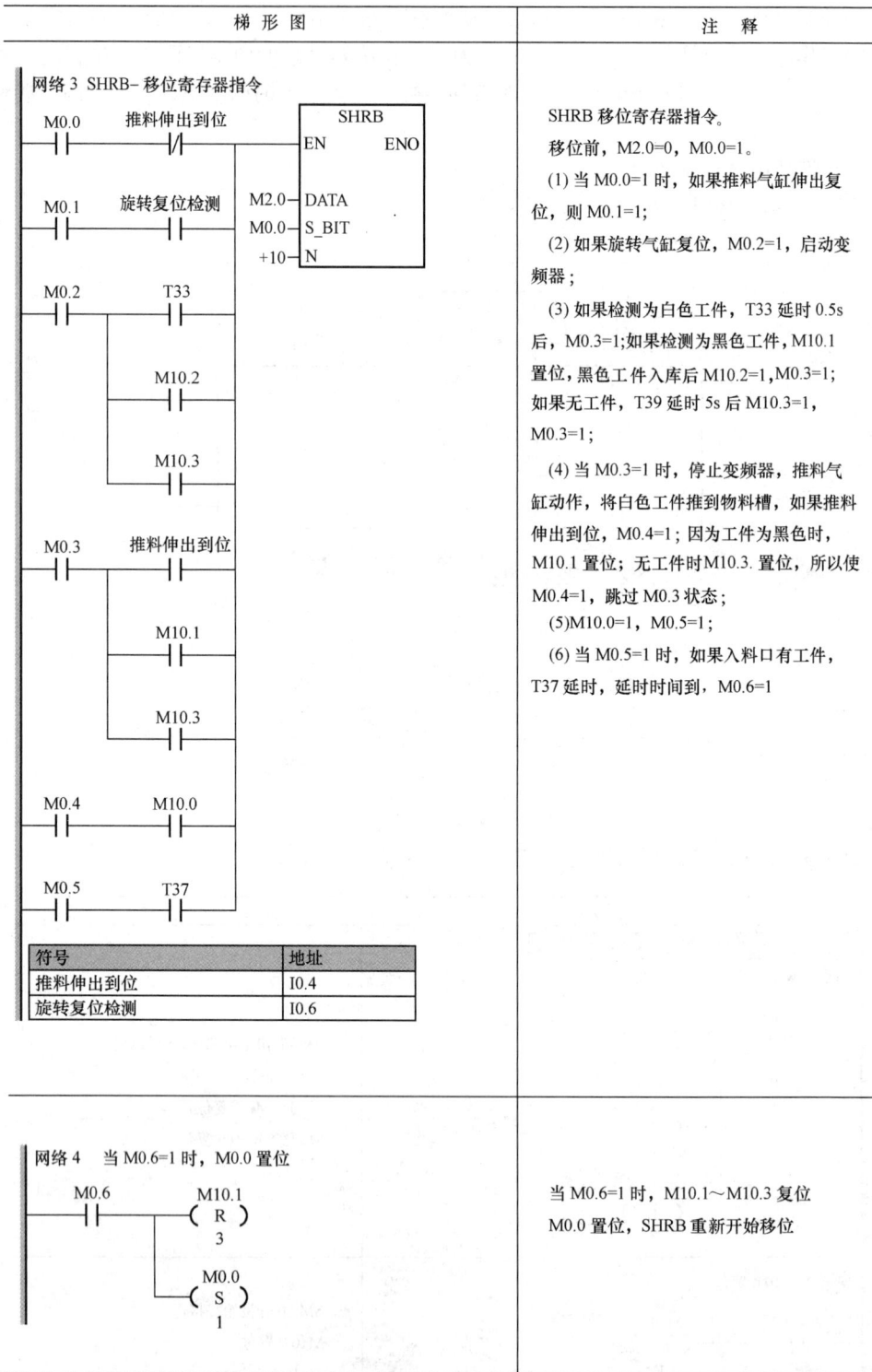

图 2-32　分拣站 PLC 控制程序（二）

任务四

梯 形 图	注 释
网络5　启动变频器，检测物料，无工件延时5s	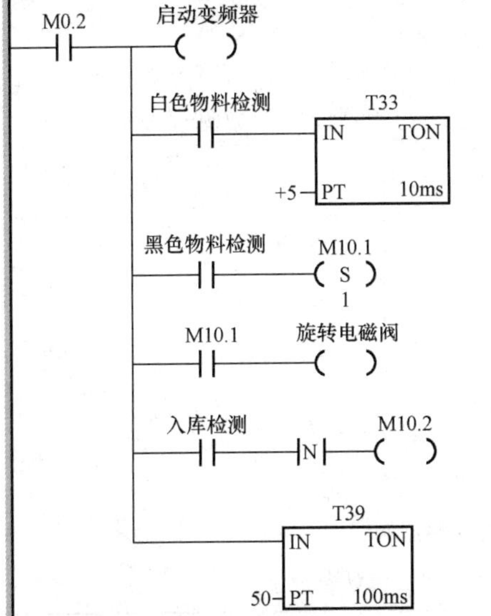
M0.2　　　启动变频器 ─┤├──────( ) 白色物料检测　　　T33 ─┤├────┤IN　　TON├ 　　　+5─┤PT　　10ms├ 黑色物料检测　M10.1 ─┤├────(S) 　　　　　　　1 M10.1　　旋转电磁阀 ─┤├──────( ) 入库检测　　　　　M10.2 ─┤├───┤N├──( ) 　　　　　　　T39 　　　　┤IN　　TON├ 　　50─┤PT　　100ms├	(1) 当M0.2=1 时，启动变频器； (2) 检测为白色工件时，T33 延时0.5s(如果推料时间有偏差，可调节T33 延时参数)； (3) 检测为黑色工件时，M10.1 置位，旋转电磁阀通电； (4) 黑色工件入库后，M10.2 通电； (5)T39 延时5s。即无工件时，变频器空转5s
符号	地址	注释
---	---	---
白色物料检测	I0.1	
黑色物料检测	I0.2	
启动变频器	Q0.4	
入库检测	I0.3	
旋转电磁阀	Q0.1			
网络6　T39=1 时，M10.3 置位 T39　　　M10.3 ─┤├────(S) 　　　　　　1	T39=1 时，M10.3 置位
网络7　M0.3=1 时，推料电磁阀通电 M0.3　　推料电磁阀 ─┤├──────( ) | 符号 | 地址 | |---|---| | 推料电磁阀 | Q0.0 |	(1)M0.3=1 时，推料电磁阀通电，推动白色工件入库； (2) 由于M0.2=0，停止变频器
网络8　当M0.5=1 时，入料口有工件，则T37 延时2s M0.5　入料口检测　入库检测　　　　T37 ─┤├──┤├────┤/├──┤IN　　TON├ 　　　　　　　　　　　　　+20─┤PT　　100ms├ | 符号 | 地址 | 注释 | |---|---|---| | 入库检测 | I0.3 | | | 入料口检测 | I0.0 | |	当M0.5=1 时，如果入料口有工件，则T37 延时2s

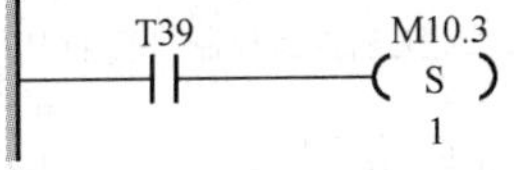

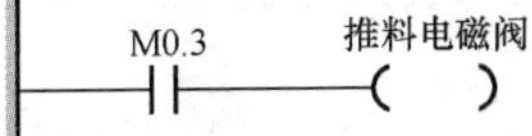

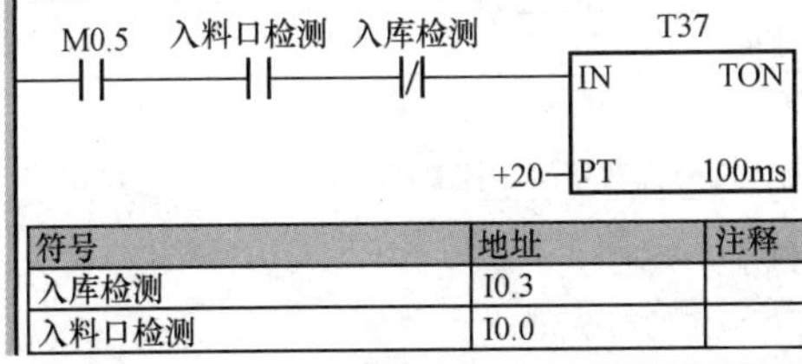

图2-32　分拣站PLC控制程序（三）

115

任务实施

1. PLC 正常开机状态

当 PLC 处于正常开机状态时，I0.6 对应的 LED 亮，表示旋转气缸已复位，如图 2-31 所示。

2. 变频器参数设置

变频器接线如图 2-33 所示，PLC 输出公共端 2L 接变频器的 8 脚（＋24V），PLC 输出端 Q0.4 接变频器的 5 脚（DIN1），检查无误后接通电源。变频器设置参数见表 2-4。

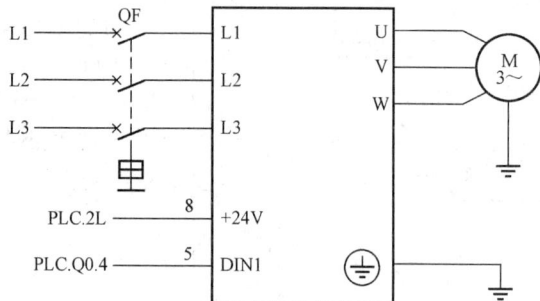

图 2-33　自动生产线变频器接线图

表 2-4　　　　　　　　　　**西门子变频器 MM420 自动生产线分拣站参数设置**

序号	参数代号	出厂值	设置值	说　　明
1	P0010	0	30	调出厂设置参数，准备复位
2	P0970	0	1	恢复出厂值（恢复时间大约 60s）：0 禁止复位、1 参数复位（变频器先停车）
3	P0003	1	3	参数访问级，1 标准级、2 扩展级、3 专家级、4 维修级
4	P0004	0	0	参数过滤器，可以快速访问不同的参数 0 全部参数、2 变频器参数、3 电动机参数、7 命令、8AD 或 DA 转换、10 设定值通道、12 驱动装置的特征、13 电动机控制、20 通信、21 报警、22 工艺参量控制（例如 PID）
5	P0010	0	1	调试用的参数过滤器，0 准备、1 启动快速调试、30 出厂设置参数如果 P0010 被访问后没有设定为 0，变频器将不运行；如果 P3900＞0，这一功能自动完成
6	P0100	0	0	工频选择：0，50Hz；1，60Hz
7	P0304	400	380	电动机的额定电压（V）
8	P0305	1.90	0.18	电动机的额定电流（A）
9	P0307	0.75	0.03	电动机的额定功率（kW）
10	P0310	50.00	50.00	电动机的额定频率（Hz）
11	P0311	1395	1300	电动机的额定速度（r/min）
12	P0700	2	2	选择控制命令源：1BOP 面板控制、2 外部数字端子控制
13	P1000	2	1	选择频率设定值：1 选择 BOP 面板设定的频率值；2 选择外部模拟信号（电位器）设定的频率值；3 固定频率之和

续表

序号	参数代号	出厂值	设置值	说　　明
14	P1080	0.00	0.00	电动机最小频率（Hz）
15	P1082	50.00	50.00	电动机最大频率（Hz）
16	P1120	10.00	2.00	加速时间（s）
17	P1121	10.00	2.00	减速时间（s）
18	P3900	0	1	结束快速调试
19	P0003	1	3	重新设置 P0003 为 3
20	P0004	0	10	快速访问设定值通道
21	P1040	5.00	30.00	BOP 的频率设定值（Hz）
22	P0010	0	0	如不启动，检查 P0010 是否为 0

3. 调整光纤放大器灵敏度

调节灵敏度旋钮进行光纤放大器灵敏度调节。调节时，会看到"入光量显示灯"发光的变化，第一个光纤放大器灵敏度要小些，只能检测出白色工件；第二个光纤放大器灵敏度要大些，能检测出黑色工件。

将工件摆放在传送带上，当白色工件出现在第一个光纤检测头下方时，"动作显示灯"亮，提示检测到工件；当黑色工件出现在第一个光纤检测头下方时，"动作显示灯"不亮，第一个光纤式光电开关调试完成。当黑色工件出现在第二个光纤检测头下方时，"动作显示灯"亮，第二个光纤式光电开关调试完成。

4. 操作步骤

(1) 将黑、白工件分别放入传送带入料口。

(2) 变频器启动，传送带带动工件前进。

(3) 白色工件被推入第一个物料槽。

(4) 旋转气缸旋转 68°，摆臂将黑色工件导入第二个物料槽。

练习题

(1) 分拣站的功能是什么？

(2) 分拣站气缸的作用是什么？

(3) 怎样根据黑、白工件调整两个光纤放大器的灵敏度？

(4) 变频器的哪个参数决定了变频器依靠 DIN1 端子进行启动/停止控制？

(5) 变频器的哪两个参数决定了变频器的加速时间和减速时间？

任务五　搬运站机构功能及控制程序

任务引入

搬运站（见图 2-34）主要完成向各个工作站的物料台输送工件。开机时机械手自动返回原点位置。按钮启动后，供料站物料台有工件时，搬运机械手伸出，将工件搬运到加工站物料台上，等加工站加工完毕后，再将工件送到装配站完成大、小工件的紧合装配，装配完成后将成品送到分拣站分拣入库,最后机械手返回原点位置,完成一个工作周期。

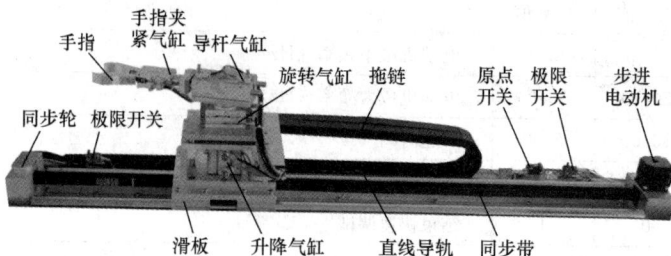

图 2-34 搬运站

相关知识

一、搬运站组成及功能

搬运站主要由 PLC、步进电动机及驱动器、同步轮、直线导轨、机械手、原点位置行程开关和限位行程开关等零部件构成。

1. 搬运站组成

(1) PLC 主机:起程序控制作用,控制端子全部接到挂箱面板上。

(2) 步进电动机驱动器:用于控制三相步进电动机,控制端子全部接到挂箱面板上。

(3) 步进电动机:步进电动机、同步轮、同步带、直线导轨构成机械手传动系统。

(4) 磁性传感器 1:用于升降气缸的位置检测,当检测到气缸准确到位后给 PLC 发出到位信号。

(5) 磁性传感器 2:用于旋转气缸的位置检测,当检测到气缸准确到位后给 PLC 发出到位信号。

(6) 磁性传感器 3:用于导杆气缸的位置检测,当检测到气缸准确到位后给 PLC 发出到位信号。

(7) 磁性传感器 4:用于气动手指的位置检测,当检测到气缸准确到位后给 PLC 发出到位信号。

(8) 行程开关:其中一个给 PLC 提供原点位置信号;另外两个用于终端限位保护,当机械手运行超程触碰行程开关时,断开步进驱动器控制信号公共端,使步进电动机停止运行。

(9) 电磁阀:升降气缸、旋转气缸、导杆气缸用二位五通的带手控开关的单控电磁阀控制;手指夹紧气缸用二位五通的带手控开关的双控电磁阀控制,4 个电磁阀集中安装在带有消声器的汇流板上。当 PLC 给电磁阀一个信号,电磁阀动作,对应气缸动作。

升降气缸:由单控电磁阀控制,当电磁阀得电,气缸伸出,将机械手抬起。

旋转气缸:由单控电磁阀控制,当电磁阀得电,将机械手旋转 90° 角度。如果角度有偏差,可调节气缸节流阀下方的两个螺杆。

导杆气缸:由单控电磁阀控制,当电磁阀得电,将机械手伸出。

手指夹紧气缸:由双控电磁阀控制,当电磁阀一端得电时,手指张开或夹紧。

(10) 端子排:用于连接 PLC 输入/输出端口、传感器和电磁阀,以及其他站的电源,电动机接线等,如图 2-35 所示。

1) 磁性传感器引出线:蓝色为负,接 "0V";棕色为正,接 PLC 输入端。

2) 电磁阀引出线:黑色为负,接 "0V";红色为正,接 PLC 输出端。

任务
五

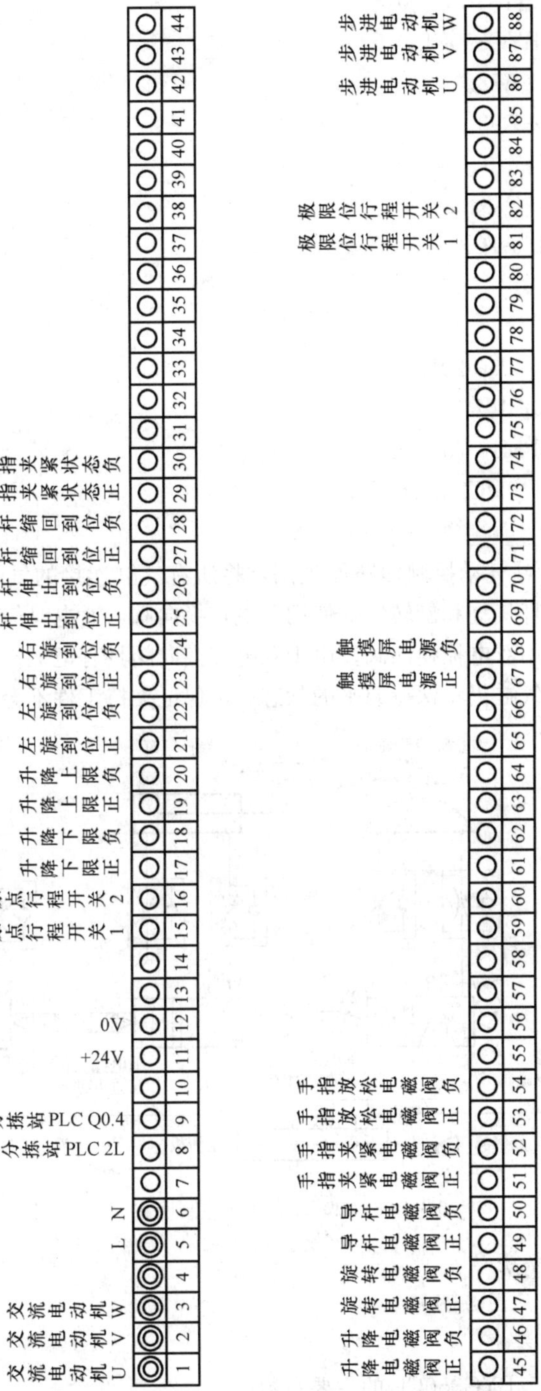

图 2-35 搬运站端子接线图

左侧端子（1~44）

1	交流电动机 U
2	交流电动机 V
3	交流电动机 W
4	L
5	L
6	N
7	分拣站 PLC 2L
8	分拣站 PLC 2L
9	分拣站 PLC Q0.4
10	分拣站 PLC Q0.4
11	+24V
12	0V
13	
14	
15	原点行程开关1
16	原点行程开关1
17	升降下限 负 / 原点行程开关2
18	升降下限 正 / 原点行程开关2
19	升降上限 负
20	升降上限 正
21	左旋到位 负
22	左旋到位 正
23	右旋到位 负
24	右旋到位 正
25	导杆伸出到位 负
26	导杆伸出到位 正
27	导杆缩回到位 负
28	导杆缩回到位 正
29	手指夹紧状态 负
30	手指夹紧状态 正
31~44	

右侧端子（45~88）

45	升降电磁阀 正
46	升降电磁阀 负
47	旋转电磁阀 正
48	旋转电磁阀 负
49	导杆电磁阀 正
50	导杆电磁阀 负
51	手指夹紧电磁阀 正
52	手指夹紧电磁阀 负
53	手指放松电磁阀 正
54	手指放松电磁阀 负
55~66	
67	触摸屏电源 正
68	触摸屏电源 负
69~78	
79	极限行程开关1
80	极限行程开关1
81	极限位行程开关2
82	极限位行程开关2
83~85	
86	步进电动机 U
87	步进电动机 V
88	步进电动机 W

2. 主要技术指标

（1）控制电源：直流 24V/2A。

（2）PLC 主机：CPU226 DC/DC/DC 。

（3）步进电动机驱动器：3MD560。

（4）步进电动机：57BYG350CL。

（5）磁性传感器 1：D-A73。

（6）磁性传感器 2：D-A93。

（7）磁性传感器 3：D-Z73。

（8）磁性传感器 4：D-C73。

（9）行程开关：RV-165-1C25。

（10）电磁阀：SY5120。

（11）电磁阀：SY5220。

（12）升降气缸：CDQ2B50-20D。

（13）旋转气缸：MSQB10R。

（14）导杆气缸：MGPM16-75。

（15）手指夹紧气缸：MHC2-20D。

3. 气动控制回路

如图 2-36 所示为搬运站气动控制回路原理图，将所有气缸连接的气管沿拖链敷设，插接到电磁阀组。升降气缸、导杆气缸和旋转气缸使用单电控换向阀，通电时气缸伸出，断电后气缸自动缩回。手指夹紧气缸使用双电控换向阀。由于双电控换向阀具有记忆作用，如果在气缸伸出的途中突然失电，手指夹紧气缸仍将保持原来的状态，可保证夹持工件不会掉下。

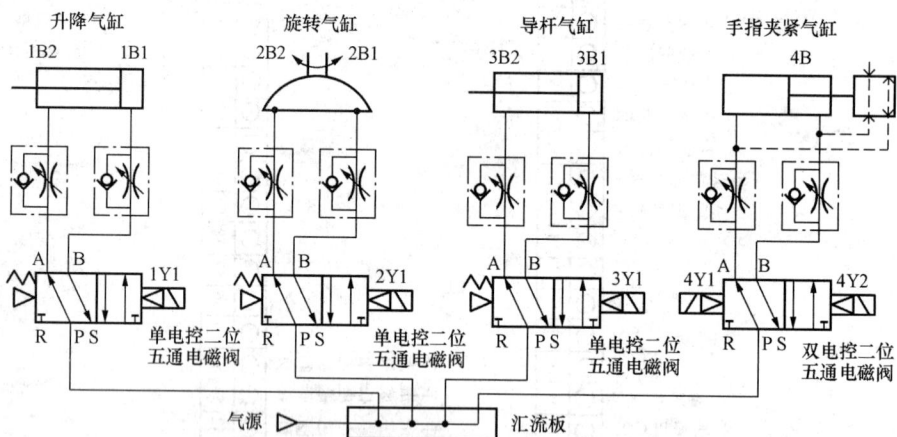

图 2-36　搬运站气动控制回路

二、搬运站电气控制系统

1. PLC 控制电路图（见图 2-37）

2. 步进电动机及驱动器

（1）三相步进电动机 57BYG350CL 的主要参数。

相电压：直流 24～70V；

相电流：直流 6A；

相电阻：0.36Ω。

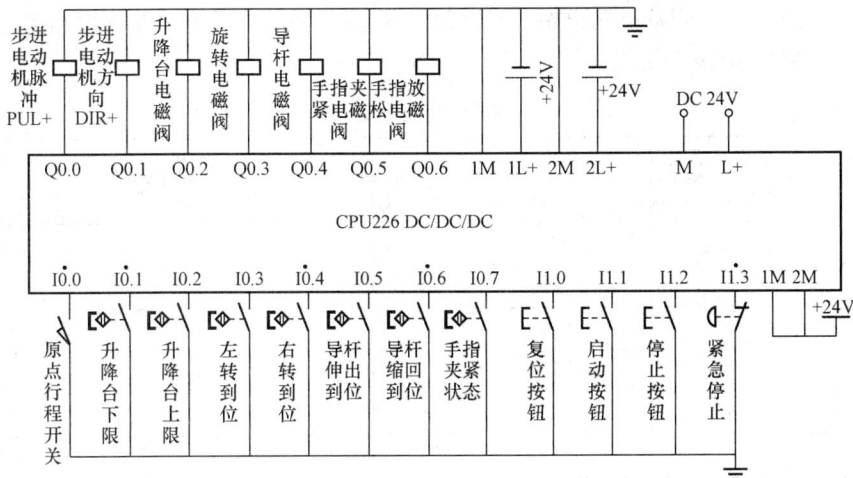

图 2-37　搬运站 PLC 控制电路

（2）三相步进电动机驱动器 35D560 的主要参数。

供电电压：直流 18～50V，典型值 36V；

输出相电流：1.5～6.0A；

控制信号输入电流：7～16mA，典型值 10mA。

（3）步进电动机接线图（见图 2-38）。

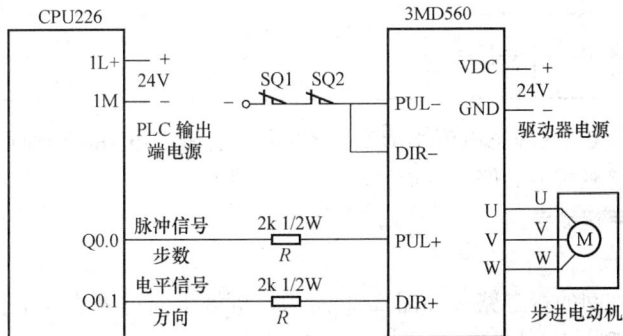

图 2-38　搬运站步进电动机接线图

（4）步进驱动器参数设定。步进电动机驱动器 3MD560 的细分设置见表 2-5。要求细分步数为 10 000 步/圈，则开关 SW6～SW8 的状态全部设置为 OFF。

表 2-5　　　　　　　　　　　　　　　　　　细 分 设 置

序　号	细分（步/圈）	SW6	SW7	SW8
1	200	ON	ON	ON
2	400	OFF	ON	ON
3	500	ON	OFF	ON
4	1000	OFF	OFF	ON
5	2000	ON	ON	OFF
6	4000	OFF	ON	OFF
7	5000	ON	OFF	OFF
8	10 000	OFF	OFF	OFF

步进电动机驱动器 3MD560 输出相电流设置见表 2-6。要求步进驱动器输出相电流为 4.9A，则开关 SW1～SW4 的状态设置为 OFF、OFF、ON、ON。

表 2-6　　　　　　　　　　　　　输出相电流设置

序号	相电流（A）	SW1	SW2	SW3	SW4
1	1.5	OFF	OFF	OFF	OFF
2	1.8	ON	OFF	OFF	OFF
3	2.1	OFF	ON	OFF	OFF
4	2.3	ON	ON	OFF	OFF
5	2.6	OFF	OFF	ON	OFF
6	2.9	ON	OFF	ON	OFF
7	3.2	OFF	ON	ON	OFF
8	3.5	ON	ON	ON	OFF
9	3.8	OFF	OFF	OFF	ON
10	4.1	ON	OFF	OFF	ON
11	4.4	OFF	ON	OFF	ON
12	4.6	ON	ON	OFF	ON
13	4.9	OFF	OFF	ON	ON
14	5.2	ON	OFF	ON	ON
15	5.5	OFF	ON	ON	ON
16	6.0	ON	ON	ON	ON

SW5 设置为 OFF 状态（静态电流半流），当步进电动机上电后，即使静止时也保持自动半流的锁紧状态，可锁定机械手的停止位置。

三、搬运站机械手运动包络

1. 包络中脉冲个数

搬运站机械手各站间的行走路程如图 2-39 所示，机械手前进需要 3 个包络（包络 0～包络 2），后退需要高速和低速两个包络（包络 3、包络 4）。

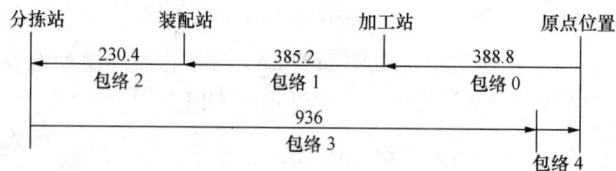

图 2-39　搬运站机械手行走路程（单位：mm）

步进电动机同步轮齿距为 3mm，共 24 个齿，步进电动机每转一圈，机械手移动 72mm，驱动器细分步数设置为 10 000 步/圈，即每步机械手位移 0.0072mm。

包络 0 脉冲步数：388.8/0.0072＝54 000；

包络 1 脉冲步数：385.2/0.0072＝53 500；

包络 2 脉冲步数：230.4/0.0072＝32 000；

包络 3 脉冲步数：936/0.0072＝130 000；

包络 4 脉冲步数：无限制，直到机械手触碰原点位置行程开关时结束包络。

任务五

2. 包络线

包络 0~包络 3 如图 2-40 (a) 所示，属于"相对位置"模式，启动/停止频率为 600Hz，运行频率为 40 000Hz；包络 4 如图 2-40 (b) 所示，属于"单速连续旋转"模式，启动/停止频率为 600Hz，运行频率为 18 000Hz。

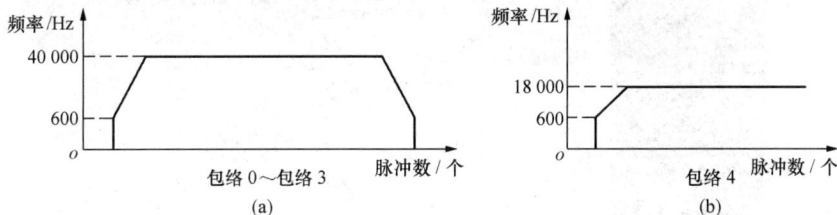

图 2-40 搬运站机械手运动包络

(a) 相对位置；(b) 单速连续旋转

四、应用位置指令向导建立包络子程序

应用位置指令向导可以配置多段 PTO 包络，也可以将包络配置成单一速度连续输出。

1. 打开位置控制向导

运行编程软件 STEP 7-Micro/WIN V 4.0 后，在主界面中单击菜单栏中的"工具"→"位置控制向导"选项，如图 2-41 所示。

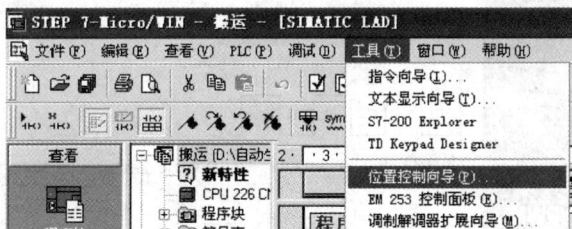

图 2-41 应用位置指令向导建立包络 (一)

2. 选择配置 PTO 操作

选中"配置 ST-200PLC 内置 PTO/PWM 操作"复选框，如图 2-42 所示。

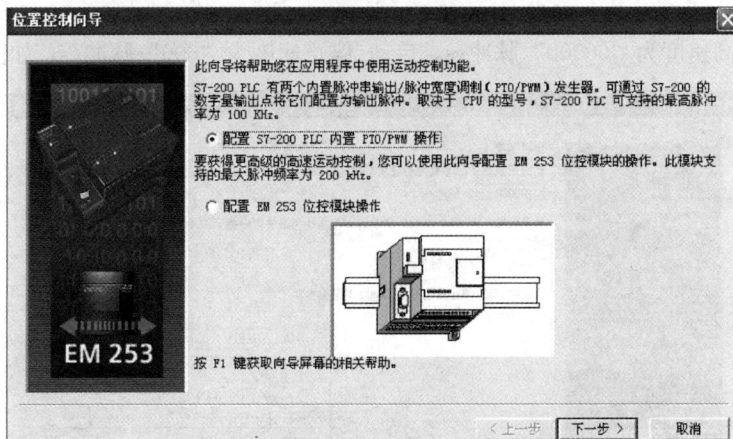

图 2-42 应用位置指令向导建立包络 (二)

3. 选择脉冲输出端

选择脉冲输出端 Q0.0 选项，如图 2-43 所示。

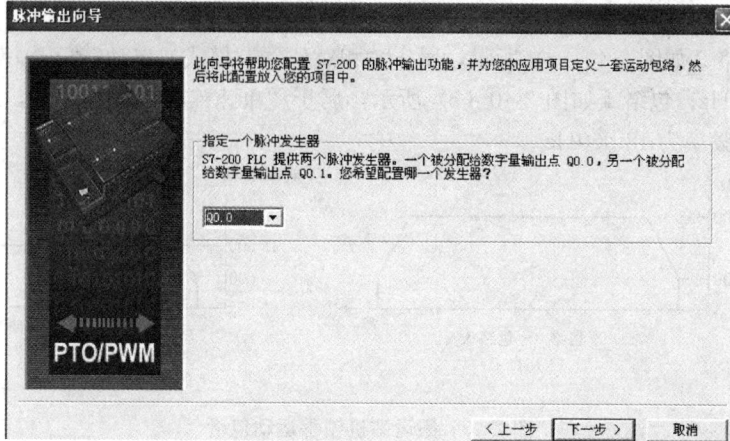

图 2-43 应用位置指令向导建立包络（三）

4. 选择 PTO

选择"线性脉冲串输出（PTO)"选项，如图 2-44 所示。

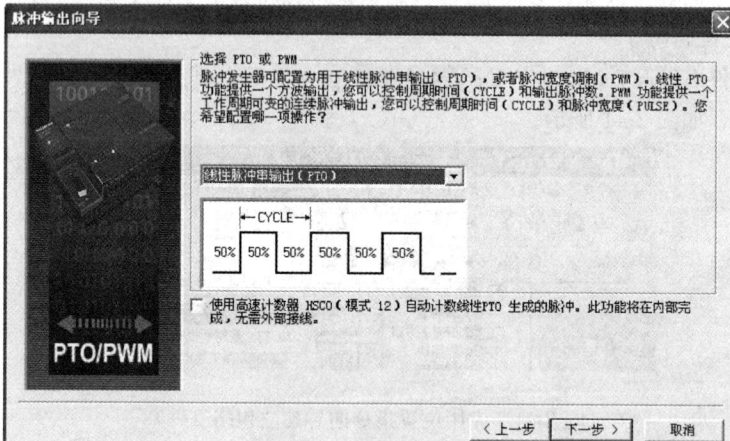

图 2-44 应用位置指令向导建立包络（四）

5. 设定电动机最高速度和启动/停止速度

设定电机最高速度为"90000"脉冲/s，启动/停止速度为"600"脉冲/s，如图 2-45 所示。

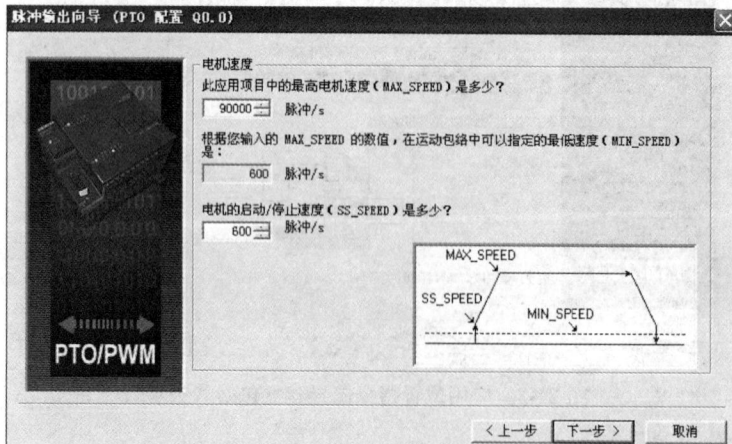

图 2-45 应用位置指令向导建立包络（五）

6. 设定电动机加速时间和减速时间

设定电动机加速时间为"1500"ms 和减速时间为"1500"ms,如图 2-46 所示。

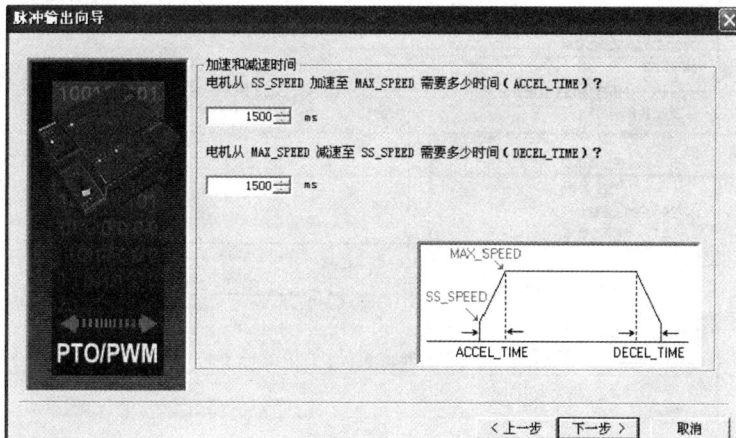

图 2-46 应用位置指令向导建立包络(六)

7. 设定包络 0

设定包络 0 为"相对位置"操作模式,目标速度为"40000"脉冲/s,总步数为"54000",如图 2-47 所示。

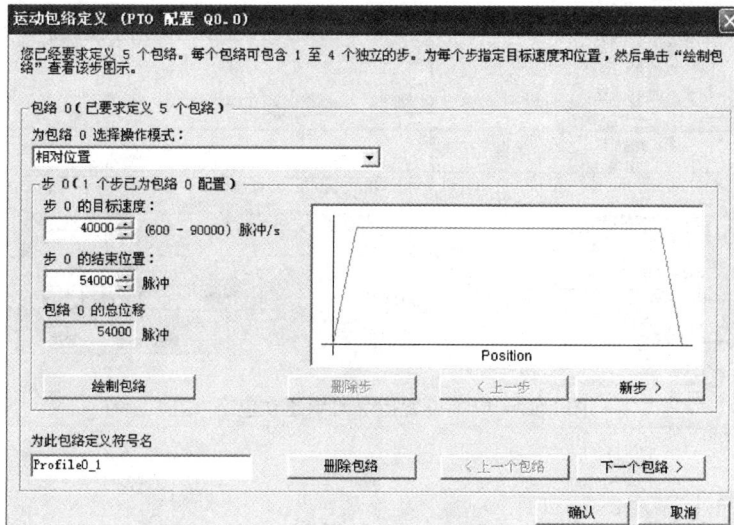

图 2-47 应用位置指令向导建立包络(七)

8. 设定包络 1

设定包络 1 为"相对位置"操作模式,目标速度为"40000"脉冲/s,总步数为"53500",如图 2-48 所示。

9. 设定包络 2

设定包络 2 为"相对位置"操作模式,目标速度为"40000"脉冲/s,总步数为"32000",如图 2-49 所示。

10. 设定包络 3

设定包络 3 为"相对位置"操作模式,目标速度为"40000"脉冲/s,总步数为"130000",

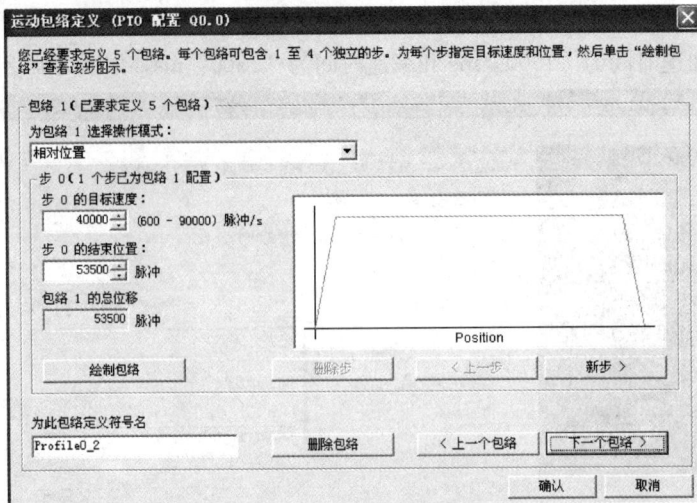

图 2-48　应用位置指令向导建立包络（八）

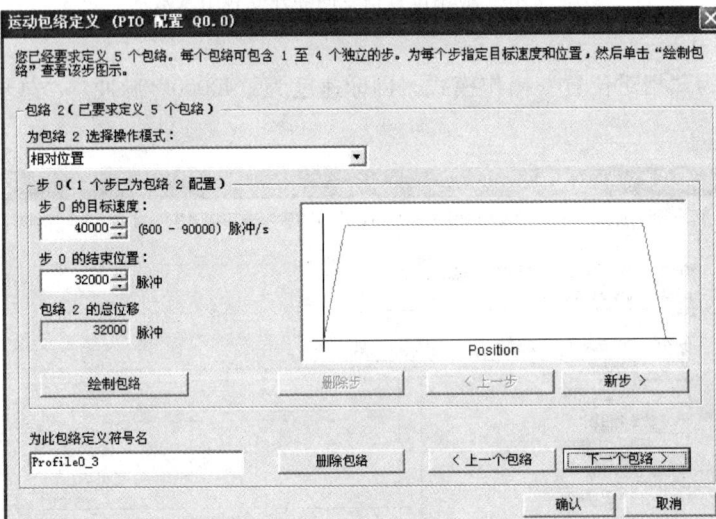

图 2-49　应用位置指令向导建立包络（九）

如图 2-50 所示。

11. 设定包络 4

设定包络 4 为"单速连续旋转"操作模式，目标速度为"18000"脉冲/s，如图 2-51 所示。

12. 为包络配置分配存储器

默认程序建议的存储器地址范围为 VB0～VB225，单击"下一步"按钮。

13. 脉冲输出向导配置结束

脉冲输出向导配置完毕，自动产生 3 个包络子程序，分别是"子程序'PTO 0 _ CTRL'"、"子程序'PTO 0 _ MAN'"、"子程序'PTO 0 _ RUN'"。单击"完成"按钮，结束向导，如图 2-52 所示。

(1) PTO 0 _ CTRL：控制使能 PTO 的输出，立即停止或减速停止 PTO 的输出。

(2) PTO 0 _ MAN：手动控制不同速度 PTO 的输出。

(3) PTO 0 _ RUN：控制向导中配置好的一个包络。

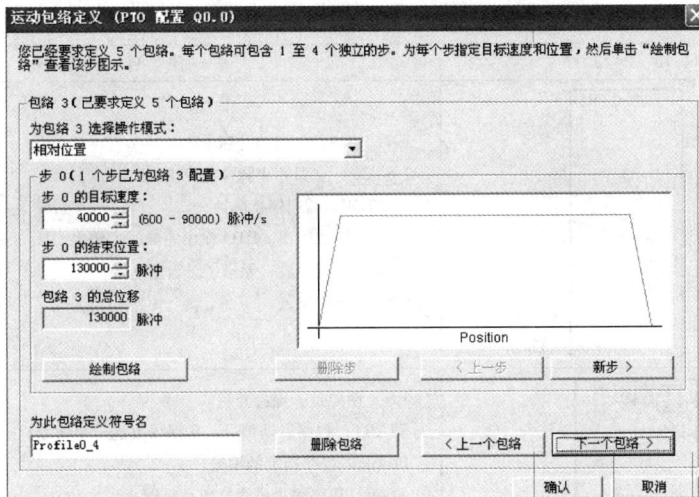

图 2-50 应用位置指令向导建立包络（十）

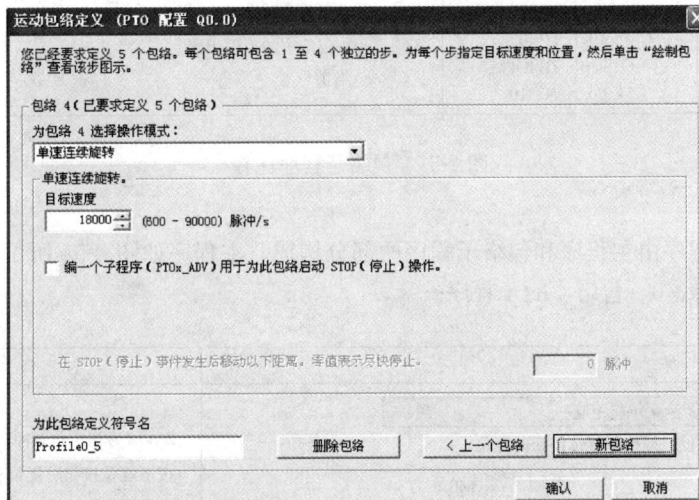

图 2-51 应用位置指令向导建立包络（十一）

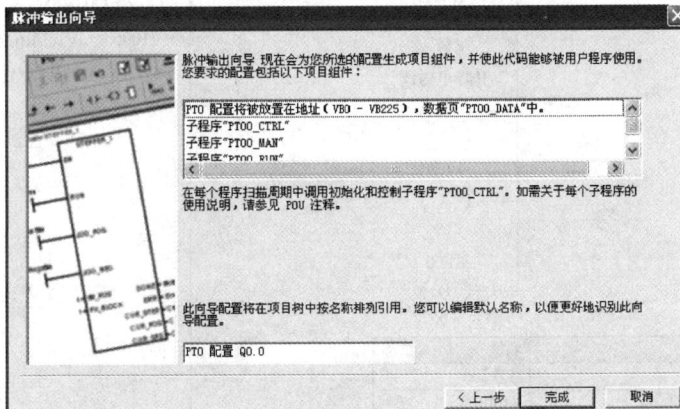

图 2-52 应用位置指令向导建立包络（十二）

14. 包络子程序注释（见图 2-53）

包 络 子 程 序	注 释
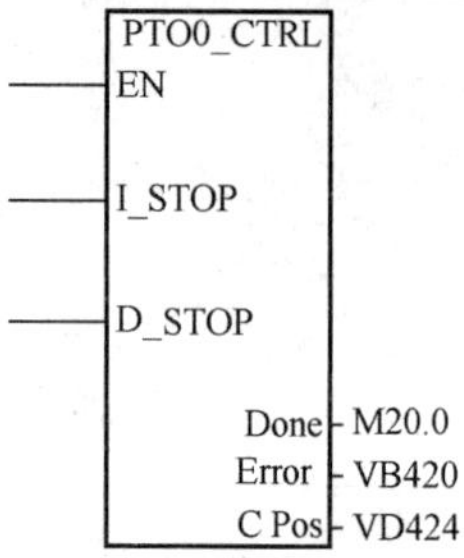 PTO0_CTRL EN I_STOP D_STOP Done — M20.0 Error — VB420 C Pos — VD424	EN：使能位，保持开启； I_STOP：立即停止脉冲的发出； D_STOP：减速停止脉冲； Done：完成输出。PTO 输出完成时，输出 ON； Error：错误参数，无错误时输出 0； CPos：当前位置
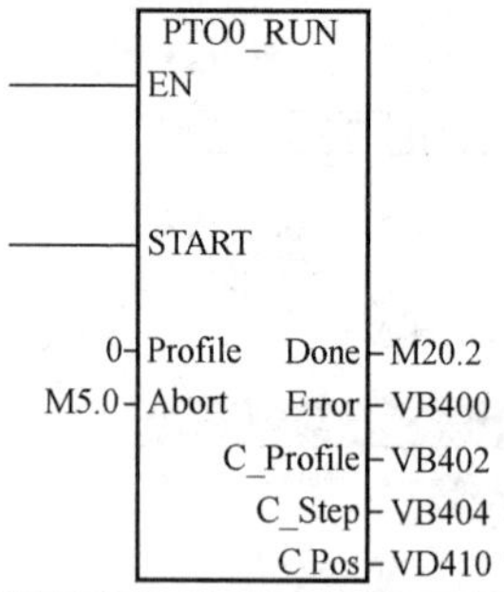 PTO0_RUN EN START 0 — Profile Done — M20.2 M5.0 — Abort Error — VB400 C_Profile — VB402 C_Step — VB404 C Pos — VD410	EN：使能位，保持开启； START：包络启动信号，确保仅发送一个命令； Profile：包络指定的编号； Abort：包络终止命令，电动机停止； Done：完成输出。PTO 输出完成时，输出 ON； Error：错误参数，无错误时输出 0； C_Profile：当前包络； C_Step：包络中的当前步骤； CPos：当前位置

图 2-53　包络子程序注释

五、PLC 程序

搬运站 PLC 程序由主程序和包络子程序两部分构成，主程序如图 2-54 所示。在主程序中根据需要调用对应包络 0～包络 4 的子程序。

梯 形 图	注 释
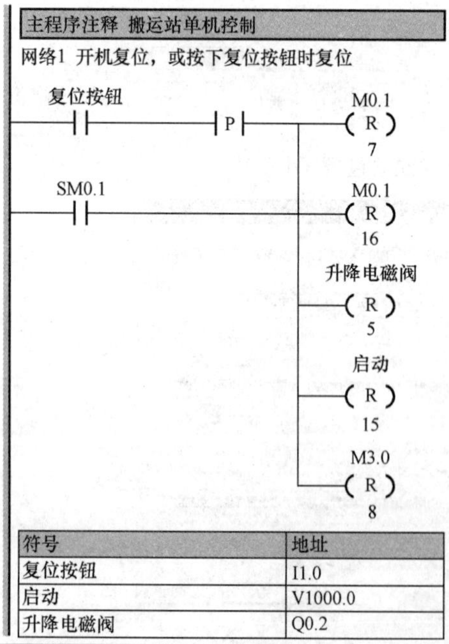 **主程序注释 搬运站单机控制** 网络1 开机复位，或按下复位按钮时复位 复位按钮　　　　　　　　M0.1 —┤├——┤P├——（R） 　　　　　　　　　　　　7 SM0.1　　　　　　　　　M0.1 —┤├—————————（R） 　　　　　　　　　　　　16 　　　　　　　　　升降电磁阀 　　　　　　　　　—（R） 　　　　　　　　　　5 　　　　　　　　　启动 　　　　　　　　　—（R） 　　　　　　　　　　15 　　　　　　　　　M3.0 　　　　　　　　　—（R） 　　　　　　　　　　8	SM0.1为初始化脉冲，开机复位， 按下复位按钮时复位； M0.1～M0.7共7个复位； M1.0～M2.7共16个复位； Q0.2～Q0.6共5个复位； V1000.0～V1001.6共15个复位； M3.0～M3.7共8个复位
符号 | 地址 复位按钮 | I1.0 启动 | V1000.0 升降电磁阀 | Q0.2	

图 2-54　搬运站 PLC 主程序（一）

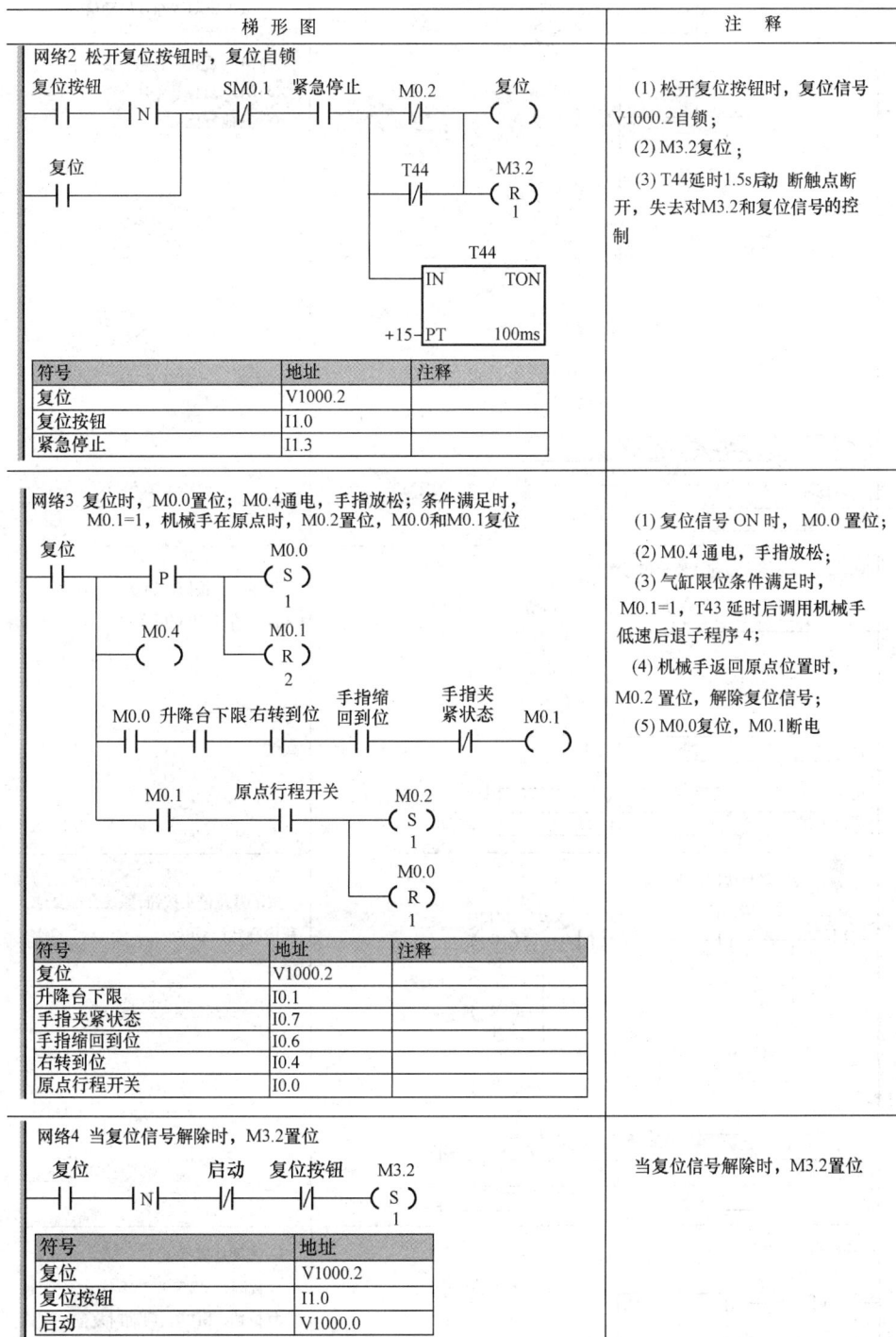

梯 形 图	注 释

网络2 松开复位按钮时，复位自锁

复位按钮 —| |— —N— SM0.1 —| |— 紧急停止 —| |— M0.2 —|/|— 复位 —( )

复位 —| |—

T44 —|/|— M3.2 —(R)— 1

```
        T44
      ┌──────────┐
      │ IN    TON│
 +15 ─┤ PT  100ms│
      └──────────┘
```

(1) 松开复位按钮时，复位信号 V1000.2 自锁；

(2) M3.2 复位；

(3) T44 延时 1.5s 后启动 断触点断开，失去对 M3.2 和复位信号的控制

符号	地址	注释
复位	V1000.2	
复位按钮	I1.0	
紧急停止	I1.3	

网络3 复位时，M0.0 置位；M0.4 通电，手指放松；条件满足时，M0.1=1，机械手在原点时，M0.2 置位，M0.0和M0.1复位

复位 —| |— —P— M0.0 —(S)— 1

M0.4 —( )— M0.1 —(R)— 2

M0.0 —| |— 升降台下限 —| |— 右转到位 —| |— 手指缩回到位 —| |— 手指夹紧状态 —|/|— M0.1 —( )

M0.1 —| |— 原点行程开关 —| |— M0.2 —(S)— 1

M0.0 —(R)— 1

(1) 复位信号 ON 时，M0.0 置位；

(2) M0.4 通电，手指放松；

(3) 气缸限位条件满足时，M0.1=1，T43 延时后调用机械手低速后退子程序4；

(4) 机械手返回原点位置时，M0.2 置位，解除复位信号；

(5) M0.0 复位，M0.1 断电

符号	地址	注释
复位	V1000.2	
升降台下限	I0.1	
手指夹紧状态	I0.7	
手指缩回到位	I0.6	
右转到位	I0.4	
原点行程开关	I0.0	

网络4 当复位信号解除时，M3.2 置位

复位 —| |— —N— 启动 —|/|— 复位按钮 —|/|— M3.2 —(S)— 1

当复位信号解除时，M3.2 置位

符号	地址
复位	V1000.2
复位按钮	I1.0
启动	V1000.0

图 2-54 搬运站 PLC 主程序（二）

任务五

梯 形 图	注 释
网络5 按下启动按钮，启动信号置位 启动按钮　　M3.2　　　启动 ├┤├──────┤├──────(S) 　　　　　　　　　　　　　1 　　　　　　停止　　　　M0.2 　　　　　├┤├──────(R) 　　　　　　　　　　　　　1 　　　　　　　　　　　　停止 　　　　　　　　　　　(R) 　　　　　　　　　　　　2 　　　　　　　　　　　M1.0 　　　　　　　　　　　(S) 　　　　　　　　　　　　1 　　　　　　　　　　　M1.1 　　　　　　　　　　　(R) 　　　　　　　　　　　15 　　　　　　　　　　　M3.2 　　　　　　　　　　　(R) 　　　　　　　　　　　　1	(1) 按下启动按钮，启动信号 V1000.0置位； (2) M1.0置位，计数器复位； (3) M3.2复位； (4) 其他复位
符号 | 地址 启动 | V1000.0 启动按钮 | I1.1 停止 | V1000.1	
网络6 按下停止按钮，停止信号置位 停止按钮　　启动　　　　启动 ├┤├──────┤├──────(R) 　　　　　　　　　　　　　1 　　　　　　　　　　　　停止 　　　　　　　　　　　(S) 　　　　　　　　　　　　1	按下停止按钮，启动信号复位； 停止信号V1000.1置位
符号 | 地址 启动 | V1000.0 停止 | V1000.1 停止按钮 | I1.2	
网络7 按下紧急按钮，全部复位 SM0.0　　紧急停止 ├┤├──────┤/├────┤P├──(R)　M1.0 　　　　　　　　　　　　　　　16 　　　　　　　　　　　　　　　M3.2 　　　　　　　　　　　　　(R) 　　　　　　　　　　　　　　1 　　　　　紧急停止　　0 　　　　├┤/├──(JMP) 　　　　　　　　　　　　　启动 　　　　　　　　　　　　(R) 　　　　　　　　　　　　　3	按下紧急停止按钮，系统全部复位， 程序跳转标号0处
符号 | 地址 | 注释 紧急停止 | I1.3 | 启动 | V1000.0 |	
网络8 C0计数器 M2.3　　　　　C0 ├┤├────┤CU　CTU M1.0 ├┤├────┤R 　　　　5─┤PV	C0增加计数器： 计数端：M2.3； 复位端：M1.0，启动时复位 C0=0，机械手前往加工站； C0=1，机械手前往装配站； C0=2，机械手前往分拣站

图 2-54 搬运站 PLC 主程序（三）

梯 形 图	注 释
网络9 移位寄存器指令SHRB	移位寄存器指令SHRB。

梯形图部分：

网络9 移位寄存器指令SHRB

```
  M1.0      启动          ┌─────SHRB─────┐
  ─┤├───────┤├──────────┤EN         ENO├
                         │              │
  M1.1      SM0.0        │              │
  ─┤├───────┤├─────M3.0─┤DATA          │
                    M1.0─┤S_BIT         │
                     +16─┤N             │
  M1.2    手指伸出到位    └──────────────┘
  ─┤├───────┤├──

  M1.3       T38
  ─┤├───────┤├──

  M1.4     升降台上限
  ─┤├───────┤├──

  M1.5    手指缩回到位
  ─┤├───────┤├──

  M1.6       M3.1
  ─┤├───────┤├──
           左转到位
           ─┤├──

  M1.7      M21.0
  ─┤├───────┤├──

  M2.0    手指伸出到位
  ─┤├───────┤├──

  M2.1       T46
  ─┤├───────┤├──

  M2.2       T39
  ─┤├───────┤├──

  M2.3    手指缩回到位
  ─┤├───────┤├──

  M2.4      M20.5
  ─┤├───────┤├──

  M2.5    原点行程开关
  ─┤├───────┤├──
```

符号	地址
启动	V1000.0
升降台上限	I0.2
手指伸出到位	I0.5
手指缩回到位	I0.6
原点行程开关	I0.0
左转到位	I0.3

注释部分：

移位寄存器指令SHRB。

(1) 当按下启动按钮后，M1.0置位，C0计数器复位，M1.1=1；

(2) SM0.0=1，M1.2=1，手指伸出电磁阀置位；

(3) 如果手指伸出到位，M1.3=1，手指夹紧电磁阀通电；

(4) 手指夹紧状态时，T38延时后，M1.4=1，升降电磁阀置位；

(5) 如果升降台上限，M1.5=1，手指伸出电磁阀复位；

(6) 如果手指缩回到位，M1.6=1，当C0为0、1时，M3.1=1；旋转电磁阀断电；
当C0为2时，M3.1=0，旋转电磁阀置位；

(7) 如果M3.1=1或左转到位，M1.7=1，根据C0参数调用3个前进子程序之一；

(8) 当前进子程序结束时，M21.0=1，M2.0=1，手指伸出电磁阀置位；

(9) 如果手指伸出到位，M2.1=1，升降电磁阀复位；

(10) 当升降台到达下限位置时，T46延时后，M2.2=1，手指放松电磁阀复位，T39延时；

(11) T39延时时间到，M2.3=1，手指伸出电磁阀复位，C0计数器加1；

(12) 如果手指缩回到位，M2.4=1，当C0为0、1、2时，M1.1置位，M1.2～M3.1复位，移位寄存器重新开始移位；
当机械手从分拣站返回时，M2.4调用高速后退程序3；子程序3结束时，M20.5=1，M2.5=1；

(13) M20.5=1，调用低速后退子程序4，机械手触碰原点行程开关时；M2.6=1

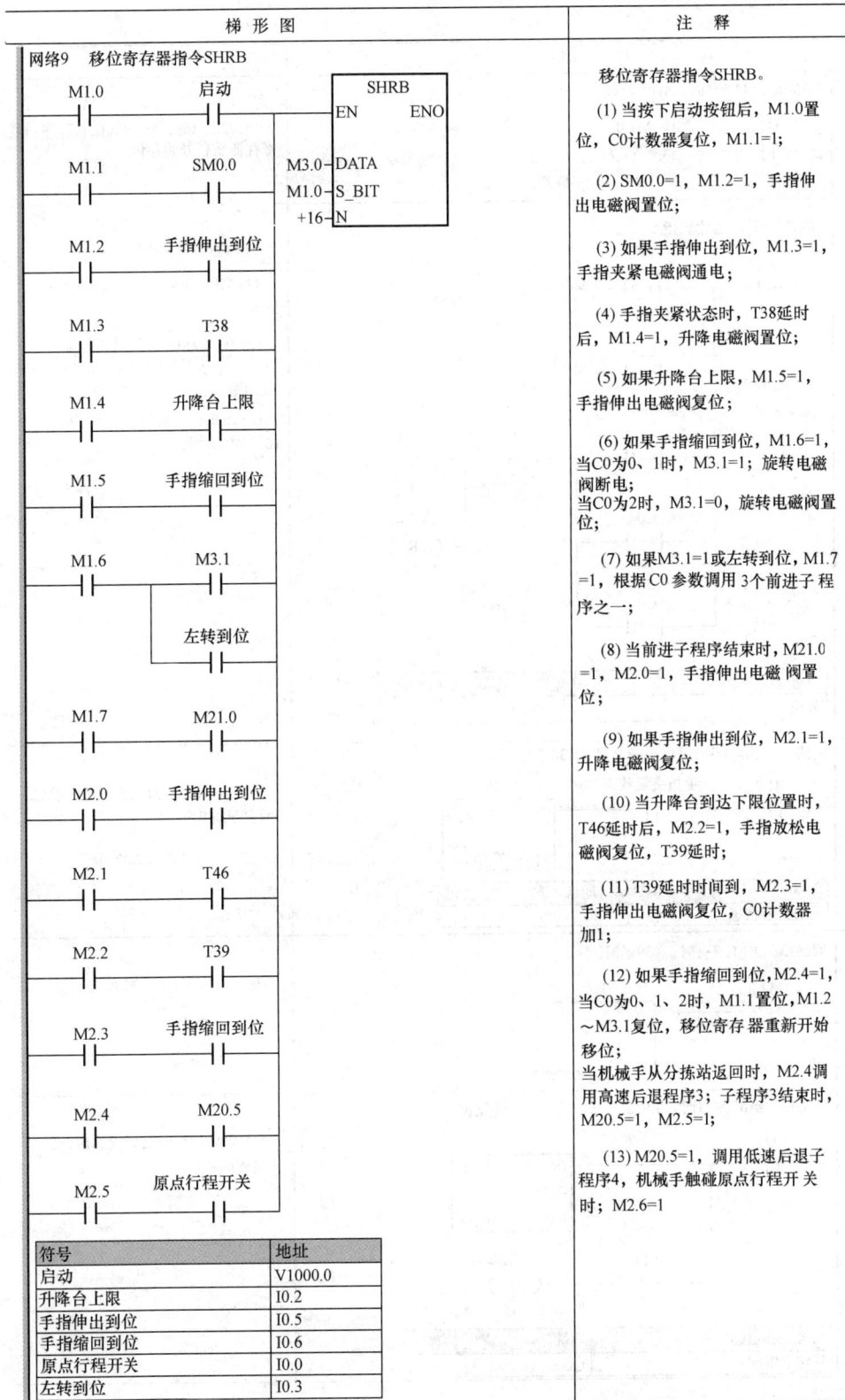

图 2-54 搬运站 PLC 主程序（四）

梯　形　图	注　释
网络10　M2.6=1时，M1.0置位 　　M2.6　　　　　　　M1.0 　　─┤├─────────(S) 　　　　　　　　　　　　　1	当M2.6=1时，M1.0置位，程序寄存器重新开始移位
网络11　计数器比较指令 　复位　　　　C0　　　　M1.6　　　　M3.1 　─┤/├──┬──┤==I├──┤├──────( ) 　　　　　│　　0 　　　　　├──┤==I├ 　　　　　│　C0 　　　　　│　　1 　　　　　│　　C0　　　　M2.4　　　　M1.1 　　　　　├──┤==I├──┤├──────(S) 　　　　　│　　0　　　　　　　　　　　1 　　　　　│　　　　　　　　　　　　　M1.2 　　　　　│　C0　　　　　　　　　　(R) 　　　　　├──┤==I├　　　　　　　　16 　　　　　│　　1 　　　　　│　C0 　　　　　└──┤==I├ 　　　　　　　　2 | 符号	地址	注释 | 复位 | V1000.2 |	计数器当前值比较指令。 　(1) 当C0为0、1时，如果M1.6=1，则M3.1=1； 　(2) 当C0为0、1、2时，如果M2.4=1，则M1.1置位，M1.2～M3.1复位； 　(3) 当机械手从分拣站返回时，比较指令OFF
网络12　当M1.3=1时，手指夹紧，T38延时0.5s 　M1.3　　　手指夹紧状态　　　　T38 　─┤├──────┤├───┤IN　　TON├ 　　　　　　　　　　　　5─┤PT　100ms│ | 符号	地址	注释 | 手指夹紧状态 | I0.7 |	当M1.3=1时，如果手指夹紧状态，则T38延时0.5s
网络13　当M2.2=1时，T39延时0.5s 　M2.2　　　　　　　T39 　─┤├─────┤IN　　TON├ 　　　　　　　　5─┤PT　100ms│	当M2.2=1时，T39延时0.5s
网络14　当M2.4=1时，T40延时2s，旋转电磁阀复位 　M2.4　　　　　　　T40 　─┤├──┬────┤IN　　TON├ 　　　　　│　　20─┤PT　100ms│ 　　　　　│ 　　　　　│　T40　　　旋转电磁阀 　　　　　└──┤├──────(R) 　　　　　　　　　　　　　1 | 符号	地址	注释 | 旋转电磁阀 | Q0.3 |	当M2.4=1时，T40延时2s后，旋转电磁阀复位

图 2-54　搬运站 PLC 主程序（五）

任务五

梯　形　图	注　释

网络 15　当 M2.1=1 时，如果升降台在下限，T46 延时 0.5s

```
    M2.1      升降台下限              T46
    ─┤├───────┤├──────────┤IN    TON│
                              │         │
                         +5 ─┤PT   100 ms│
```

当 M2.1=1 时，如果升降台在下限，T46 延时 0.5s

符号	地址	注释
升降台下限	I0.1	

网络 16　步进电动机方向与电磁阀控制

```
   SM0.0      M0.1      步进方向 DIR
   ─┤├────────┤├─────────( )
              M2.4
              ─┤├─
              M2.5
              ─┤├─
              M1.2      手指伸出电磁阀
              ─┤├─────────( S )
                            1
              M2.0
              ─┤├─
              M1.5      手指伸出电磁阀
              ─┤├─────────( R )
                            1
              M2.3
              ─┤├─
              M1.3      手指夹紧电磁阀
              ─┤├─────────( )
              M2.2      手指放松电磁阀
              ─┤├─────────( )
              M0.4
              ─┤├─
              M1.4      升降电磁阀
              ─┤├─────────( S )
                            1
              M2.1      升降电磁阀
              ─┤├─────────( R )
                            1
              M1.6   M3.1   旋转电磁阀
              ─┤├────┤/├──────( S )
                                1
```

步进电动机方向与电磁阀控制。

(1) 当 M0.1 或 M2.4 或 M2.5=1 时，步进电动机方向 DIR 通电，机械手后退；

(2) 当 M1.2 或 M2.0=1 时，手指伸出电磁阀置位；

(3) 当 M1.5 或 M2.3=1 时，手指伸出电磁阀复位；

(4) 当 M1.3=1 时，手指夹紧电磁阀通电；

(5) 当 M2.2 或 M0.4=1 时，手指放松电磁阀通电；

(6) 当 M1.4=1 时，工作台升降电磁阀置位；

(7) 当 M2.1=1 时，工作台升降电磁阀复位；

(8) 当 M1.6=1 时，如果 M3.1 通电，旋转电磁阀不通电；如果 M3.1 断电，旋转电磁阀置位

符号	地址	注释
步进方向 DIR	Q0.1	
升降电磁阀	Q0.2	
手指放松电磁阀	Q0.6	
手指夹紧电磁阀	Q0.5	
手指伸出电磁阀	Q0.4	
旋转电磁阀	Q0.3	

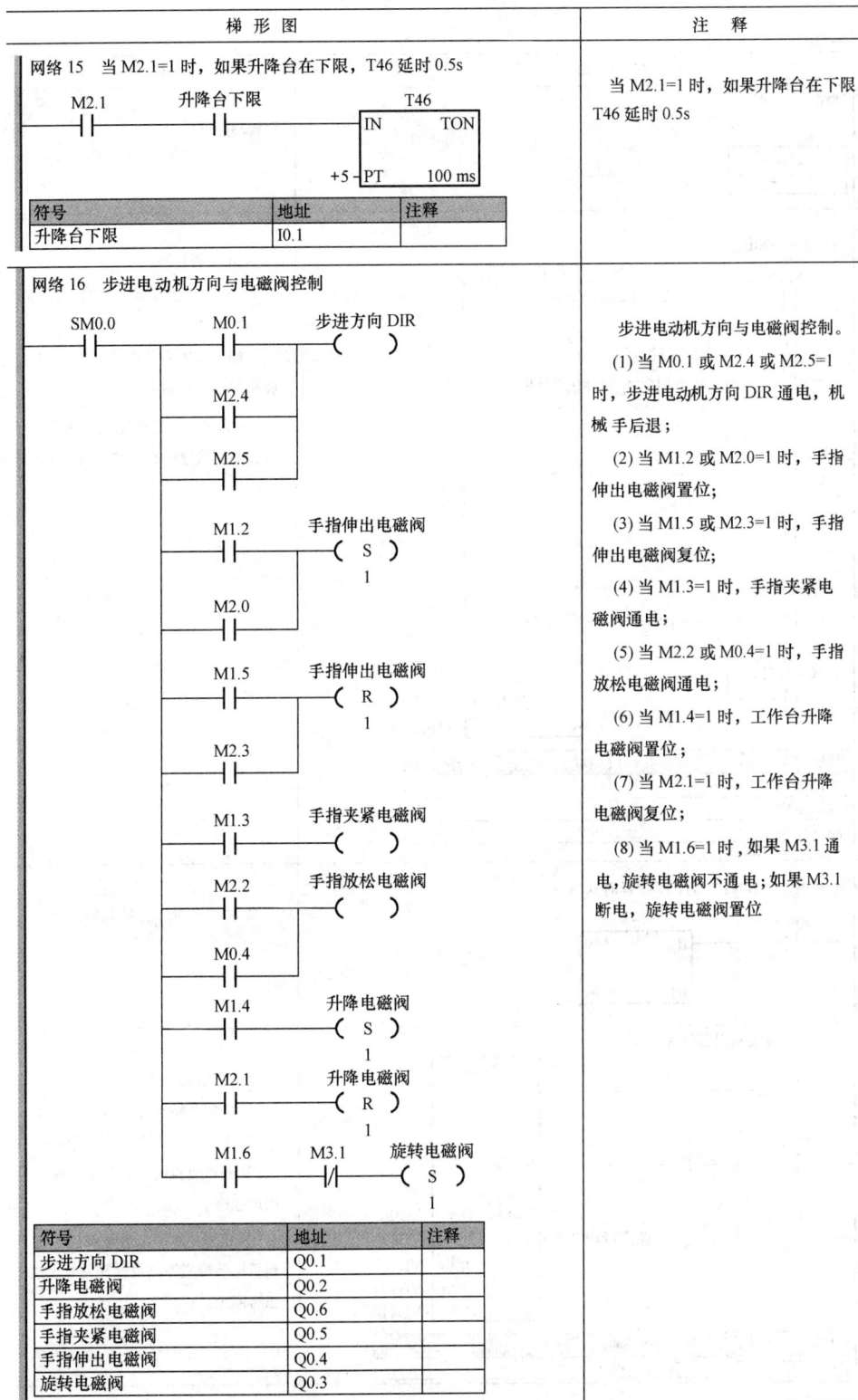

图 2-54　搬运站 PLC 主程序（六）

梯 形 图	注 释
网络 17 标号 0 0 LBL	标号 0 处
网络 18 停止包络 SM0.0 —┤├— EN [PTO0_CTRL] M0.1 —┤├— 原点行程开关 —┤├— I_STOP M2.5 —┤├— M1.0 —┤├— 复位按钮 —┤├— ┤P├— D_STOP 紧急停止 —┤├— Done — M20.0 Error — VB420 C Pos — VD424 表格: | 符号 | 地址 | 注释 | | 复位按钮 | I1.0 | | | 紧急停止 | I1.3 | | | 原点行程开关 | I0.0 | |	停止控制包络: (1) SM0.0 始终为 1,EN 使能; (2) 当 M0.1 或 M2.5 或 M1.0=1 时,如果机械手在原点位置,立即停止包络,机械手停止; (3) 当按下复位按钮或紧急停止按钮时,减速停止包络,机械手降速停止
网络 19 当 M0.1=1 时,T43 延时 0.2s M0.1 —┤├— [T43 IN TON] 2 — PT 100 ms	当 M0.1=1 时,T43 延时 0.2s
网络 20 低速后退包络 4 SM0.0 —┤├— EN [PTO0_RUN] M2.5 —┤├— ┤P├— START T43 —┤├— 4 — Profile Done — M20.1 原点行程开关 — Abort Error — VB400 C_Profile — VB402 C_Step — VB404 C Pos — VD410 表格: | 符号 | 地址 | 注释 | | 原点行程开关 | I0.0 | |	低速后退包络 4: (1) SM0.0 始终为 1,EN 使能; (2) 当 M2.5=1 时,调用该包络; (3) 开机复位时,T43 延时后调用该包络; (4) 包络 4 脉冲个数无限制,直到机械手触碰原点位置开关时,该包络停止,机械手停止移动

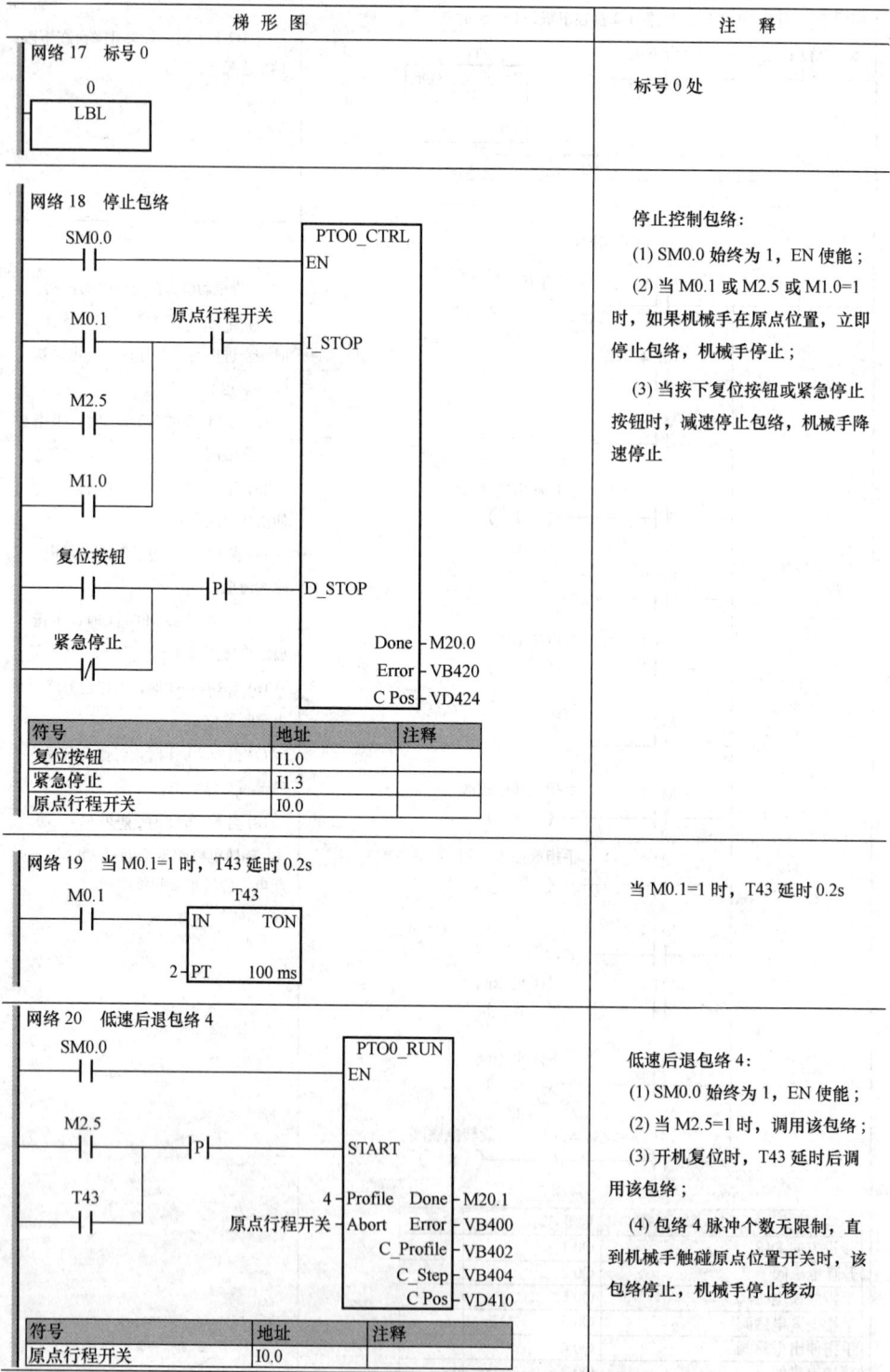

图 2-54 搬运站 PLC 主程序(七)

任务五

梯 形 图	注 释
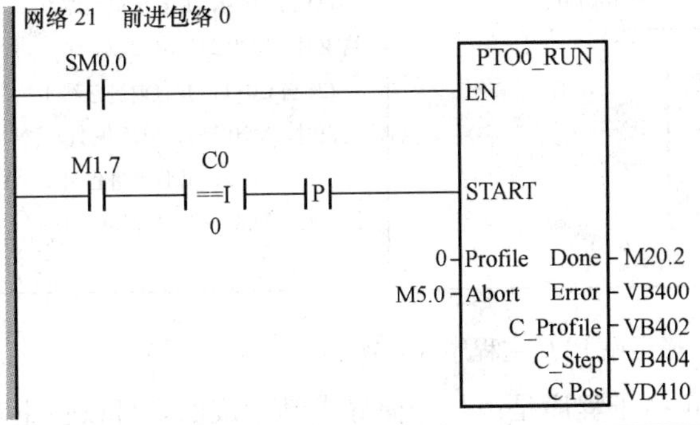 **网络 21 前进包络 0** SM0.0 —┤├— EN PTO0_RUN M1.7 —┤├— C0 ==I 0 —┤P├— START 0 — Profile Done — M20.2 M5.0 — Abort Error — VB400 C_Profile — VB402 C_Step — VB404 C Pos — VD410	前进包络 0: (1) SM0.0 始终为 1，EN 使能； (2) 当 M1.7=1，并且 C0=0 时，调用该包络，机械手前进至加工站； (3) 包络 0 脉冲个数为 54 000
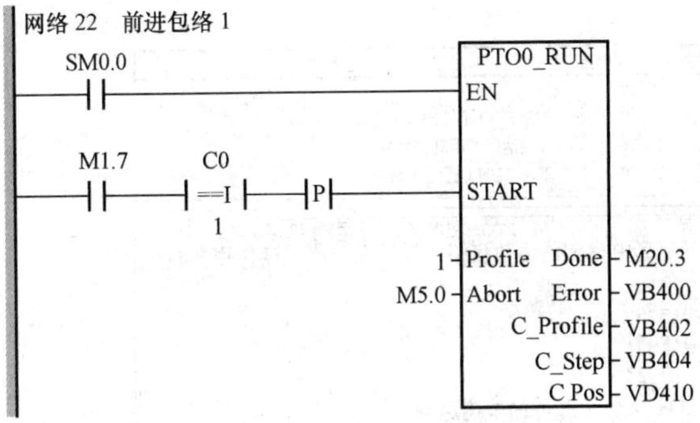 **网络 22 前进包络 1** SM0.0 —┤├— EN PTO0_RUN M1.7 —┤├— C0 ==I 1 —┤P├— START 1 — Profile Done — M20.3 M5.0 — Abort Error — VB400 C_Profile — VB402 C_Step — VB404 C Pos — VD410	前进包络 1: (1) SM0.0 始终为 1，EN 使能； (2) 当 M1.7=1，并且 C0=1 时，调用该包络，机械手前进至装配站； (3) 包络 1 脉冲个数为 53 500
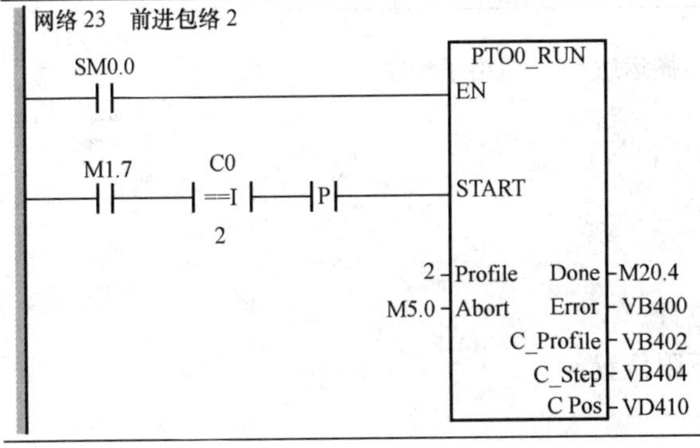 **网络 23 前进包络 2** SM0.0 —┤├— EN PTO0_RUN M1.7 —┤├— C0 ==I 2 —┤P├— START 2 — Profile Done — M20.4 M5.0 — Abort Error — VB400 C_Profile — VB402 C_Step — VB404 C Pos — VD410	前进包络 2: (1) SM0.0 始终为 1，EN 使能； (2) 当 M1.7=1，并且 C0=2 时，调用该包络，机械手前进至分拣站； (3) 包络 2 脉冲个数为 32 000
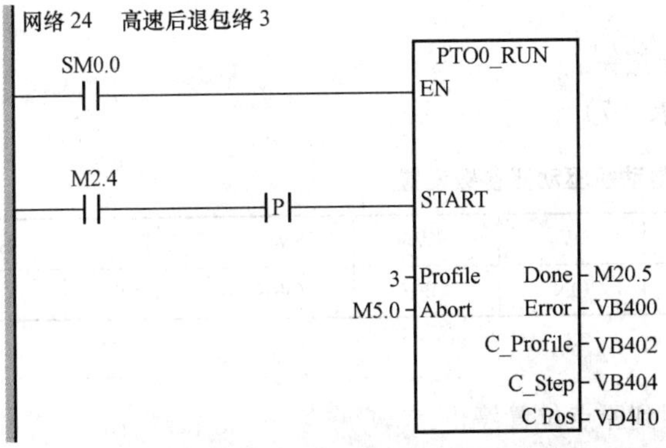 **网络 24 高速后退包络 3** SM0.0 —┤├— EN PTO0_RUN M2.4 —┤├— —┤P├— START 3 — Profile Done — M20.5 M5.0 — Abort Error — VB400 C_Profile — VB402 C_Step — VB404 C Pos — VD410	高速后退包络 3: (1) SM0.0 始终为 1，EN 使能； (2) 当 M2.4=1 时，调用该包络，机械手高速后退； (3) 包络 3 脉冲个数为 130 000

任务五

图 2-54 搬运站 PLC 主程序（八）

梯 形 图	注 释
网络25 3个前进包络结束信号 SM0.0 ── M20.2 ── C0 ==I 0 ── M21.0 ( ) M20.3 ── C0 ==I 1 M20.4 ── C0 ==I 2	前进包络结束时，M21.0=1。 （1）当C0=0，并且前进包络0结束时，M20.2=1，M21.0=1； （2）当C0=1，并且前进包络1结束时，M20.3=1，M21.0=1； （3）当C0=2，并且前进包络2结束时，M20.4=1，M21.0=1

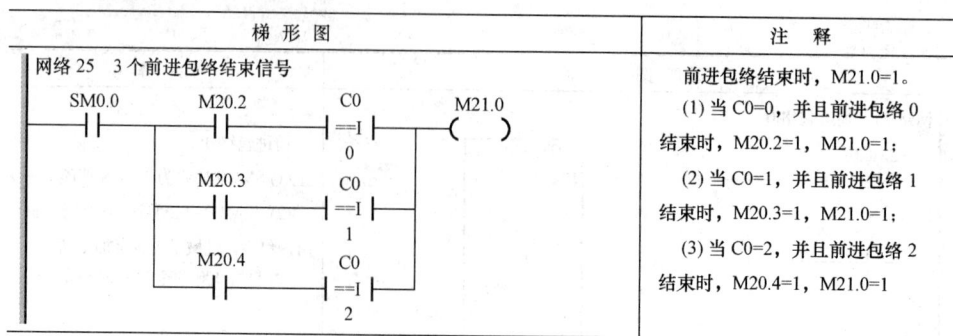

图 2-54　搬运站 PLC 主程序（九）

搬运站包络子程序如图 2-55 所示。包络子程序是由指令向导自动生成的，可以在主程序中调用，但子程序加锁保护不能展开。

	符号	变量类型	数据类型	注释
	EN	IN	BOOL	
L0.0	START	IN	BOOL	如果PTO不忙向其发送命令
LB1	Profile	IN	BYTE	需要运行的运动包络号
L2.0	Abort	IN	BOOL	取消RUN（运行）命令

此指令由PTO/PWM向导生成，用于输出点Q0.0。PTOx RUN（运行运动包络）指令用于命令线性PTO操作执行在向导配置中指定的运动包络。以下是为此项操作定义的运动包络：

包络"Profile0_1"定义一个1步相对运动。
包络"Profile0_2"定义一个1步相对运动。
包络"Profile0_3"定义一个1步相对运动。
包络"Profile0_4"定义一个1步相对运动。
包络"Profile0_5"定义一个速度为每秒13000个脉冲的单速运动

图 2-55　搬运站 PLC 包络子程序

任务实施

1. PLC 正常开机状态（见图 2-37）

（1）I0.0接通，表示机械手在原点位置。

（2）I0.1接通，表示提升工作台在下限位置。

（3）I0.4接通，表示右转到位。

（4）I0.6接通，表示手指缩回到位。

（5）I1.3接通，表示未按下紧急停止按钮。

2. 设置步进电动机驱动器参数（见表2-7）

表 2-7　　　　　　　　　　　　步进电动机驱动器参数设置

开关	SW1	SW2	SW3	SW4	SW5	SW6	SW7	SW8
状态	OFF	OFF	ON	ON	OFF	OFF	OFF	OFF

3. 操作步骤

（1）按下复位按钮，机械手自动返回到原点位置停止。

（2）按下启动按钮，机械手在供料站位置处完成工件抓取后，前进到加工站放置工件。

（3）机械手在加工站位置处完成工件抓取后，前进到装配站放置工件。

（4）机械手在装配站位置处完成工件抓取后，前进到分拣站放置工件。

任务五

（5）机械手在分拣站位置处放置工件后，后退返回供料站原点位置处，开始新的工作周期。

练习题

（1）搬运站的功能是什么？

（2）搬运站两个子程序"PTO 0＿CTRL"、"PTO 0＿RUN"的功能是什么？

（3）分别绘出搬运站 5 个运行包络图。

（4）如果机械手运行方向相反，如何调整运行方向？

模块三　自动生产线综合控制

自动生产线综合控制是指以搬运站的 PLC 为 PPI 网络主站，以供料、加工、装配、分拣站的 PLC 为 PPI 网络从站构成的主从分布式控制系统。自动生产线在网络控制下有序生产，各站之间输送工件依靠搬运站的机械手操作进行，一个生产周期的工序如下。

（1）将供料站工件库内的圆柱台阶工件送往加工站的物料台。

（2）完成钻孔加工后，把加工好的工件送往装配站的物料台。

（3）将装配站工件库内的圆环工件与圆柱台阶工件嵌套组装。

（4）把组装好的工件送往分拣站，按工件颜色分拣到不同的物料槽内。

任务一　分析搬运站程序

任务引入

搬运站 PLC 是 PPI 通信网络中的主站，需要建立和运行网络子程序。启动、停止和复位等主令信号均需要搬运站 PLC 发送至各从站事先规划的数据缓冲区，以实现对各从站 PLC 的控制。各从站在运行过程中的状态信号也需要存储到各自的数据缓冲区，以便搬运站 PLC 接收处理。因此，搬运站 PLC 除完成对本站的控制外，还要实现对整个系统的控制。

搬运站的机械手承担将待加工工件传送至各个工作站的任务。一个生产周期完成后，机械手返回原点位置，为下一个生产周期作好准备。

为了编程方便，在搬运站 PLC 控制程序中应用指令向导建立网络子程序和机械手运动包络子程序。

任务实施

一、组建 PPI 网络

在自动生产线控制系统中有 5 台 PLC 分别控制 5 个站，因为按钮/指示灯模块的开关信号连接到搬运站的 PLC 输入端，以提供系统的主令信号，因此，搬运站被指定为网络主站，其余各站均指定为从站，各站地址如图 3-1 所示。

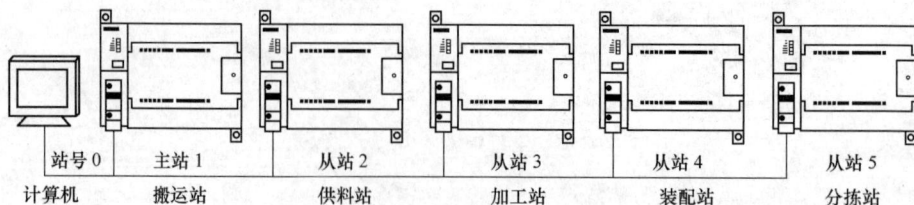

图 3-1　PPI 网络通信中各站地址

1. 向各站 PLC 下载 PPI 网络通信参数

使用 PC/PPI 电缆让计算机分别与网络中每一台 PLC 连接，进行网络地址和波特率的参数设置。网络中所有 PLC 均使用通信端口 P0，波特率为 9.6kbps。搬运、供料、加工、装配、分拣站 PLC 地址分别设置为 1、2、3、4、5。

搬运站 PLC 的通信端口 P1 连接触摸屏，网络地址为 2，波特率为 19.2kbps，其他参数默认，搬运站 PLC 通信端口 P0、P1 的设置如图 3-2 所示。

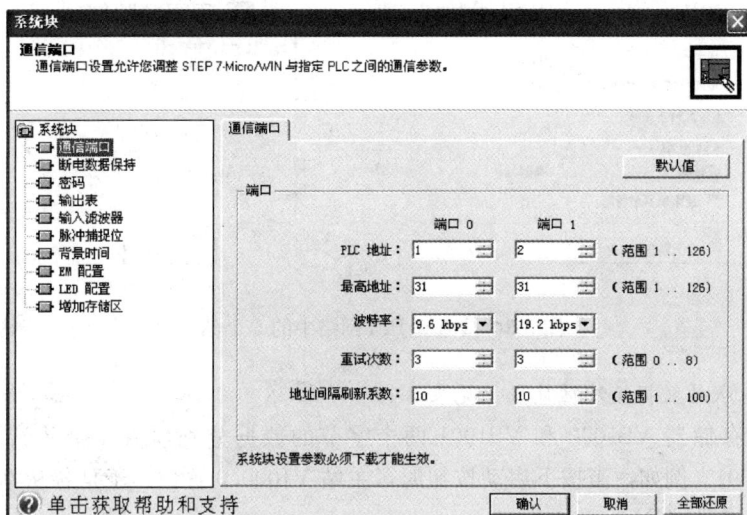

图 3-2 搬运站通信端口 P0、P1 的设置

参数设置完成后必须将数据下载到 PLC 中，在下载时要选中"系统块"选项，否则设置的参数在 PLC 中不能生效。

2. PPI 网络连接

5 台 PLC 通信参数分别设置后，使用带编程口的网络连接器和网络电缆将每台 PLC 的通信端口 P0 连接成 PPI 网络。用 PC/PPI 编程电缆连接计算机 COM1 口和主站网络连接器的编程口，各站网络连接器终端电阻均处于"OFF"状态，主站 PLC 处于"STOP"状态。

3. 检查 PPI 通信网络

利用 SETP 7-Micro/WIN V4.0 软件中的通信端口命令搜索网络中的 5 台 PLC，如果能全部搜索到，表明网络连接正常，如图 3-3 所示。

如果个别 PLC 没有搜索到，应检查通信电缆是否松动，网络连接器中两根信号线是否接触不良，PLC 的地址是否冲突，波特率设置是否正确，各站网络连接器终端电阻是否处于"OFF"状态，主站 PLC 是否处于"STOP"状态，直至全部搜索到为止。

当网络连接正常时，可通过改变远程 PLC 地址（1~5）实现计算机（本地地址为 0）与任一远程 PLC 通信，实现程序上传或下载。但在主站 PLC 处于"RUN"状态时不能实施程序状态监控。

二、设置数据缓冲区地址

数据缓冲区是主站与从站交换信息的数据存储空间，以变量存储器 V 字节为单位，网络中的每一个站都要事先规划好自己的数据缓冲区。表 3-1~表 3-5 即是自动生产线各站 PLC 的数据缓冲区地址。

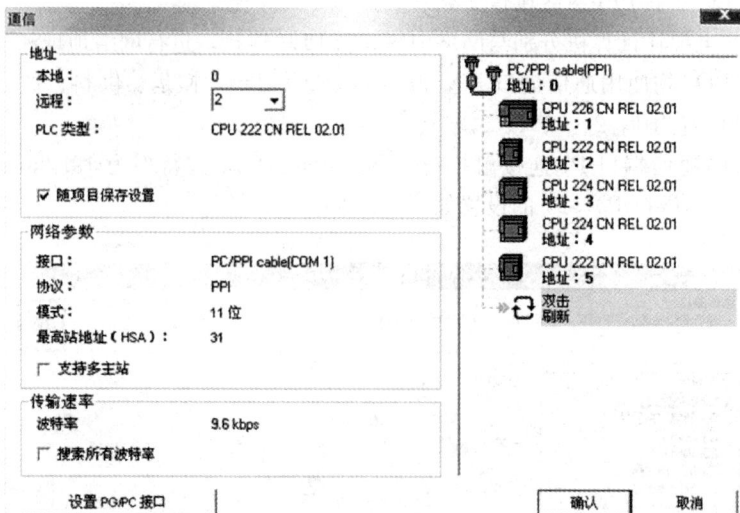

图 3-3 搜索到 PPI 网络中的 5 个站

1. 主站写入从站数据缓冲区地址（见表 3-1）

将主站变量存储器 VB1000 和 VB1001 两个字节的数据分别写入 4 个从站的变量存储器 VB1000 和 VB1001。例如，当按下启动按钮时，主站 V1000.0 置位，于是各从站的 V1000.0＝1，即各从站启动信号 ON。

表 3-1   主站写入从站数据地址

序号	主站 1（搬运站）	从站 2～从站 5	功　　能
1	V1000.0	V1000.0	启动
2	V1000.1	V1000.1	停止
3	V1000.2	V1000.2	复位
4	V1000.3	V1000.3	急停
5	V1000.4	V1000.4	周期完成信号
6	V1000.5	V1000.5	红灯
7	V1000.6	V1000.6	绿灯
8	V1000.7	V1000.7	黄灯
9	V1001.2	V1001.2	离开加工位置
10	V1001.3	V1001.3	离开装配位置
11	V1001.4	V1001.4	左转到位信号

2. 主站读取从站 2 数据缓冲区地址（见表 3-2）

主站读取从站 2 变量存储器 VB1010 字节信息到主站 VB1200 字节中。例如，当供料站复位完成后，从站 2 数据位 V1010.0＝1，于是主站数据位 V1200.0＝1。

表 3-2   主站读取从站 2（供料站）数据地址

序号	主站 1（搬运站）	从站 2（供料站）	功　能
1	V1200.0	V1010.0	供料站复位完成
2	V1200.1	V1010.1	供料站工件不够
3	V1200.2	V1010.2	供料站工件有无
4	V1200.3	V1010.3	供料台工件有无

3. 主站读取从站 3 数据缓冲区地址（见表 3-3）

主站读取从站 3 变量存储器 VB1010 字节信息到主站 VB1204 字节中。例如，当加工站物料台上有工件时，从站 3 数据位 V1010.1＝1，于是，主站数据位 V1204.1＝1。

表 3-3   主站读取从站 3（加工站）数据地址

序号	主站 1（搬运站）	从站 3（加工站）	功　能
1	V1204.0	V1010.0	加工站复位完成
2	V1204.1	V1010.1	加工台有工件
3	V1204.2	V1010.2	加工完成
4	V1204.3	V1010.3	等待加工工件

4. 主站读取从站 4 数据缓冲区地址（见表 3-4）

主站读取从站 4 变量存储器 VB1010 字节信息到主站 VB1208 字节中。例如，当装配站装配完成时，从站 4 数据位 V1010.4＝1，于是主站数据位 V1208.4＝1。

表 3-4   主站读取从站 4（装配站）数据地址

序号	主站 1（搬运站）	从站 4（装配站）	功　能
1	V1208.0	V1010.0	装配站复位完成
2	V1208.1	V1010.1	装配站工件不够
3	V1208.2	V1010.2	装配站工件有无
4	V1208.3	V1010.3	装配台工件有无
5	V1208.4	V1010.4	装配完成
6	V1208.5	V1010.5	装配等工件

5. 主站读取从站 5 数据缓冲区地址（见表 3-5）

主站读取从站 5 变量存储器 VB1010 字节信息到主站 VB1212 字节中。例如，当分拣站等工件时，从站 5 数据位 V1010.2＝1，于是主站数据位 V1212.2＝1。

表 3-5   主站读取从站 5（分拣站）数据地址

序号	主站 1（搬运站）	从站 5（分拣站）	功　能
1	V1212.0	V1010.0	分拣站复位完成
2	V1212.1	V1010.1	皮带有无工件
3	V1212.2	V1010.2	分拣等工件

三、应用网络读写指令向导建立网络子程序

利用指令向导可以方便地设置网络读/写指令，规划主从站的数据缓冲区，并自动生成网络子程序。

1. 选择网络读/写指令

运行编程软件 STEP 7-Micro/WIN V 4.0 后，在主界面中单击菜单栏中的"工具"→"指令向导"选项，选择网络读/写指令"NETR/NETW"，如图 3-4 所示。

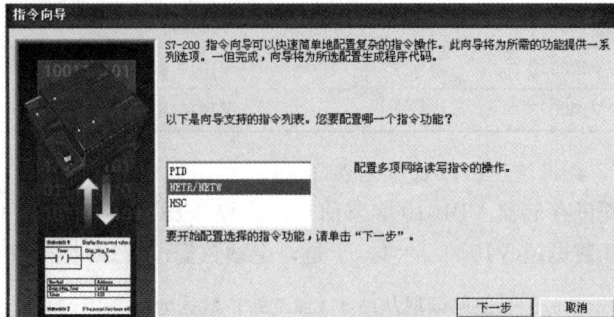

图 3-4　网络读写指令向导对话框（一）

2. 选择网络操作数

因为主站与 4 个从站均有读/写两项操作，所以网络操作数为"8"，如图 3-5 所示。

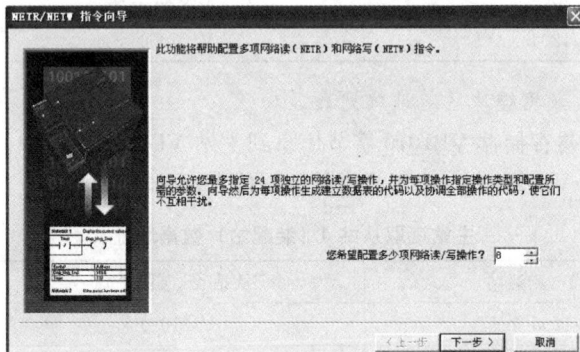

图 3-5　网络读写指令向导对话框（二）

3. 选择通信口和子程序名

设定使用的通信口，此处选择端口"0"；默认子程序名为"NET_EXE"，如图 3-6 所示。

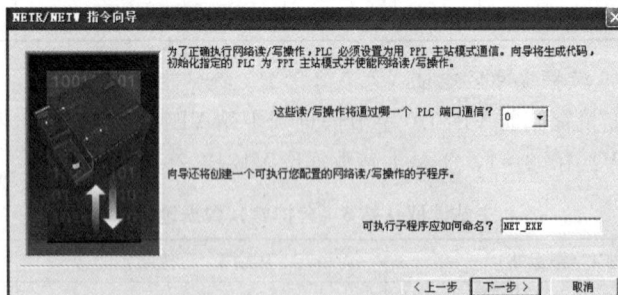

图 3-6　网络读写指令向导对话框（三）

4. 配置写操作项

如图 3-7 所示，选择写指令"NETW"操作，定义"2"个字节。将主站 PLC 字节"VB1000"和"VB1001"写入从站 2 PLC 的"VB1000"和"VB1001"字节。单击"下一项操作"按钮，以相同的方法配置从站 3、4、5。

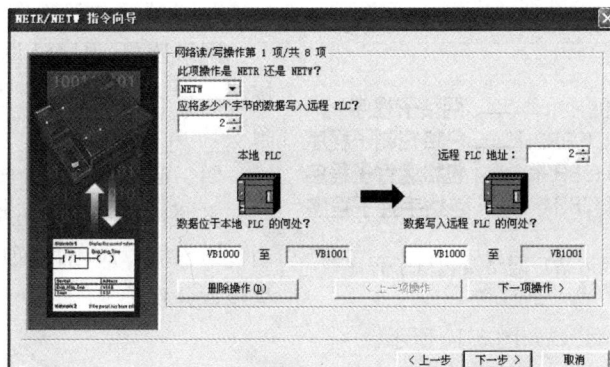

图 3-7 网络读写指令向导对话框（四）

5. 配置读操作项

如图 3-8 所示，选择读指令"NETR"操作，定义"1"个字节，将从站 2 PLC 字节"VB1010"读入主站 PLC 字节"VB1200"。

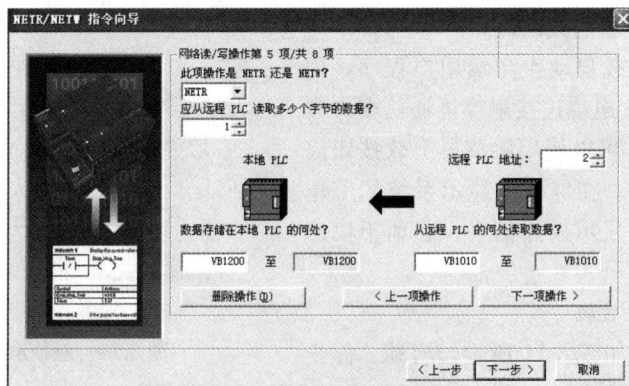

图 3-8 网络读写指令向导对话框（五）

单击"下一项操作"按钮，以相同的方法配置从站 3、4、5。

将从站 3 PLC 字节"VB1010"读入主站 PLC 字节"VB1204"。

将从站 4 PLC 字节"VB1010"读入主站 PLC 字节"VB1208"。

将从站 5 PLC 字节"VB1010"读入主站 PLC 字节"VB1212"。

6. 配置存储区

如图 3-9 所示，默认向导配置的存储区，单击"下一步"按钮。

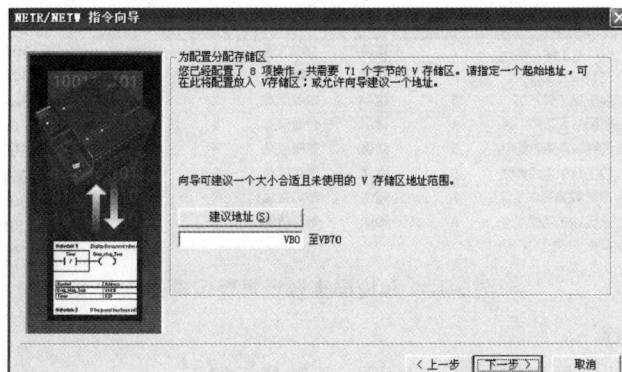

图 3-9 网络读写指令向导对话框（六）

图 3-10　主站（搬运站）网络及包络子程序

7. 生成网络子程序

网络读/写程序已设置好，单击"完成"按钮，自动生成网络子程序 NET _ EXE，如图 3-10 所示。

四、应用位置指令向导建立包络子程序

参照模块二任务五中的方法和机械手运动包络数据，应用位置指令向导生成包络子程序，分别是"PTO 0 _ CTRL"、"PTO 0 _

RUN"、"PTO 0 _ MAN"，如图 3-10 所示。

（1）PTO 0 _ CTRL：立即停止或减速停止 PTO 的输出。

（2）PTO 0 _ RUN：控制向导中配置好的一个包络。

（3）PTO 0 _ MAN：手动控制不同速度 PTO 的输出。

网络子程序和包络子程序都是由指令向导自动生成的，可以在主程序中调用，但受编程软件加锁保护不能展开。

五、PLC 与触摸屏的关联数据

触摸屏已事先下载自动生产线用户程序，用网络连接器或 RS-485 电缆连接触摸屏通信端口与 PLC 的通信端口 P1。可以使用触摸屏上软按钮启动、停止和复位系统；在屏幕上显示系统的工作状态；当出现故障时显示故障信息，有利于快速排除故障。

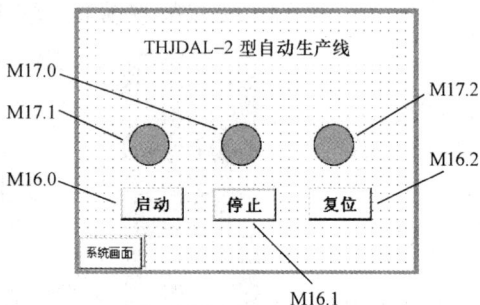

1. 控制画面关联数据

触摸屏控制画面如图 3-11 所示，启动、停止

图 3-11　触摸屏控制画面

和复位按钮分别与 M16.0、M16.1 和 M16.2 关联；启动、停止和复位状态指示灯分别与 M17.1、M17.0 和 M17.2 关联。

2. 离散量报警变量关联数据

在变量表中创建字型（Word）变量"故障信息"，存储地址为"VW1300"。在离散量报警编辑器中输入 8 个报警文本和触发控制位，如图 3-12 所示。当出现故障时，相应的位地址为 1，故障画面显示相应的文本信息。多个故障可以同屏显示。

文本	编号	类别	触发变量	触发器位	触发器地址	位地址
供料站工件不够	1	错误	故障信息	0	0	V1301.0
供料站无工件	2	错误	故障信息	1	1	V1301.1
装配站工件不够	3	错误	故障信息	2	2	V1301.2
装配站无工件	4	错误	故障信息	3	3	V1301.3
供料站未完成复位	5	错误	故障信息	4	4	V1301.4
加工站未完成复位	6	错误	故障信息	5	5	V1301.5
装配站未完成复位	7	错误	故障信息	6	6	V1301.6
分拣站未完成复位	8	错误	故障信息	7	7	V1301.7

图 3-12　触摸屏离散量报警编辑器

六、分析 PLC 程序

搬运站（主站）PLC 程序如图 3-13 所示，程序分析如下。

梯 形 图	注 释
程序注释 搬运站住程序 网络1　PPI 网络通信，正常时 Q1.7 闪烁 SM0.0 —| |— EN (NET_EXE) +5 — Timeout　Cycle — Q1.7 　　　　　　Error — Q1.6	在主站的主程序中始终调用网络子程序NET_EXE，在从站程序中不需要调用； Timeout：超时定时器，范围为1~32 767s； 主从站通信正常时 Q1.7 闪烁； 主从站通信异常时 Q1.6 常亮

网络2　开机时全部复位

复位按钮 —| |— —| P |—　M0.1 (R) 7

M16.2 —| |—　M1.0 (R) 16

SM0.1 —| |—　提升电磁阀 (R) 5

启动 (R) 15

M3.0 (R) 8

注释：SM0.1 为初始化脉冲，开机复位，按下复位按钮时复位；
M16.2 为触摸屏复位按钮；
M0.1~M0.7 共 7 个复位；
M1.0~M2.7共 16 个复位；
Q0.2~Q0.6 共 5 个复位；
V1000.0~V1001.6 共 15 个复位；
M3.0~M3.7 共 8 个复位

符号	地址
复位按钮	I1.0
启动	V1000.0
提升电磁阀	Q0.2

网络3　松开复位按钮时，复位自锁；供料、加工、装配、分拣各站均完成复位时，复位停止

复位按钮 —| |— —| N |— SM0.1 —|/|— 紧急停止 —|/|— M0.2 —|/|— (复位)
M16.2 —| |—　　T44 —|/|—　M3.2 (R) 1
复位 —| |—　供料站复位完成 —|/|—
加工站复位完成 —|/|—
装配站复位完成 —|/|—
分拣站复位完成 —|/|—
T44 (IN TON)　15 — PT　100ms

注释：
(1) 松开复位按钮时，复位信号 V1000.2 自锁，M16.2 为触摸屏复位按钮；
(2) M3.2 复位；
(3) T44 延时 1.5s 后动断触点断开，失去对 M3.2 和复位信号的控制；
(4) 供料、加工、装配、分拣各站均完成复位时，动断触点分断，当 M0.2=1 时，复位信号 OFF；
(5) 搬运站完成复位时，M0.2 分断；
(6) 若某从站没有完成复位，复位信号 ON，系统不能启动

符号	地址	注释
分拣站复位完成	V1212.0	
复位	V1000.2	
复位按钮	I1.0	
供料站复位完成	V1200.0	
加工站复位完成	V1204.0	
紧急停止	I1.3	
装配站复位完成	V1208.0	

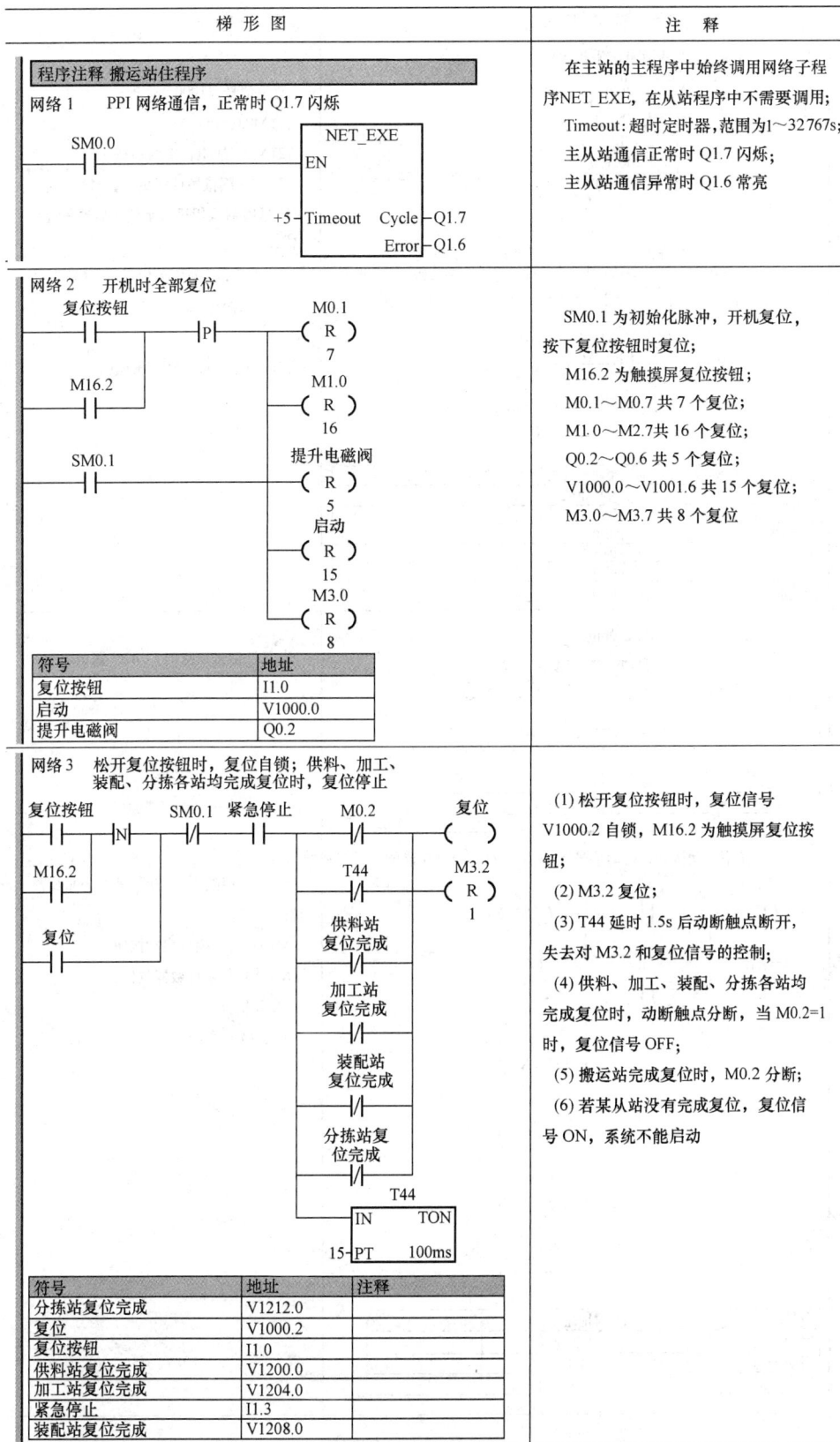

图 3-13　搬运站 PLC 主程序（一）

任务一

梯 形 图	注 释

网络4 复位时，M0.4通电，手指放松；M0.2置位，表示搬运站完成复位

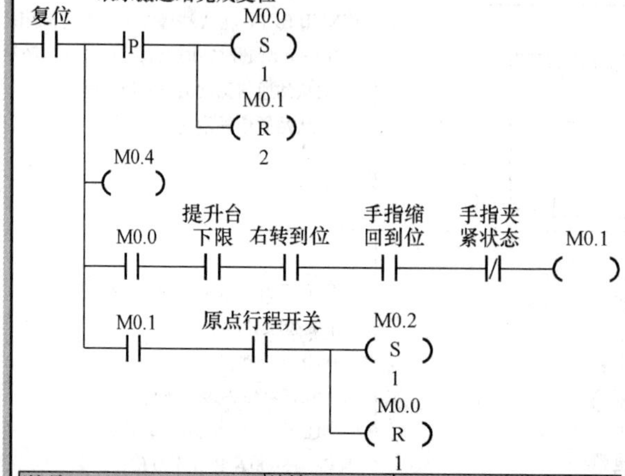

复位 ——| |——|P|—— M0.0 (S) 1
　　　　　　　　　　　　　 M0.1 (R) 2
　　　　　　　 M0.4 ( )

M0.0 ——| |—— 提升台下限 右转到位 手指缩回到位 手指夹紧状态 M0.1 ( )
——| |——| |——| |——|/|——

M0.1 ——| |—— 原点行程开关 M0.2 (S) 1
　　　　　　　　　　　　　　 M0.0 (R) 1

符号	地址	注释
复位	V1000.2	
手指夹紧状态	I0.7	
手指缩回到位	I0.6	
提升台下限	I0.1	
右转到位	I0.4	
原点行程开关	I0.0	

网络5 复位断开时，M3.2置位

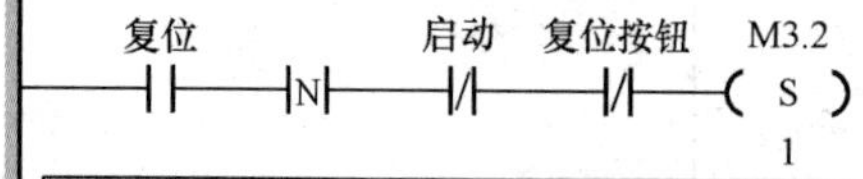

复位 ——| |——|N|—— 启动 ——|/|—— 复位按钮 ——|/|—— M3.2 (S) 1

符号	地址	注释
复位	V1000.2	
复位按钮	I1.0	
启动	V1000.0	

网络6 按下启动按钮，启动信号V1000.0置位；M1.0置位

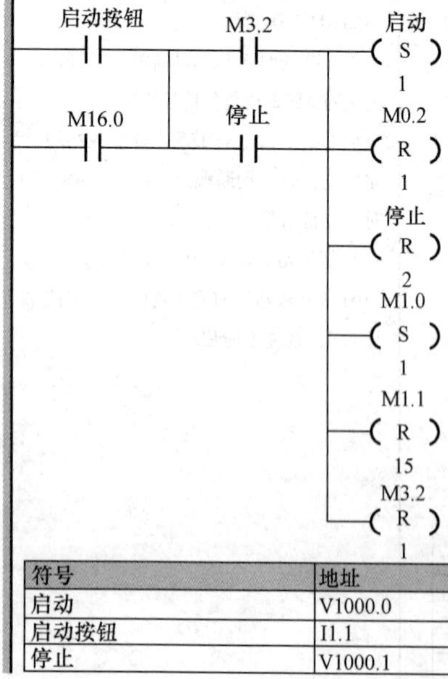

启动按钮 ——| |—— M3.2 ——| |—— 启动 (S) 1
M16.0 ——| |—— 停止 ——| |—— M0.2 (R) 1
　　　　　　　　　　　　 停止 (R) 2
　　　　　　　　　　　　 M1.0 (S) 1
　　　　　　　　　　　　 M1.1 (R) 15
　　　　　　　　　　　　 M3.2 (R) 1

符号	地址	注释
启动	V1000.0	
启动按钮	I1.1	
停止	V1000.1	

注释栏：

复位信号V1000.2=1时：

(1) M0.0置位；

(2) M0.4通电，手指放松；

(3) 气缸限位条件满足时，M0.1=1；T43延时后调用机械手低速后退子程序4；

(4) 机械手返回原点位置时，M0.2置位，表示搬运站完成复位，解除复位信号；

(5) M0.0复位，M0.1断电

当复位信号解除时，M3.2置位

按下启动按钮，启动信号V1000.0置位；

M16.0为触摸屏启动按钮；

M1.0置位，计数器复位；

M3.2复位；

其他M均复位

图3-13 搬运站PLC主程序（二）

梯 形 图	注 释
网络7 按下停止按钮，停止信号 V1000.1 置位 停止按钮 —‖— 启动 —‖— 启动 —(R)— 1 M16.1 —‖— 停止 —(S)— 1	按下停止按钮，启动信号复位； M16.1 为触摸屏停止按钮； 停止信号 V1000.1 置位

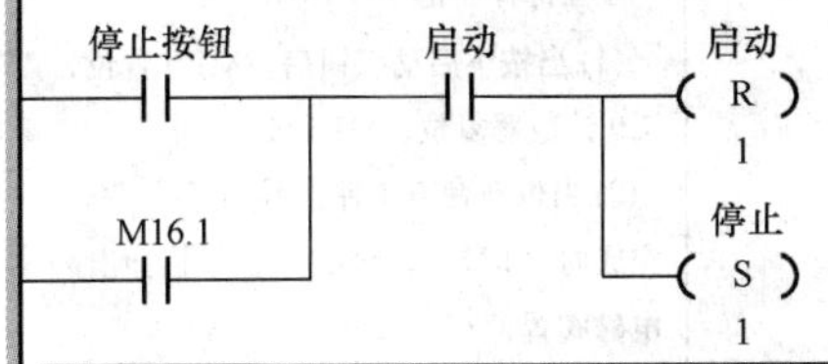

符号	地址	注释
启动	V1000.0	
停止	V1000.1	
停止按钮	I1.2	

梯 形 图	注 释
网络8 当停止信号和 M1.0 均为 1 时，发出周期完成信号 V1000.4 停止 —‖— M1.0 —‖— 周期完成信号 —( )—	(1) 当停止信号和 M1.0 均为 1 时，发出周期完成信号 V1000.4； (2) 主站停止于 M1.0=1 的初始状态； (3) 各从站在停止信号和周期完成信号共同作用下停止于本站初始工作状态

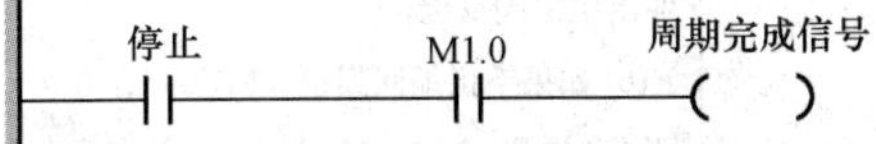

符号	地址
停止	V1000.1
周期完成信号	V1000.4

梯 形 图	注 释
网络9 按下紧急停止按钮时，发出急停信号 V1000.3；跳转标号 0 处 SM0.0 —‖— 紧急停止 —/— —‖P‖— M1.0 —(R)— 16 M3.2 —(R)— 1 紧急停止 —/— 急停 —( )— 启动 —(R)— 3 0 —(JMP)—	(1) 按下紧急停止按钮时，急停信号 V1000.3=1； (2) 系统 M 全部复位，主从站全部机械动作立即停止； (3) 程序指针跳转标号 0 处； (4) 急停后重新开机时，需要先拿走工作台上工件，按下复位按钮复位系统后，再按下启动按钮

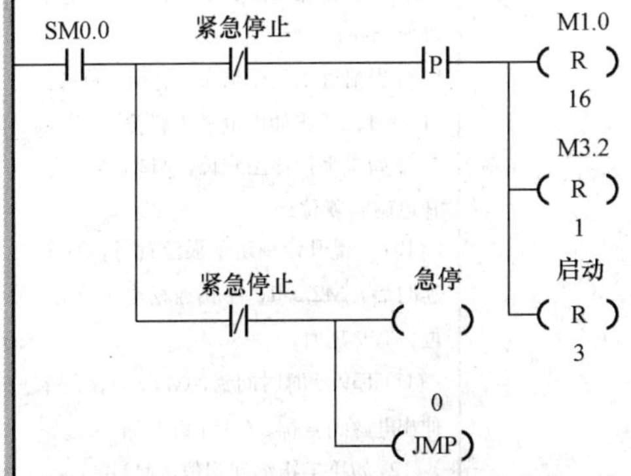

符号	地址	注释
急停	V1000.3	
紧急停止	I1.3	
启动	V1000.0	

梯 形 图	注 释
网络10 M2.3 接 C0 计数端；M1.0 接复位端 M2.3 —‖— CU C0 CTU M1.0 —‖— R 5 — PV	C0 增加计数器。 计数端：M2.3； 复位端：M1.0，启动时复位； C0=0，机械手前往加工站； C0=1，机械手前往装配站； C0=2，机械手前往分拣站；

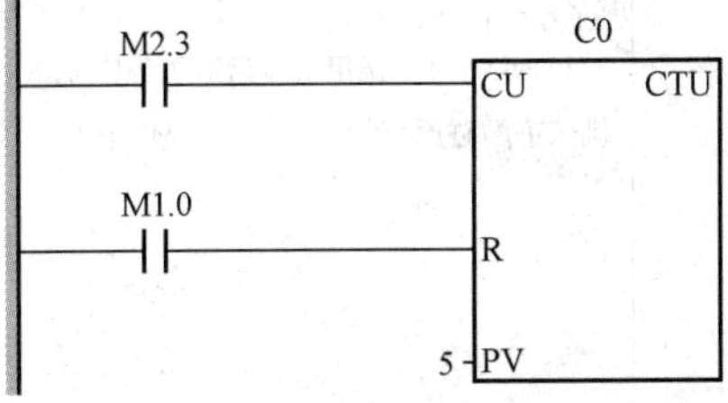

图 3-13 搬运站 PLC 主程序（三）

梯 形 图	注 释

网络 11　移位寄存器

```
 M1.0      启动              ┌─────SHRB─────┐
 ─┤├────────┤├──────────────┤EN        ENO │
                             │              │
 M1.1      T37          M3.0─┤DATA          │
 ─┤├────────┤├──        M1.0─┤S_BIT         │
                         +16─┤N             │
 M1.2    手指伸出到位         └──────────────┘
 ─┤├────────┤├──

 M1.3      T38
 ─┤├────────┤├──

 M1.4    提升台上限
 ─┤├────────┤├──

 M1.5    手指缩回到位
 ─┤├────────┤├──

 M1.6      M3.1
 ─┤├────────┤├──
         左转到位
         ──┤├──

 M1.7      M21.0
 ─┤├────────┤├──

 M2.0    手指伸出到位
 ─┤├────────┤├──

 M2.1      T46
 ─┤├────────┤├──

 M2.2      T39
 ─┤├────────┤├──

 M2.3    手指缩回到位
 ─┤├────────┤├──

 M2.4      M20.5
 ─┤├────────┤├──

 M2.5    原点行程开关
 ─┤├────────┤├──
```

符号	地址
启动	V1000.0
手指伸出到位	I0.5
手指缩回到位	I0.6
提升台上限	I0.2
原点行程开关	I0.0
左转到位	I0.3

移位寄存器指令 SHRB：

(1) 当按下启动按钮后，M1.0 置位，C0 计数器复位，M1.1=1；

(2) 当供料台有工件，或加工、装配完成时，T37=1，M1.2=1，手指伸出电磁阀置位；

(3) 如果手指伸出到位，M1.3=1，手指夹紧电磁阀通电；

(4) 手指夹紧状态时，T38 延时后，M1.4=1，提升电磁阀置位；

(5) 如果提升台上限，M1.5=1，手指伸出电磁阀复位；

(6) 如果手指缩回到位，M1.6=1，当 C0 为 0、1 时，M3.1=1；旋转电磁阀断电；

当 C0 为 2 时，M3.1=0，旋转电磁阀置位，机械手左转；

(7) 如果 M3.1=1 或左转到位，M1.7=1，根据 C0 参数调用 3 个前进子程序之一；

(8) 当前进子程序结束时，M21.0=1，M2.0=1，手指伸出电磁阀置位；

(9) 如果手指伸出到位，M2.1=1，提升电磁阀复位；

(10) 当提升台到达下限位置时，T46 延时后，M2.2=1，手指放松电磁阀复位，T39 延时；

(11) T39 延时时间到，M2.3=1，手指伸出电磁阀复位，C0 计数器加 1；

(12) 如果手指缩回到位，M2.4=1，当 C0 为 0、1、2 时，M1.1 置位，M1.2～M3.1 复位，移位寄存器从 M1.1=1 位置开始移位；

当机械手从分拣站返回时，M2.4 调用高速后退子程序 3；子程序 3 结束时，M20.5=1，M2.5=1；

(13) M2.5=1，调用低速后退子程序 4，机械手触碰原点行程开关时；M2.6=1

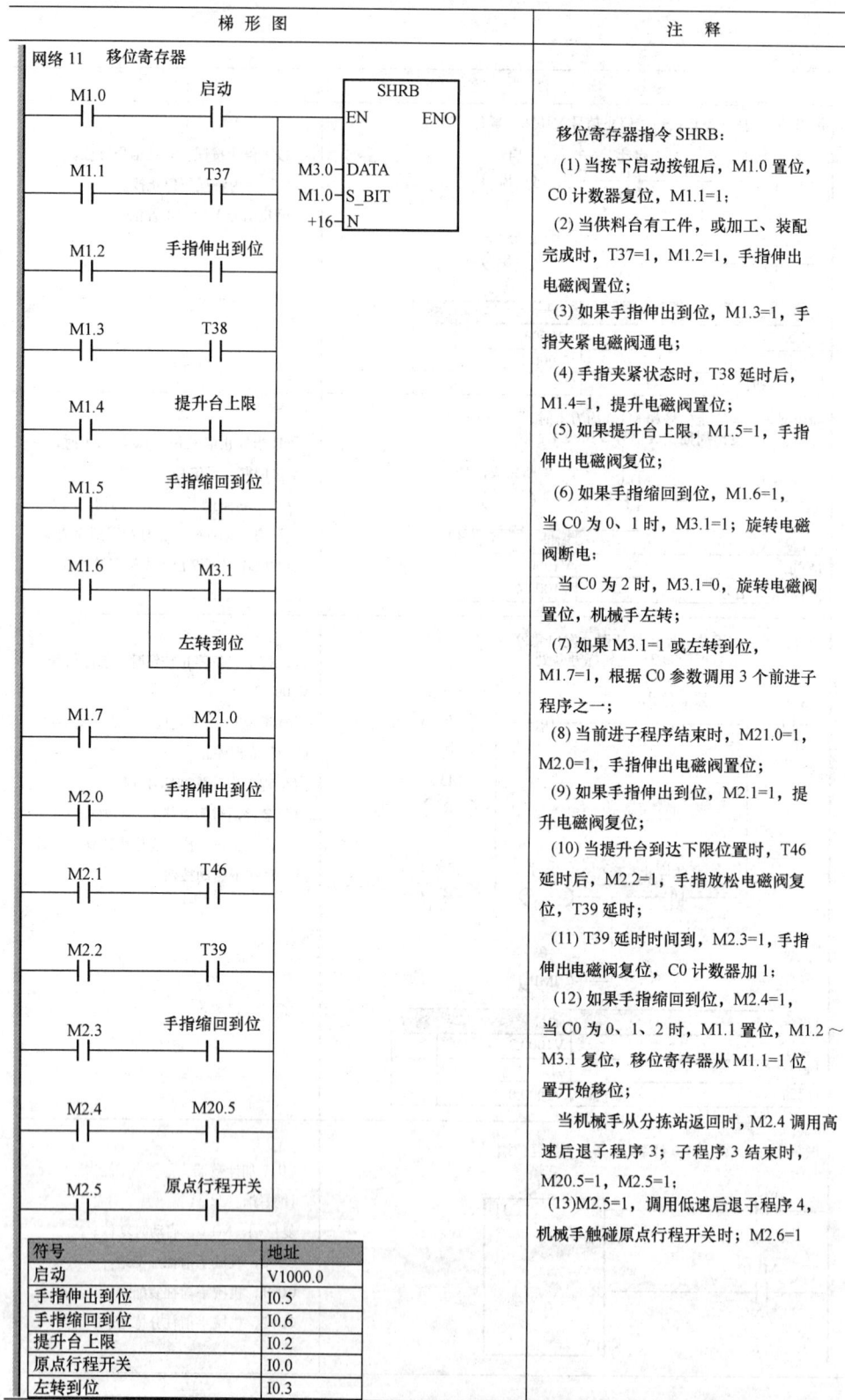

图 3-13　搬运站 PLC 主程序（四）

梯 形 图	注 释
网络 12　当 M2.6 为 1 时，M1.0 置位 　　M2.6　　　　　　M1.0 　　─┤├─　　　　─(S) 　　　　　　　　　　　　1	当 M2.6＝1 时，M1.0 置位，移位寄存器从 M1.0＝1 位置开始移位
网络 13　　C0 当前值比较指令 复位 ─┤/├──┤==I├──────┤M1.6├────(M3.1) 　　　　　0 　　　　　┤==I├ 　　　　　1 　　　　　┤==I├──────┤M2.4├────(M1.1) 　　　　　0　　　　　　　　　　(S) 　　　　　　　　　　　　　　　　1 　　　　　┤==I├─────────────(M1.2) 　　　　　1　　　　　　　　　　(R) 　　　　　┤==I├　　　　　　　　16 　　　　　2 　　　　　┤==I├──供料台工件有无──┐ 　　　　　0　　　　　　　　　IN　TON 　　　　　┤==I├──加工完成────5─PT　100ms 　　　　　1 　　　　　┤==I├──装配完成─────T37 　　　　　2	计数器当前值比较指令： 　　(1) 当 C0 为 0、1 时，如果 M1.6＝1，则 M3.1＝1； 　　(2) 当 C0 为 0、1、2 时，如果 M2.4＝1，则 M1.1 置位；M1.2～M3.1 复位；当机械手从分拣站返回时，比较指令 OFF； 　　(3) 当 C0＝0，供料台有工件时，T37 延时 0.5s 后，机械手伸出取出工件； 　　(4) 当 C0＝1，加工站完成加工，T37 延时 0.5s 后，机械手伸出取走工件； 　　(5) 当 C0＝2，装配站完成装配，T37 延时 0.5s 后，机械手伸出取走工件

符号	地址	注释
复位	V1000.2	
供料台工件有无	V1200.3	
加工完成	V1204.2	
装配完成	V1208.4	

梯 形 图	注 释
网络 14　前方机台无工件时，M0.5 通电 　C0　　等待加工工件　加工台有工件　　M0.5 ─┤==I├──┤├──────┤/├────( ) 　0 　C0　　装配等工件　装配台工件有无 ─┤==I├──┤├──────┤/├─ 　1 　C0　　分拣等工件　皮带有无工件 ─┤==I├──┤├──────┤/├─ 　2	(1) 当前方机台无工件，M0.5 通电；有工件，M0.5 断电； 　　(2) M0.5＝1 是机械手能否伸出的条件

符号	地址	注释
等待加工工件	V1204.3	
分拣等工件	V1212.2	
加工台有工件	V1204.1	
皮带有无工件	V1212.1	
装配等工件	V1208.5	
装配台工件有无	V1208.3	

图 3-13　搬运站 PLC 主程序（五）

任务一

梯 形 图	注 释
网络 15 当手指夹紧时，T38延时0.5s M1.3　　手指夹紧状态　　　　T38 ├┤├──────┤├──┤IN　　　TON │ 　　　　　　　　　　　　　5─┤PT　　100ms│ | 符号	地址
手指夹紧状态	I0.7		当M1.3=1时，如果手指夹紧状态，则T38延时0.5s
网络 16 T39延时0.5s，M2.3为1 M2.2　　　　　T39 ├┤├──┤IN　　　TON│ 　　　　　5─┤PT　　100ms│	当M2.2=1时，T39延时0.5s
网络 17 当M2.4为1时，T40延时2s，旋转电磁铁复位 M2.4　　　　　　　　T40 ├┤├──────┤IN　　　TON│ 　　　　　　　20─┤PT　　100ms│ 　　T40　　　　旋转电磁阀 　├┤├───────（ R ） 　　　　　　　　　　　1 	符号	地址	注释
---	---	---
旋转电磁阀	Q0.3			当M2.4=1时，T40延时2s后，旋转电磁阀复位，机械手右转复位
网络 18 当提升台下限时，T46延时0.5s，M2.2为1 M2.1　　提升台下限　　　　T46 ├┤├──────┤├───┤IN　　　TON│ 　　　　　　　　　　　5─┤PT　　100ms│ 	符号	地址	注释
---	---	---
提升台下限	I0.1			当M2.1=1时，如果提升台在下限，T46延时0.5s

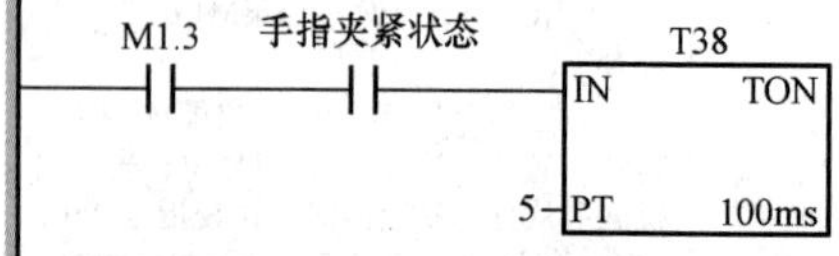

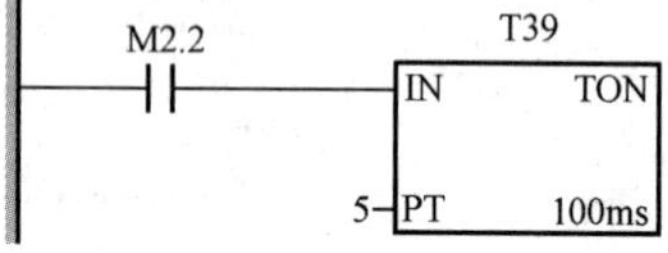

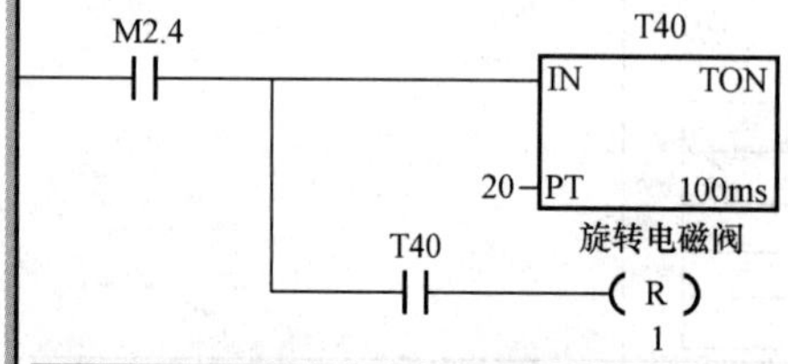

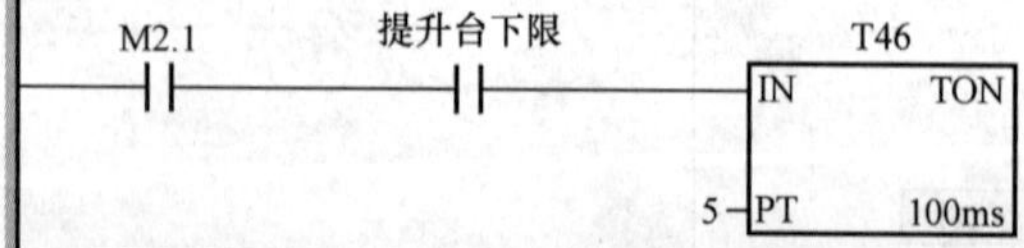

图 3-13　搬运站 PLC 主程序（六）

梯　形　图	注　　释
网络 19 步进电动机方向和电磁阀控制 SM0.0　　M0.1　　　步进方向DIR ├─┤├──┤├──────( ) 　　　　　M2.4 　　　　├─┤├ 　　　　　M2.5 　　　　├─┤├ 　　　　　M1.2　　　　手指伸出电磁阀 　　　　├─┤├──────(S) 　　　　　　　　　　　　　　1 　　　　　M2.0　　M0.5 　　　　├─┤├──┤├ 　　　　　M1.5　　手指伸出电磁阀 　　　　├─┤├──────(R) 　　　　　　　　　　　　　　1 　　　　　M2.3 　　　　├─┤├ 　　　　　M1.3　　手指夹紧电磁阀 　　　　├─┤├──────( ) 　　　　　M2.2　　手指放松电磁阀 　　　　├─┤├──────( ) 　　　　　M0.4 　　　　├─┤├ 　　　　　M1.4　　　提升电磁阀 　　　　├─┤├──────(S) 　　　　　　　　　　　　　　1 　　　　　M2.1　　　提升电磁阀 　　　　├─┤├──────(R) 　　　　　　　　　　　　　　1 　　　　　M1.6　　M3.1　旋转电磁阀 　　　　├─┤├──┤/├───(S) 　　　　　　　　　　　　　　1	步进电动机方向与电磁阀控制： (1) 当M0.1或M2.4或M2.5=1时，步进电动机方向DIR通电，机械手后退； (2) 当M1.2=1时，手指伸出电磁阀置位； (3) 当M2.0=1，M0.5=1时，手指伸出电磁阀置位，M0.5=1的条件是前方物料台无工件； (4) 当M1.5或M2.3=1时，手指伸出电磁阀复位； (5) 当M1.3=1时，手指夹紧电磁阀通电； (6) 当M2.2或M0.4=1时，手指放松电磁阀通电； (7) 当M1.4=1时，工件台提升电磁阀置位； (8) 当M2.1=1时，工作台提升电磁阀复位； (9) 当M1.6=1时，如果M3.1通电，旋转电磁阀不通电；如果 M3.1 断电，旋转电磁阀置位

符号	地址	注释
步进方向DIR	Q0.1	
手指放松电磁阀	Q0.6	
手指夹紧电磁阀	Q0.5	
手指伸出电磁阀	Q0.4	
提升电磁阀	Q0.2	
旋转电磁阀	Q0.3	

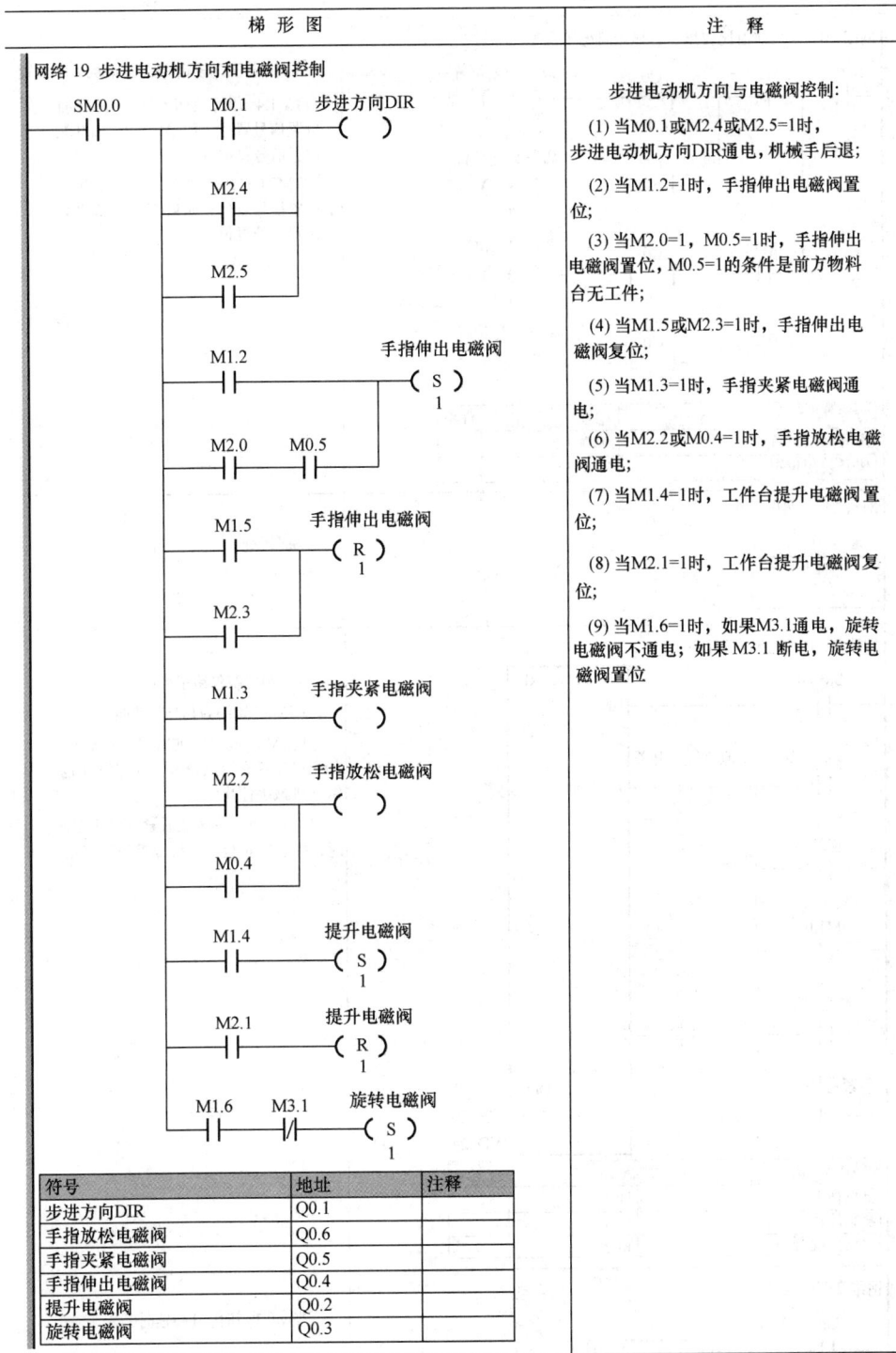

图 3-13　搬运站 PLC 主程序（七）

梯 形 图	注 释
网络20 C0当前值比较指令，显示机械手位置 SM0.0　M1.4　C0　离开加工位置 ├┤├──┤├──┤==I├──(S) 　　　　　　1　　　　　1 　　　　　　C0　离开装配位置 　　　　　├┤==I├──(S) 　　　　　　2　　　　　1 　　　M2.0　C0　离开加工位置 　　　├┤├──┤==I├──(R) 　　　　　　1　　　　　1 　　　　　　C0　离开装配位置 　　　　　├┤==I├──(R) 　　　　　　2　　　　　1	C0当前值比较指令，显示机械手位置： (1) M1.4=1时，如果C0=1，离开加工位置信号置位；如果C0=2，离开装配位置信号置位； (2) M2.0=1时，如果C0=1，离开加工位置信号复位；如果C0=2，离开装配位置信号复位

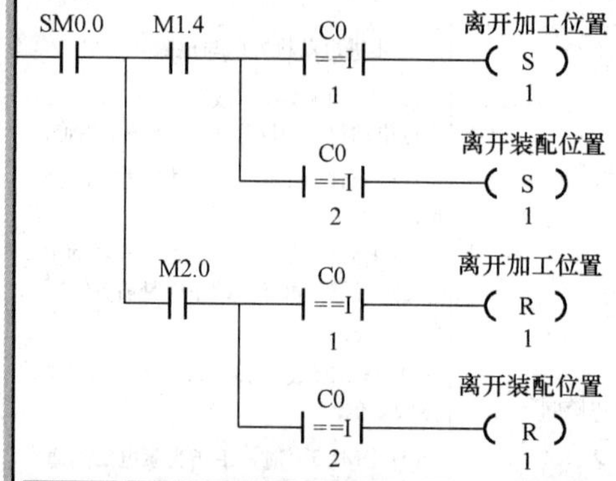

符号	地址	注释
离开加工位置	V1001.2	
离开装配位置	V1001.3	

梯 形 图	注 释
网络21 标号0 　　　0 ┌─────┐ │ LBL │ └─────┘	标号0处

梯 形 图	注 释
网络22 PTO0控制子程序 SM0.0　　　　　　　PTO0_CTRL ├┤├──────────EN M0.1　原点行程开关 ├┤├──┤├────I_STOP M2.5 ├┤├ M1.0 ├┤├ 复位按钮 ├┤├──┤P├────D_STOP 紧急停止 ├┤├ 　　　　　　　　Done─M20.0 　　　　　　　　Error─VB420 　　　　　　　　C Pos─VD424	PTO0控制包络子程序： (1) SM0.0始终为1，EN使能； (2) 当M0.1或M2.5或M1.0=1时，如果机械手在原点位置，立即停止包络，机械手停止； (3) 当按下复位按钮或紧急停止按钮时，减速停止包络，机械手降速停止

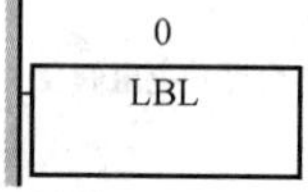

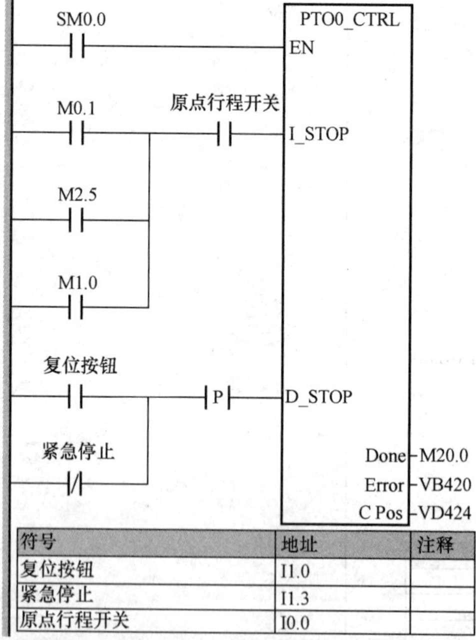

符号	地址	注释
复位按钮	I1.0	
紧急停止	I1.3	
原点行程开关	I0.0	

梯 形 图	注 释
网络23 T43延时 M0.1　　　　　T43 ├┤├──────┤IN　　TON│ 　　　　　　　│　　　　　│ 　　　　　　2─┤PT　100ms│	当M0.1=1时，T43延时0.2s

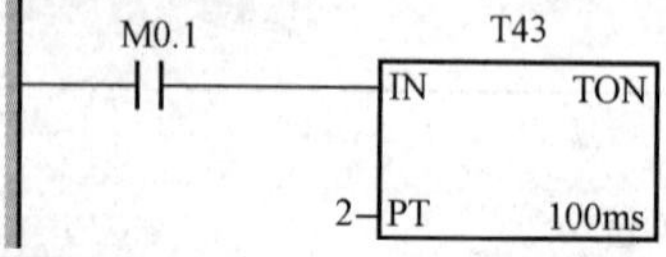

图3-13　搬运站PLC主程序（八）

梯 形 图	注 释
网络 24 步进电动机后退至原点位置 SM0.0 —| |— EN M2.5 —| |— P — T43 —| |— PTO0_RUN START 4 — Profile　　Done — M20.1 原点行程开关 — Abort　　Error — VB400 　　　　C_Profile — VB402 　　　　C_Step — VB404 　　　　C Pos — VD410	低速后退包络 4： （1）SM0.0始终为1，EN使能； （2）当M2.5=1时，调用该包络； （3）开机复位时，T43延时后调用该包络； （4）包络4脉冲个数无限制，直到机械手触碰原点位置开关时，该包络停止，机械手停止移动
符号　　　**地址**　　　**注释** 原点行程开关　　I0.0	
网络 25 调用包络 0，步进电动机前进至加工站 SM0.0 —| |— EN M1.7 —| |— C0 ==I 0 — P — PTO0_RUN START 0 — Profile　　Done — M20.2 M5.0 — Abort　　Error — VB400 　　　　C_Profile — VB402 　　　　C_Step — VB404 　　　　C Pos — VD410	前进包络 0： （1）SM0.0始终为1，EN使能； （2）当M1.7=1并且C0=0时，调用该包络，机械手前进至加工站； （3）包络0脉冲个数54 000
网络 26 调用包络 1，步进电动机前进至装配站 SM0.0 —| |— EN M1.7 —| |— C0 ==I 1 — P — PTO0_RUN START 1 — Profile　　Done — M20.3 M5.0 — Abort　　Error — VB400 　　　　C_Profile — VB402 　　　　C_Step — VB404 　　　　C Pos — VD410	前进包络 1： （1）SM0.0始终为1，EN使能； （2）当M1.7=1并且C0=1时，调用该包络，机械手前进至装配站； （3）包络1脉冲个数为53 500
网络 27 调用包络 2，步进电动机前进至分拣站 SM0.0 —| |— EN M1.7 —| |— C0 ==I 2 — P — PTO0_RUN START 2 — Profile　　Done — M20.4 M5.0 — Abort　　Error — VB400 　　　　C_Profile — VB402 　　　　C_Step — VB404 　　　　C Pos — VD410	前进包络 2： （1）SM0.0始终为1，EN使能； （2）当M1.7=1并且C0=2时，调用该包络，机械手前进至分拣站； （3）包络2脉冲个数为32 000

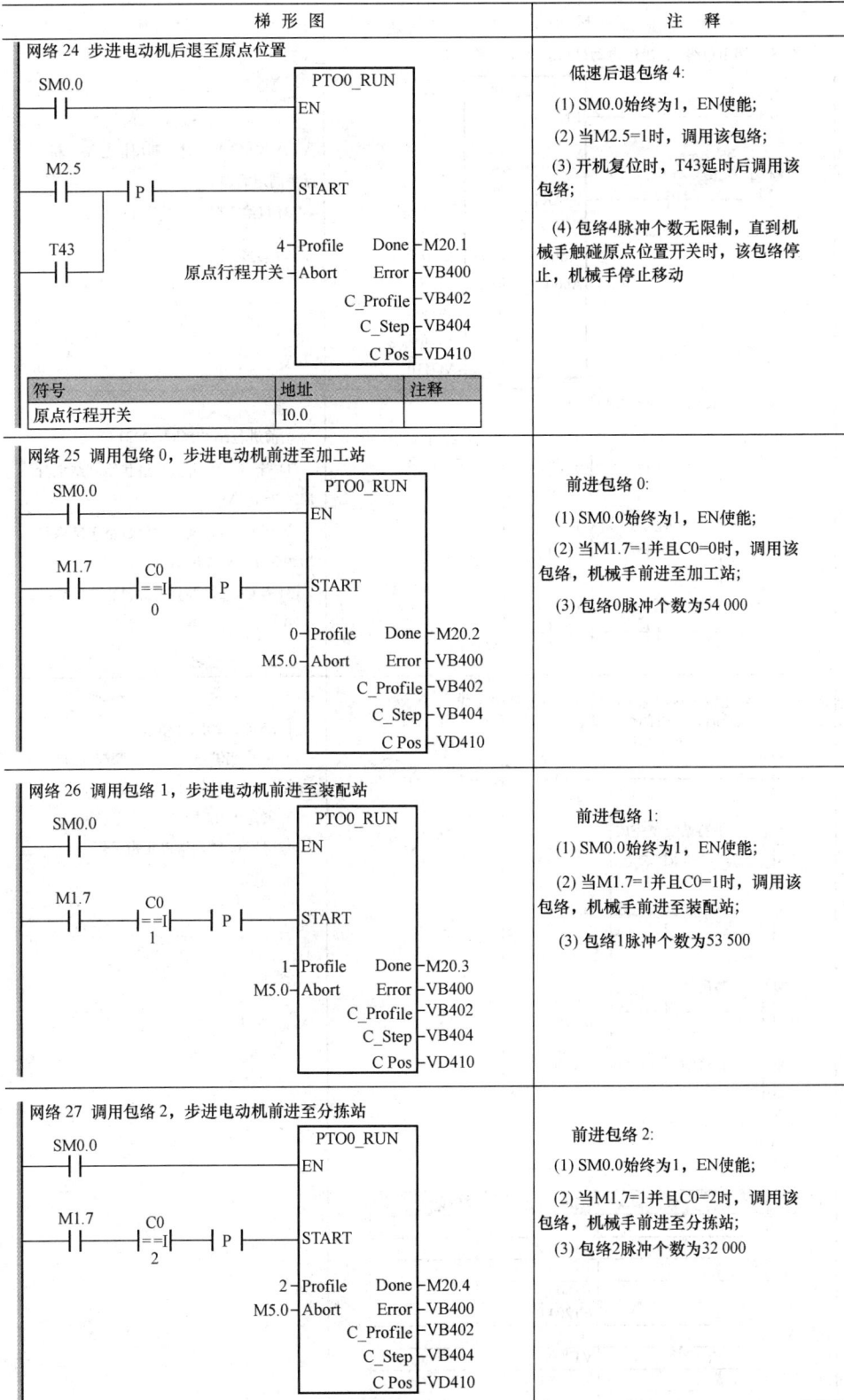

图 3-13　搬运站 PLC 主程序（九）

梯 形 图	注 释

网络28　调用包络3，步进电动机后退至M20.5为1

```
SM0.0              PTO0_RUN
─┤├─              EN

M2.4
─┤├──┤P├──        START

                3─Profile    Done─ M20.5
              M5.0─Abort     Error─ VB400
                           C_Profile─ VB402
                             C_Step─ VB404
                              C Pos─ VD410
```

高速后退包络3：

(1) SM0.0 始终为1，EN 使能；

(2) 当 M2.4=1 时，调用该包络，机械手高速后退；

(3) 包络3脉冲个数为130 000

网络29　前进包络结束时，M21.0=1

```
SM0.0   M20.2    C0
─┤├──────┤├──  ==I      M21.0
                 0       ─( )

        M20.3    C0
        ─┤├──  ==I
                 1

        M20.4    C0
        ─┤├──  ==I
                 2
```

前进包络结束时，M21.0=1。

(1) 当C0=0，并且前进包络0结束时，M20.2=1，M21.0=1；

(2) 当C0=1，并且前进包络1结束时，M20.3=1，M21.0=1；

(3) 当C0=2，并且前进包络2结束时，M20.4=1，M21.0=1

网络30　停止或供料、加工、装配、分拣站未完成复位时，红灯闪烁；紧急停止时，红灯常亮

```
停止              SM0.5      红灯
─┤├───────┬─────┤├──────( )

复位  供料站复位完成         M17.0
─┤├─────┤/├──┐          ─( )

复位  加工站复位完成
─┤├─────┤/├──┤

复位  装配站复位完成
─┤├─────┤/├──┤

复位  分拣站复位完成
─┤├─────┤/├──┘

紧急停止
─┤/├──────────┘
```

(1) SM0.5: 秒脉冲信号；

(2) 停止或供料、加工、装配、分拣站未完成复位时，红灯闪烁；

(3) 紧急停止时，红灯常亮；

(4) M17.0: 触摸屏停止指示灯

符号	地址	注释
分拣站复位完成	V1212.0	
复位	V1000.2	
供料站复位完成	V1200.0	
红灯	V1000.5	
加工站复位完成	V1204.0	
紧急停止	I1.3	
停止	V1000.1	
装配站复位完成	V1208.0	

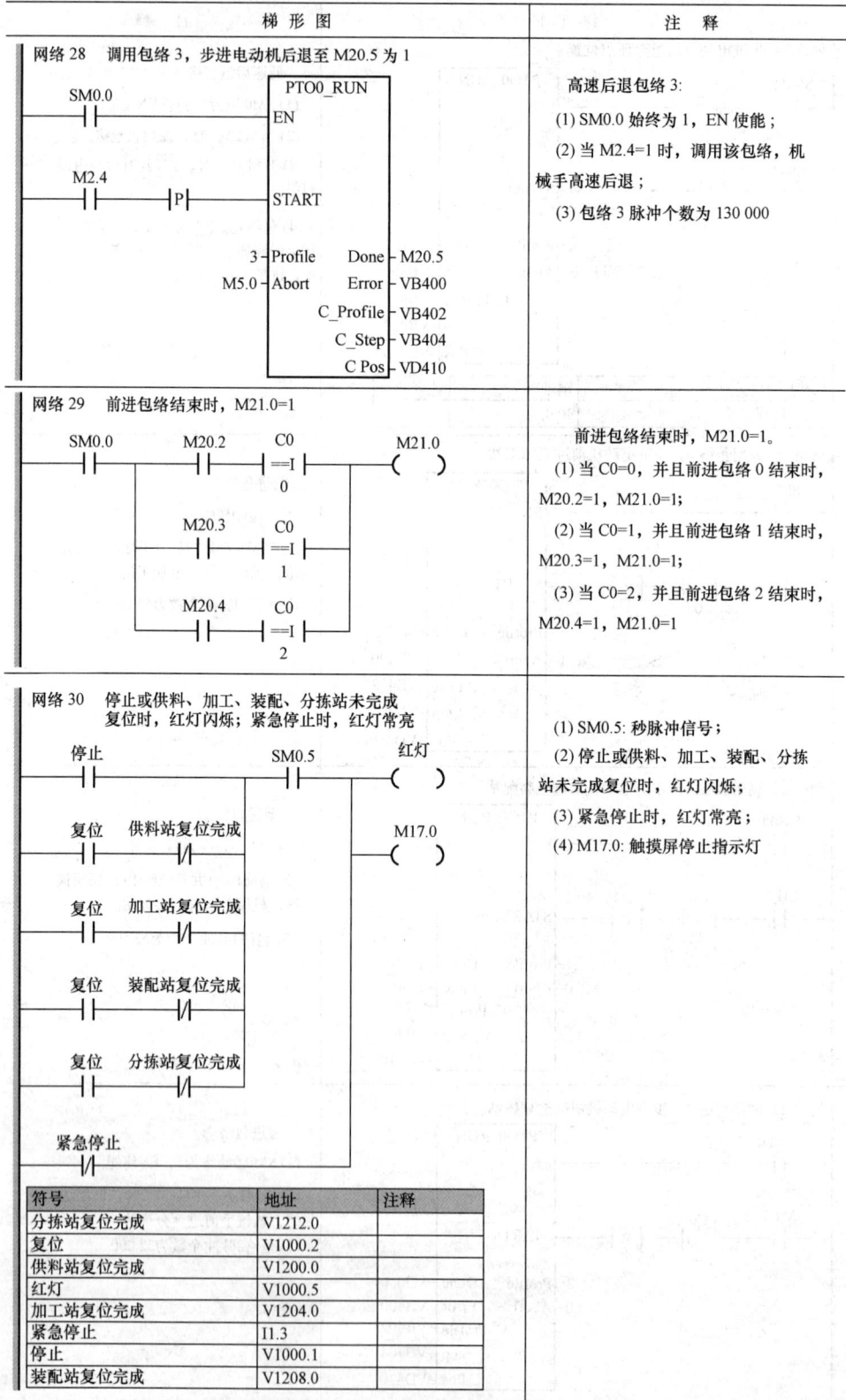

图 3-13　搬运站 PLC 主程序（十）

梯 形 图	注 释

网络 31 启动前，绿灯闪烁；启动后，绿灯常亮
 	
  M3.2   SM0.5   绿灯
  ─┤├──────┤├──────( )
 	
  启动   M17.1
  ─┤├────────────────( )
 	
	符号	地址	注释

---	---	---
绿灯	V1000.6	
启动	V1000.0			(1) 通电启动前，绿灯闪烁； (2) 启动后，绿灯常亮； (3) M17.1：触摸屏运行指示灯

网络 32 工件不够、无工件时黄灯闪烁；
           复位时，黄灯常亮
 	
供料站工件不够   SM0.5   黄灯
  ─┤├──────────┤├──────( )
 	
供料站工件有无   M17.2
  ─┤├──────────────────( )
 	
装配站工件不够
  ─┤├──
 	
装配站工件有无
  ─┤├──
 	
复位
  ─┤├──
 	
| 符号
	地址

复位	V1000.2
供料站工件不够	V1200.1
供料站工件有无	V1200.2
黄灯	V1000.7
装配站工件不够	V1208.1
装配站工件有无	V1208.2		(1) 工件不够、无工件时黄灯闪烁； (2) 复位时，黄灯常亮； (3) M17.2：触摸屏复位指示灯
网络 33 供料站工件不够（触摸屏报警） 供料站工件不够 V1301.0 ─┤├──────────( ) | 符号	地址
供料站工件不够	V1200.1		供料站工件不够时，V1301.0=1，触摸屏 故障报警
网络 34 供料站无工件（触摸屏报警） 供料站工件有无 V1301.1 ─┤├──────────( ) | 符号	地址
供料站工件有无	V1200.2		供料站无工件时，V1301.1=1，触摸屏 故障报警
网络 35 装配站工件不够（触摸屏报警） 装配站工件不够 V1301.2 ─┤├──────────( ) | 符号	地址
装配站工件不够	V1208.1		装配站工件不够时，V1301.2=1，触摸屏 故障报警

图 3-13　搬运站 PLC 主程序（十一）

任务一

梯 形 图	注 释
网络 36　装配站无工件（触摸屏报警） 装配站工件有无　　V1301.3 ├─┤ ├──────────────( ) | 符号	地址
装配站工件有无	V1208.2		装配站无工件时，V1301.3=1，触摸屏故障报警
网络 37　供料站未完成复位（触摸屏报警） 复位　供料站复位完成　　　　　T60 ├─┤ ├──┤／├──────┤IN　　TON│ 　　　　　　　　　　　　　100─┤PT　100 ms│ 　　　　　　　T60　　　　V1301.4 　　　　　　├─┤ ├────( ) 	符号	地址	注释
---	---	---
复位	V1000.2	
供料站复位完成	V1200.0			供料站 10s 内未完成复位时，V1301.4=1，触摸屏故障报警
网络 38　加工站未完成复位（触摸屏报警） 复位　加工站复位完成　　　　　T61 ├─┤ ├──┤／├──────┤IN　　TON│ 　　　　　　　　　　　　　100─┤PT　100 ms│ 　　　　　　　T61　　　　V1301.5 　　　　　　├─┤ ├────( ) 	符号	地址	注释
---	---	---
复位	V1000.2	
加工站复位完成	V1204.0			加工站 10s 内未完成复位时，V1301.5=1，触摸屏故障报警
网络 39　装配站未完成复位（触摸屏报警） 复位　装配站复位完成　　　　　T62 ├─┤ ├──┤／├──────┤IN　　TON│ 　　　　　　　　　　　　　100─┤PT　100 ms│ 　　　　　　　T62　　　　V1301.6 　　　　　　├─┤ ├────( ) 	符号	地址	注释
---	---	---
复位	V1000.2	
装配站复位完成	V1208.0			装配站 10s 内未完成复位时，V1301.6=1，触摸屏故障报警

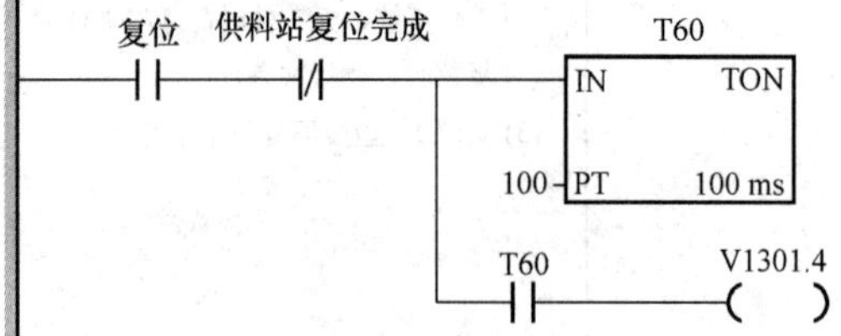

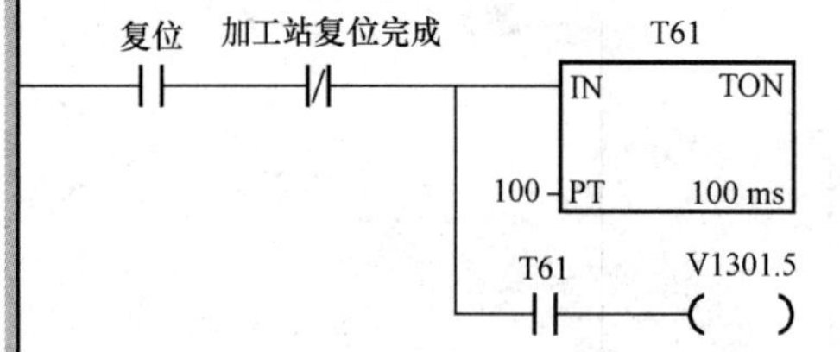

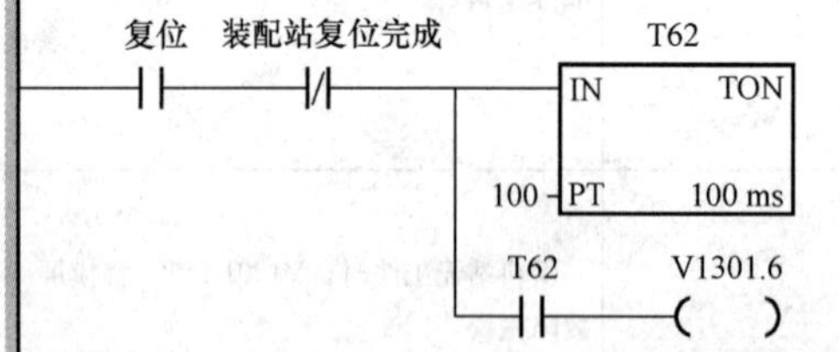

图 3-13　搬运站 PLC 主程序（十二）

梯 形 图	注 释
网络40　分拣站未完成复位（触摸屏报警） 复位　　分拣站复位完成　　　T63 ─┤├──┤/├──────IN　　TON 　　　　　　　　　100─PT　　100 ms 　　　　　　　　T63　　V1301.7 　　　　　　─┤├───（　） 	符号	地址	注释
---	---	---
分拣站复位完成	V1212.0	
复位	V1000.2			分拣站 10s 内未完成复位时， V1301.7=1，触摸屏故障报警
网络41　当左转到位时，发出左转到位信号 左转到位　　左转到位信号 ─┤├───（　） 	符号	地址	注释
---	---	---
左转到位	I0.3	
左转到位信号	V1001.4			当机械手前往分拣站左转到位时，发出 左转到位信号 V1001.4，使供料站推料

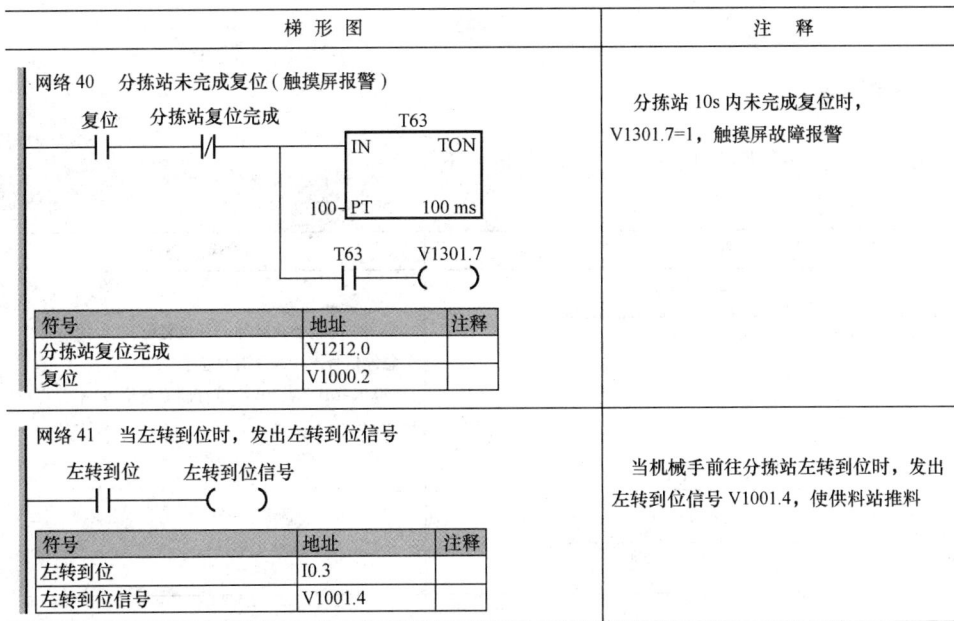

图 3-13　搬运站 PLC 主程序（十三）

当网络通信正常时，使搬运站 PLC 处于"RUN"状态，PLC 输出端 Q1.7 闪烁；当网络通信异常时，主站 PLC 输出端 Q1.6 常亮，应检查通信电缆是否连接好，网络连接器终端电阻是否为"OFF"状态。

练习题

（1）什么是网络数据缓冲区？

（2）分别写出主站与从站交换信息的字节地址。

（3）自动生产线中各站的网络地址分别是多少？

（4）怎样在 PLC 中设置和下载网络地址？

任务二　分析供料站程序

任务引入

供料站的工作流程如下。

（1）开机后自动复位并发出供料站复位信号。若无正常复位，则向系统发出报警信号，并在触摸屏上显示。

（2）生产线启动后，若供料站的物料台上没有工件，则把工件推到物料台上，并向系统发出物料台上有工件信号。

（3）若供料站的工件库内没有工件或工件不足，则向系统发出报警信号，并在触摸屏上显示。

（4）物料台上的工件被搬运站机械手取出后，若系统启动信号仍然有效，则进行下一次推出工件操作。

任务实施

供料站 PLC 程序如图 3-14 所示，程序分析如下。

梯 形 图	注 释
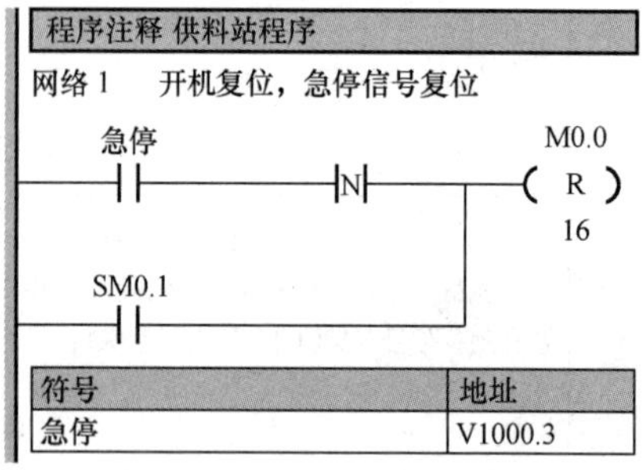 **程序注释 供料站程序** 网络1　开机复位，急停信号复位 急停　　　　　　　　　M0.0 ─┤├──────┤N├──(R) 　　　　　　　　　　　　16 SM0.1 ─┤├─ 符号　　　　　　地址 急停　　　　　　V1000.3	SM0.1 为初始化脉冲，开机复位； 急停信号 V1000.3 时复位； M0.0～M1.7 共 16 个位存储器复位
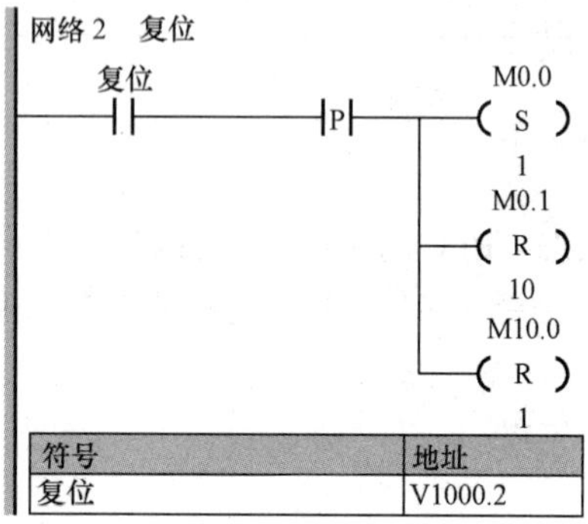 网络2　复位 复位　　　　　　　　　M0.0 ─┤├──────┤P├──(S) 　　　　　　　　　　　　1 　　　　　　　　　　　M0.1 　　　　　　　　　　　(R) 　　　　　　　　　　　10 　　　　　　　　　　　M10.0 　　　　　　　　　　　(R) 　　　　　　　　　　　1 符号　　　　　　地址 复位　　　　　　V1000.2	复位信号 V1000.2=1 时： M0.0 置位； M0.1～M1.2 复位； M10.0 复位
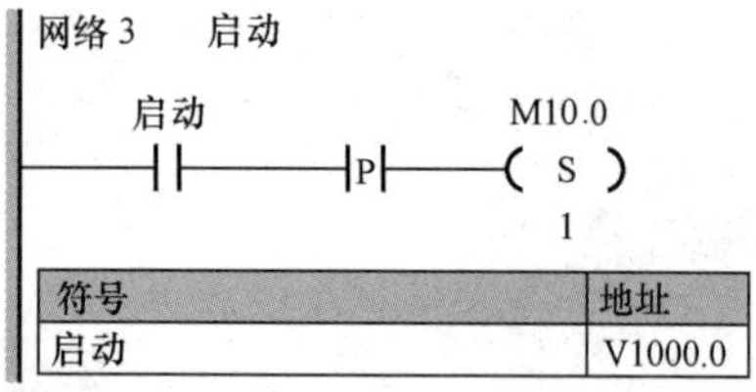 网络3　启动 启动　　　　　　M10.0 ─┤├──┤P├──(S) 　　　　　　　　　1 符号　　　　　　地址 启动　　　　　　V1000.0	启动信号 V1000.0=1 时： M10.0 置位
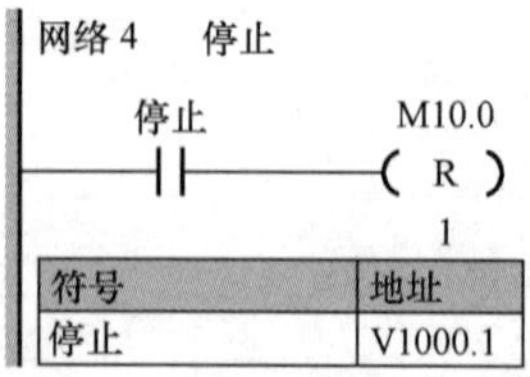 网络4　停止 停止　　　　　M10.0 ─┤├──(R) 　　　　　　　1 符号　　　　　　地址 停止　　　　　　V1000.1	停止信号 V1000.1=1 时： M10.0 复位
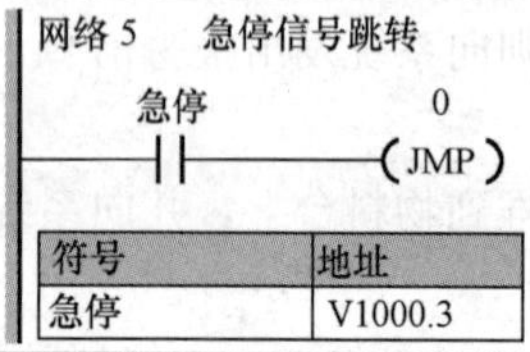 网络5　急停信号跳转 急停　　　　　0 ─┤├──(JMP) 符号　　　　　　地址 急停　　　　　　V1000.3	急停信号 V1000.3=1 时，程序指针跳 转标号 0 处

图 3-14　供料站 PLC 控制程序（一）

梯 形 图	注 释

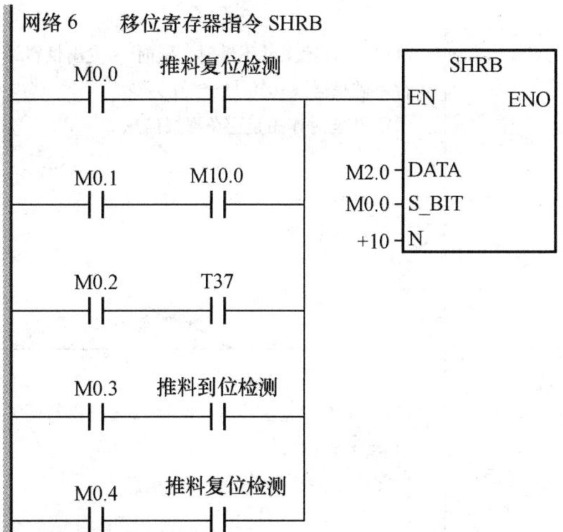

网络6 移位寄存器指令 SHRB

M0.0 — 推料复位检测 — SHRB [EN ENO]
M0.1 — M10.0
M0.2 — T37
M0.3 — 推料到位检测
M0.4 — 推料复位检测

M2.0 — DATA
M0.0 — S_BIT
+10 — N

符号	地址	注释
推料到位检测	I0.3	
推料复位检测	I0.4	

注释：
SHRB 指令：
(1) 当 M0.0=1 时，如果推料复位状态，则 M0.1=1；
(2) 启动后 M10.0=1，M0.2=1，如果推料区有工件，物料台无工件，则 T37 延时 2s；
(3) T37 延时时间到，M0.3=1，推料电磁阀通电推出工件到物料台；
(4) 如果推料到位，M0.4=1；
(5) 推料电磁阀断电，如果推料复位，M0.5=1

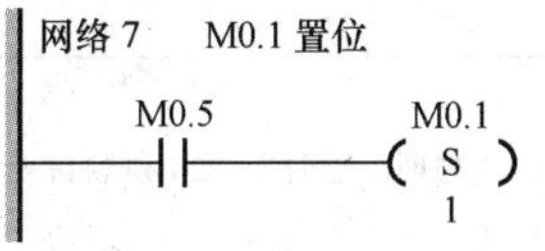

网络7 M0.1 置位

M0.5 — M0.1 (S) 1

当 M0.5=1 时，M0.1 置位，SHRB 重新开始移位

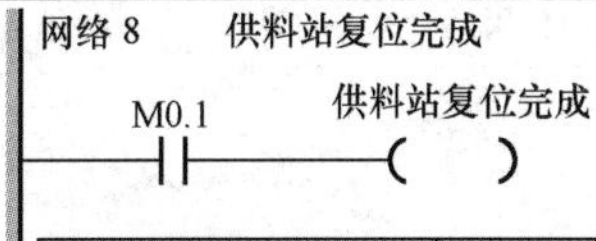

网络8 供料站复位完成

M0.1 — 供料站复位完成 ( )

符号	地址
供料站复位完成	V1010.0

当 M0.1=1 时。供料站发出复位完成信号 V1010.0

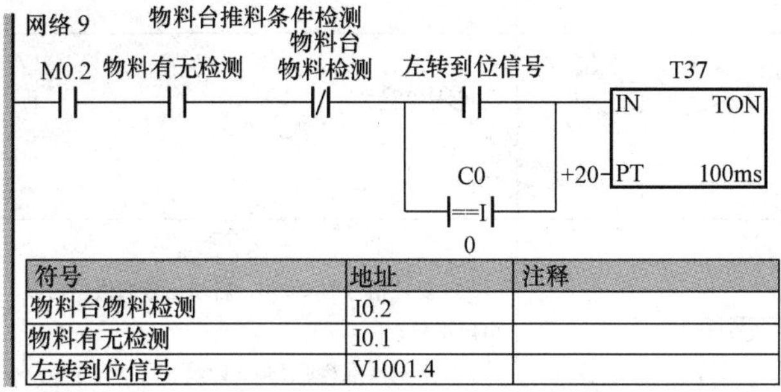

网络9 物料台推料条件检测

M0.2 — 物料有无检测 — 物料台物料检测 — 左转到位信号 — T37 [IN TON]
C0 ==I 0 — +20 PT 100ms

符号	地址	注释
物料台物料检测	I0.2	
物料有无检测	I0.1	
左转到位信号	V1001.4	

当 M0.2=1 时，推料条件是推料区有工件，物料台无工件。
(1) 开机推料。按下启动按钮时，C0=0，则 T37 延时 2s。
(2) 继续推料。C0≠0，机械手已前往分拣站，左转到位时，则 T37 延时 2s

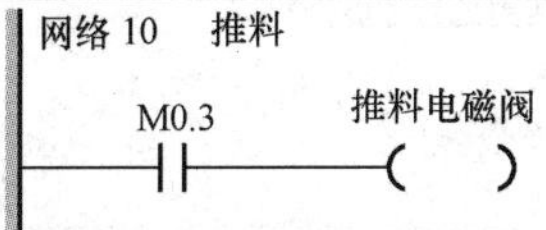

网络10 推料

M0.3 — 推料电磁阀 ( )

符号	地址
推料电磁阀	Q0.0

当 M0.3=1 时，推料电磁阀通电，将工件推向物料台

图 3-14 供料站 PLC 控制程序（二）

159

任务二

梯 形 图	注 释
网络 11　工件库工件不够检测 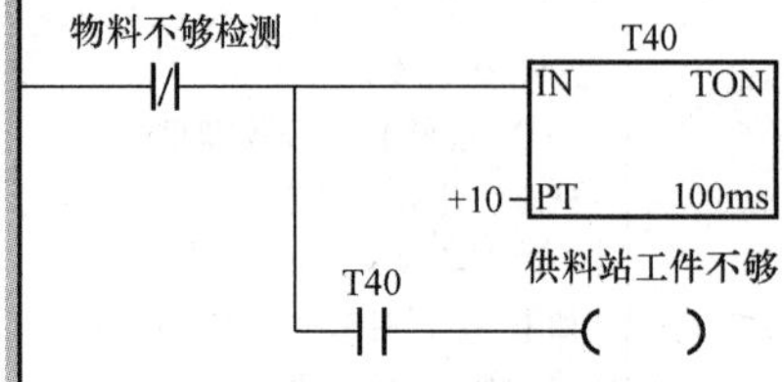 物料不够检测　　　　　　T40 　　─┤／├─　　　　IN　　TON 　　　　　　　　　　+10─PT　　100ms 　　　　　　T40　　供料站工件不够 　　　　─┤├─　　　（　） | 符号	地址
供料站工件不够	V1010.1
物料不够检测	I0.0		(1) 当工件库工件不够时，延时 1s 发出供料站工件不够信号 V1010.1； (2)T40 延时作用是避免误报信息
网络 12　工件库无工件检测 物料有无检测　　　　　　T41 　　─┤／├─　　　　IN　　TON 　　　　　　　　　　+10─PT　　100ms 　　　　　　T41　　供料站工件有无 　　　　─┤├─　　　（　） | 符号	地址
供料站工件有无	V1010.2
物料有无检测	I0.1		(1) 当工件库无工件时，延时 1s 发出供料站无工件信号 V1010.2； (2)T41 延时作用是避免误报信息
网络 13　物料台有无工件检测 物料台物料检测　　　　　T42 　　─┤├─　　　　IN　　TON 　　　　　　　　　　+10─PT　　100ms 　　　　　　T42　　供料台工件有无 　　　　─┤├─　　　（　） | 符号	地址
供料台工件有无	V1010.3
物料台物料检测	I0.2		(1) 当物料台无工件时，延时 1s 发出供料台无工件信号 V1010.3； (2)T42 延时作用是避免误报信息
网络 14　标号 0 处 　　　0 　┌──┐ 　│ LBL │ 　└──┘	标号 0 处
网络 15　复位信号时 C0 复位，M0.3 计数 M0.3　　　　　　C0 ─┤├─　　　CU　CTU 复位 ─┤├─┤P├─　R 　　　　+1000─PV | 符号	地址
复位	V1000.2		(1) 复位信号时 C0=0，启动信号后供料台可以推料； (2) 第一次推料后 M0.3 计数，C0 不等于 0，只有机械手左转到位后才能推料

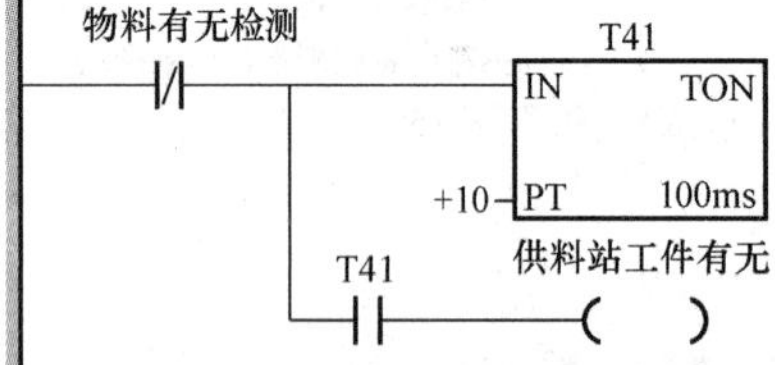

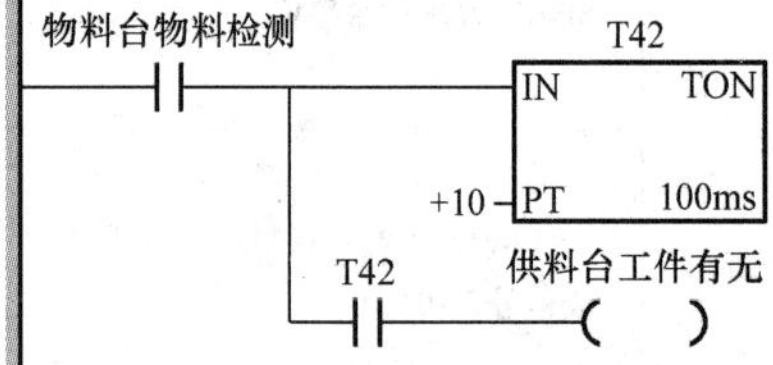

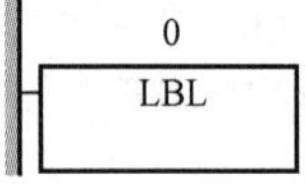

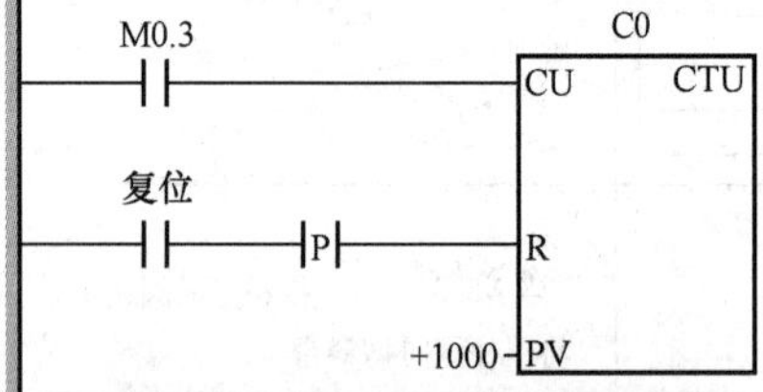

图 3-14　供料站 PLC 控制程序（三）

练习题

（1）搬运站与供料站之间交换哪几部分信息？

（2）触摸屏显示供料站的什么信息？

（3）首次启动后供料站多长时间推出工件到物料台？如果该时间需要调整，应调节哪个参数？

任务三　分析加工站程序

任务引入

加工站的工作流程如下。

（1）开机后自动复位并发出复位完成信号。若无正常复位，则向系统发出报警信号，并在触摸屏上显示。

（2）系统启动后，加工站物料台的光电传感器检测到工件后，气动手指夹紧工件，二维运动装置开始动作。

（3）若物料台已有工件则发出物料台有工件信号，不允许搬运站机械手伸出，避免工件碰撞。

（4）工件定位后，主轴下降并模拟钻孔加工，完成后，主轴电机提升并停止。

（5）二维运动装置返回原点，向系统发出加工完成信号，机械手伸出取走加工好工件。

任务实施

加工站 PLC 程序由主程序、X 轴运行子程序 0、X 轴停止子程序 1、Y 轴运行子程序 2、Y 轴停止子程序 3 五部分构成，程序分析如下。

1. 主程序（见图 3-15）

梯　形　图	注　　释
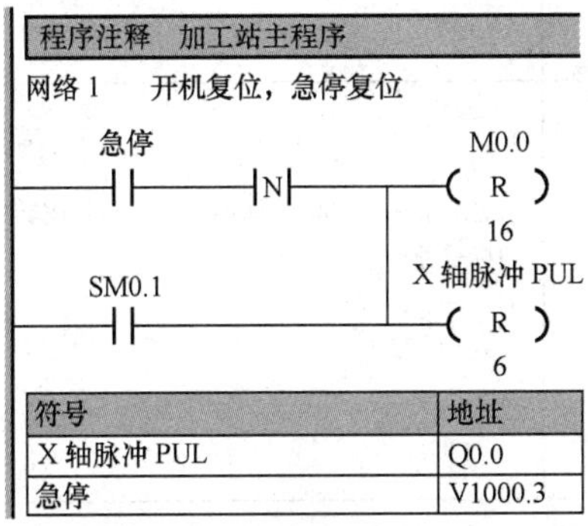 **程序注释　加工站主程序** 网络 1　开机复位，急停复位 　急停　　　　　　　　　M0.0 　─┤├─┤N├──────（ R ） 　　　　　　　　　　　　16 　　　　　　　　X 轴脉冲 PUL 　SM0.1　　　　　　　（ R ） 　─┤├──────────　6 | 符号 | 地址 | | X 轴脉冲 PUL | Q0.0 | | 急停 | V1000.3 |	SM0.1 为初始化脉冲，开机复位 急停信号 V1000.3=1 时复位； M0.0～M1.7 共 16 个位存储器复位； Q0.0～Q0.5 共 6 个输出继电器复位

图 3-15　加工站 PLC 主程序（一）

梯 形 图	注 释
网络 2　复位信号时，M0.0 置位 复位　　　　　　　　　M0.0 ─┤├──┤P├──(S) 　　　　　　　　　　　1 　　　　　　　　　M0.1 　　　　　　　　　(R) 　　　　　　　　　15 　　　　　　　　　M10.0 　　　　　　　　　(R) 　　　　　　　　　1 　　　　　　　夹紧电磁阀 　　　　　　　　　(R) 　　　　　　　　　1 | 符号	地址 | |---|---| | 复位 | V1000.2 | | 夹紧电磁阀 | Q0.4 |	复位信号 V1000.2=1 时： M0.0 置位； M0.1～M1.7 共 15 个位存储器复位； M10.0 复位； 夹紧电磁阀复位
网络 3　启动信号时，M10.0 置位 启动　　　　　M10.0 ─┤├──────(S) 　　　　　　　1 | 符号 | 地址 | |---|---| | 启动 | V1000.0 |	启动信号 V1000.0=1 时，M10.0 置位
网络 4　停止和周期完成信号时，M10.0 复位 停止　　　周期完成信号　　M10.0 ─┤├──────┤├──────(R) 　　　　　　　　　　　　　1 | 符号 | 地址 | 注释 | |---|---|---| | 停止 | V1000.1 | | | 周期完成信号 | V1000.4 | |	停止信号 V1000.1 和周期完成信号 V1000.4=1 时，M10.0 复位
网络 5　急停信号时跳转 急停　　　　　0 ─┤├──────(JMP) | 符号 | 地址 | |---|---| | 急停 | V1000.3 |	急停信号 V1000.3=1 时，程序指针跳转到标号处

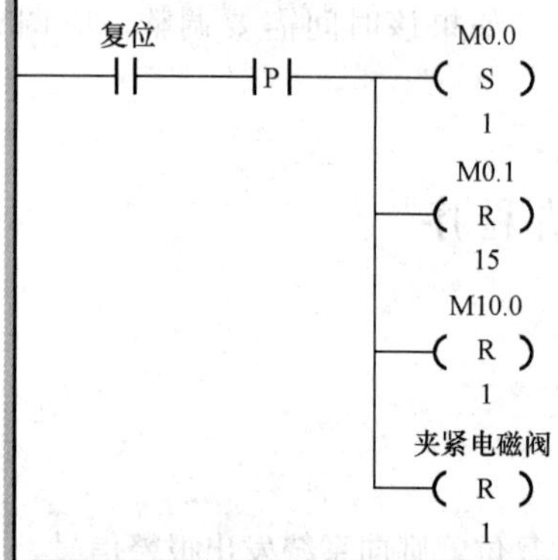

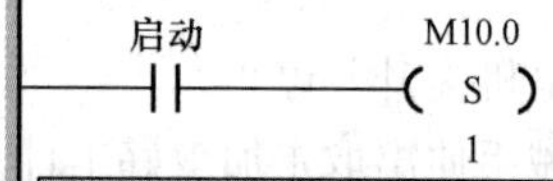

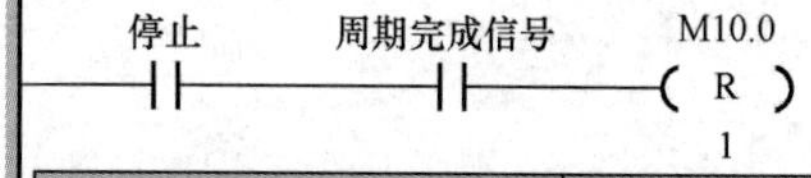

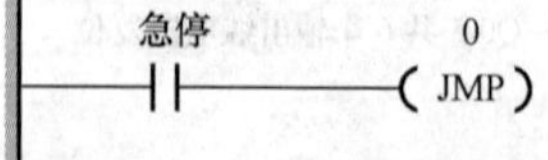

图 3-15　加工站 PLC 主程序（二）

梯 形 图	注 释

网络6　移位寄存器指令 SHRB

```
  M0.0      气夹夹紧检测            ┌─────SHRB─────┐
───┤├─────────┤/├──────────────────┤EN        ENO├
                                   │              │
  M0.1      主轴上限         M2.0 ─┤DATA          │
───┤├─────────┤├──           M0.0 ─┤S_BIT         │
                              +16 ─┤N             │
  M0.2      M10.1                  └──────────────┘
───┤├─────────┤├──

  M0.3      M10.0
───┤├─────────┤├──

  M0.4       T37
───┤├─────────┤├──

  M0.5      气夹夹紧检测
───┤├─────────┤├──

  M0.6      SM66.7     SM76.7
───┤├─────────┤├─────────┤├──

  M0.7       T38
───┤├─────────┤├──

  M1.0      主轴上限
───┤├─────────┤├──

  M1.1       T39
───┤├─────────┤├──

  M1.2      离开加工位置
───┤├─────────┤├──
```

符号	地址
离开加工位置	V1001.2
气夹夹紧检测	I0.3
主轴上限	I0.4

移位寄存器指令 SHRB:

(1) 当 M0.0=1 时，如果气夹夹紧=0，则 M0.1=1；

(2) 当主轴在上限位置时，M0.2=1，调用子程序0和子程序2，X轴和Y轴后退返回原点位置；

(3) 当 X、Y 轴同时在原点位置时，M10.1=1，M0.3=1；

(4) 启动后，M10.0 置位，M0.4=1；

(5) 如果有工件，T37 延时后，M0.5=1；

(6) 如果气夹夹紧，M0.6=1，调用子程序0和子程序2，X轴和Y轴前进至工作位置；

(7) 当 PTO 空闲时，SM66.7 和 SM76.7=1，M0.7=1；

(8) 主轴下降，当下降到下限时，T38 延时，1s 后 M1.0=1；

(9) 主轴上升，到上限位置时 M1.1=1；

(10) 调用子程序0和子程序2，X轴和Y轴后退；当返回原点位置时，调用子程序1和子程序3，步进电动机停止；T39 延时 0.5s 后 M1.2=1；

(11) 当机械手离开加工站后，M1.3=1

网络7　M1.3=1 时，M0.3 置位

```
  M1.3              M0.3
───┤├──────────────( S )
                     1
```

当 M1.3=1 时，M0.3 置位，SHRB 指令从 M0.3=1 位置处开始移位

网络8　M0.2=1 时，返回原点时，M10.1 通电

```
  M0.2    X轴原点检测  Y轴原点检测      M10.1
───┤├────────┤├──────────┤├──────────( )
```

符号	地址
X轴原点检测	I0.1
Y轴原点检测	I0.2

(1) 当 M0.2=1 时，调用子程序0和子程序2；

(2) 当 X轴和 Y轴后退返回原点位置时，M10.1 通电

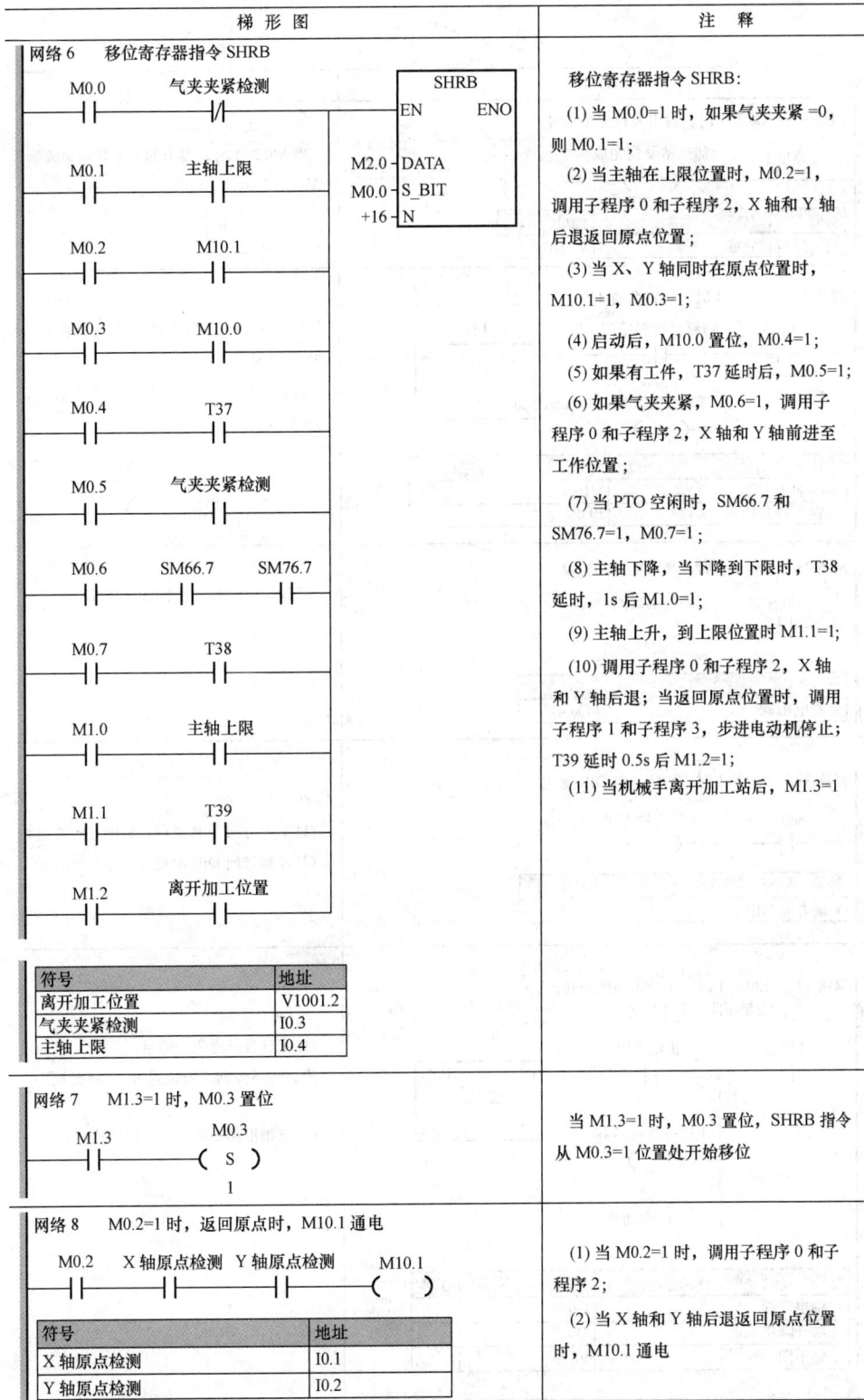

图 3-15　加工站 PLC 主程序（三）

梯 形 图	注 释
网络9 M0.3=1 时，发出复位完成信号 M0.3　　　加工站复位完成 ├─┤├─────────( ) | 符号	地址
加工站复位完成	V1010.0		当 M0.3=1 时，发出加工站复位完成信号 V1010.0
网络10 M0.4=1 时，物料台有工件，T37 延时 M0.4　　物料台物料检测　　　　T37 ├─┤├──────┬──────┤IN　　TON 　　　　　　　　　　　　　│ 　　　等待加工工件　　　+30─┤PT　100 ms 　　　　　( ) 	符号	地址	注释
等待加工工件	V1010.3	
物料台物料检测	I0.0			(1) 当 M0.4=1 时，如果有物料台有工件，T37 延时 3s； (2) 如果没有工件，发出等待工件信号 V1010.3
网络11 M0.5=1 时，夹紧电磁阀置位 M0.5　　　夹紧电磁阀 ├─┤├─────────(S) 　　　　　　　　　　　　1 | 符号	地址
夹紧电磁阀	Q0.4		当 M0.5=1 时，夹紧电磁阀置位
网络12 M0.6=1 时，Y 轴方向 DIR 通电 M0.6　　　Y 轴方向 DIR ├─┤├─────────( ) | 符号	地址
Y 轴方向 DIR	Q0.3		当 M0.6=1 时 (1) Y 轴方向 DIR 通电，Y 轴方向前进； (2) X 轴方向 DIR 断电，X 轴方向前进
网络13 M0.7=1 时，主轴电动机旋转， 　　　　　主轴下降，T38 延时 M0.7　　　主轴下限　　　　　T38 ├─┤├──────┤├──┬──┤IN　　TON 　　　　　　　　　　　　　│ 　　　主轴升降电磁阀　　+10─┤PT　100 ms 　　　　　( ) 　　　　　　│ 　　　主轴电动机 　　　　　( ) 	符号	地址	注释
主轴电动机	Q0.6	
主轴升降电磁阀	Q0.5	
主轴下限	I0.5			当 M0.7=1 时 (1) 主轴升降电磁阀通电，主轴气缸下降，当下降到下限位置时，T38 延时 1s； (2) 主轴电动机旋转，模拟钻孔

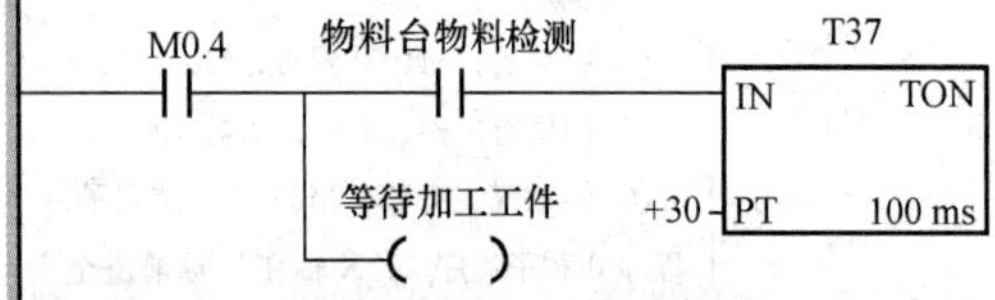

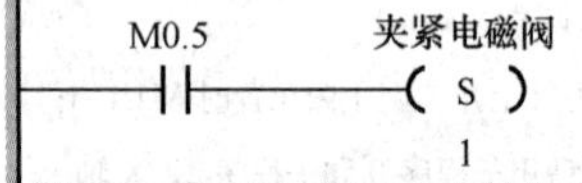

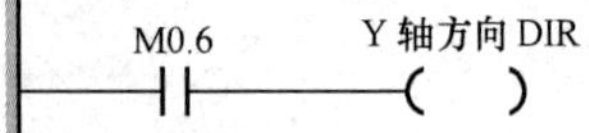

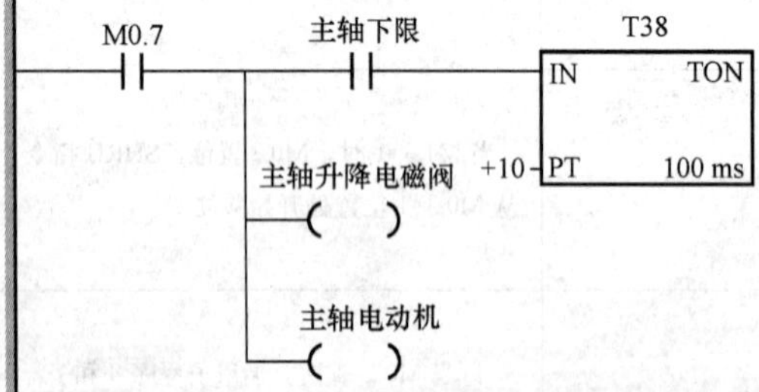

图 3-15　加工站 PLC 主程序（四）

梯 形 图	注 释
网络 14 M0.2 或 M1.1=1 时，X 轴方向 DIR 通电 M0.2　　　　X 轴原点检测　　X 轴方向 DIR ──┤├──────┤/├──────( )── 　│ M1.1 ──┤├── **符号** | **地址** X 轴方向 DIR | Q0.2 X 轴原点检测 | I0.1	当 M0.2 或 M1.1=1 时： (1) X 轴方向 DIR 通电，X 轴方向后退； (2) Y 轴方向 DIR 断电，Y 轴方向后退
网络 15 M1.1=1 时，如果返回原点，T39 延时； 　　　　　Y 轴返回原点时，夹紧电磁阀复位 M1.1　　X 轴原点检测　Y 轴原点检测　　　　T39 ──┤├────┤├─────┤├──────IN　　TON 　　　　　　　　　　　　　　　　　　+5─PT　100 ms 　　　Y 轴原点检测　夹紧电磁阀 　　──┤├──────(R)── 　　　　　　　　　　　　1 **符号** | **地址** | **注释** X 轴原点检测 | I0.1 | Y 轴原点检测 | I0.2 | 夹紧电磁阀 | Q0.4 |	当 M1.1=1 时： (1) 如果 X 轴、Y 轴返回原点位置，T39 延时 0.5s； (2) Y 轴返回原点位置，夹紧电磁阀复位
网络 16 M1.2 =1 时，发出加工完成信号 M1.2　　　　加工完成 ──┤├──────( )── **符号** | **地址** 加工完成 | V1010.2	当 M1.2=1 时，发出加工完成信号 V1010.2，搬运站机械手伸出取走加工好工件
网络 17 步进电动机脉冲值 VD100、VD200 SM0.0　　M0.2　　　　MOV_DW ──┤├───┤├────EN　　ENO── 　　　　　│ 　　　　M1.1　　+160000─IN　OUT─VD100 　　──┤├── 　　　M0.6　　　　　MOV_DW ──┤├─────EN　　ENO── 　　+3300─IN　OUT─VD100 　　　M0.2　　　　　MOV_DW ──┤├─────EN　　ENO── 　　　│ 　　M1.1　+160000─IN　OUT─VD200 ──┤├── 　　　M0.6　　　　　MOV_DW ──┤├─────EN　　ENO── 　　+69000─IN　OUT─VD200	SM0.0 通电后始终为 1： (1) M0.2 或 M1.1=1 时，X 轴返回原点位置，传送数值为 160 000； (2) M0.6=1 时，X 轴前进，传送数值为 3300； (3) M0.2 或 M1.1=1 时，Y 轴返回原点位置，传送数值为 160 000； (4) M0.6=1 时，Y 轴前进，传送数值为 69 000

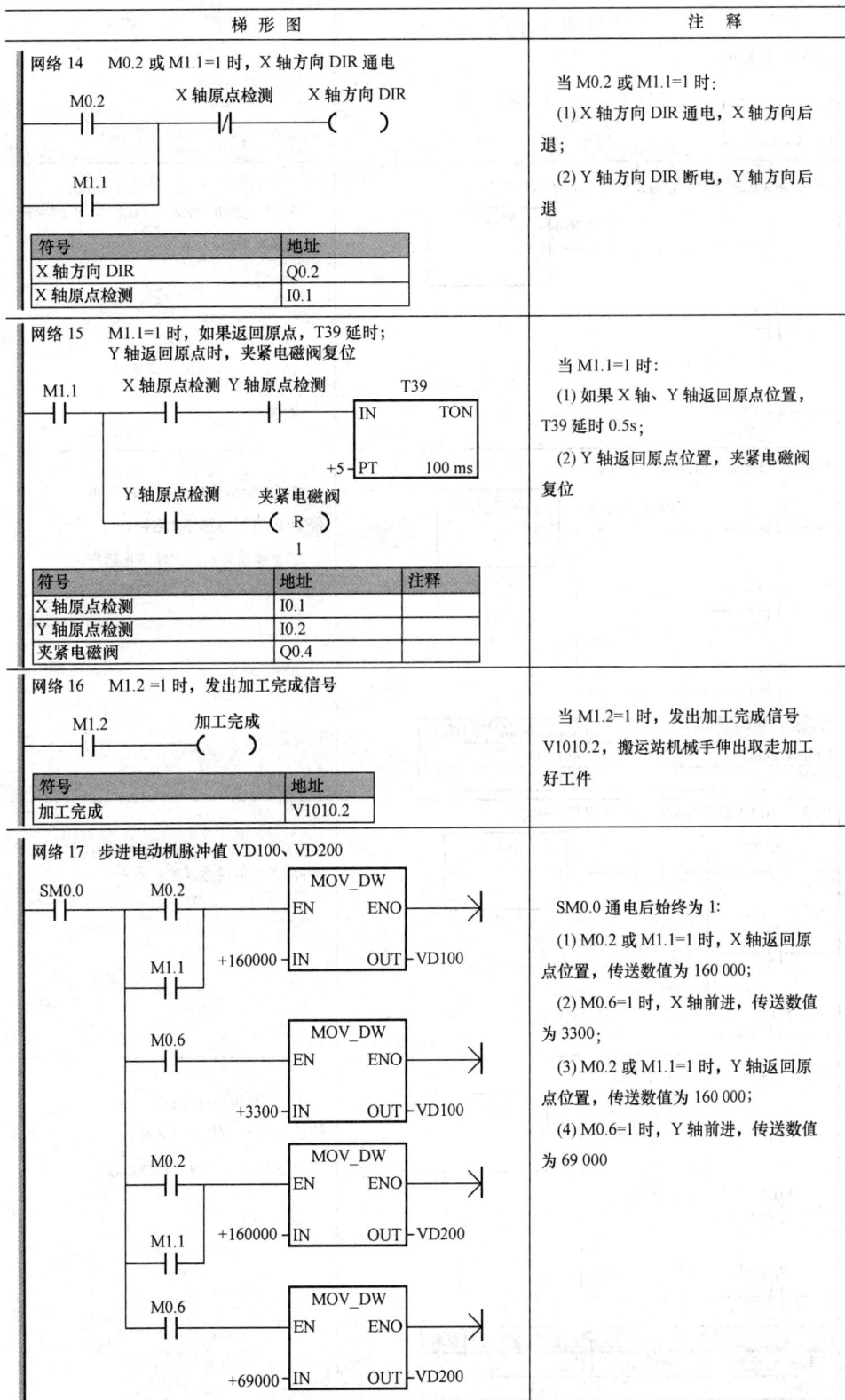

图 3-15　加工站 PLC 主程序（五）

梯 形 图	注 释
网络18 标号0处 0 ├─┤ LBL │	标号0处
网络19 M0.2或M0.6或M1.1=1时,调用子程序0 M0.2 ──┤├──┬──┤P├── SBR_0 EN M0.6 ──┤├──┤ M1.1 ──┤├──┘	当M0.2或M0.6或M1.1=1时,调用子程序0,X轴前进或返回
网络20 返回原点时,调用子程序1 M0.2 ──┤├── X轴原点检测 ──┤├── SBR_1 EN M1.1 ──┤├──┤ 急停 ──┤├──┘ 符号表	(1)当X轴返回原点位置时,调用停止子程序1,X轴停止运行; (2)急停信号=1时,X轴停止运行
网络21 M0.2或M0.6或M1.1=1时,调用子程序2 M0.2 ──┤├──┬──┤P├── SBR_2 EN M0.6 ──┤├──┤ M1.1 ──┤├──┘	当M0.2、M0.6、M1.1=1时,调用子程序2,Y轴前进或返回
网络22 返回原点时,调用子程序3 M0.2 ──┤├── Y轴原点检测 ──┤├── SBR_3 EN M1.1 ──┤├──┤ 急停 ──┤├──┘ 符号表	(1)当Y轴返回原点位置时,调用停止子程序3,Y轴停止运行; (2)急停信号=1时,Y轴停止运行

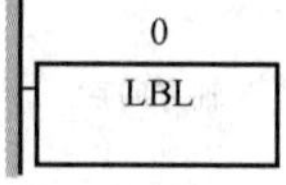

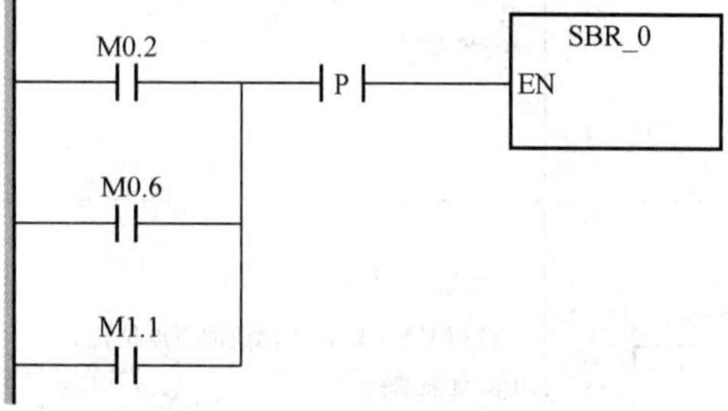

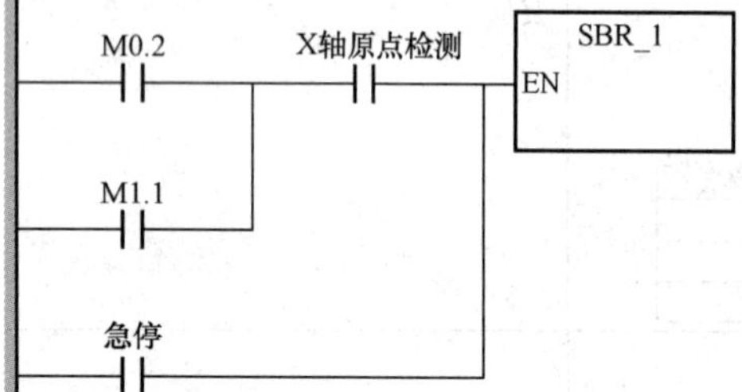

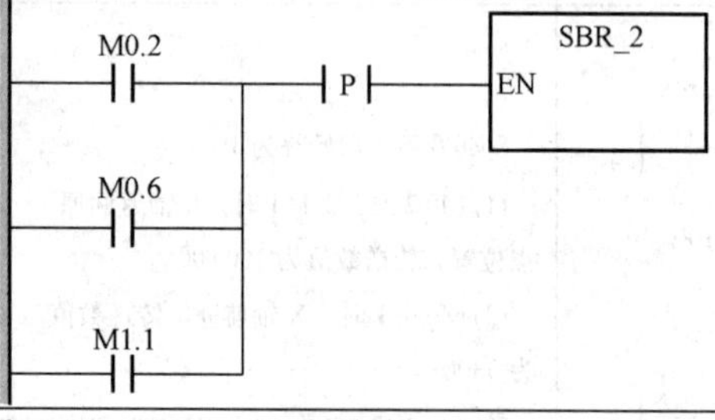

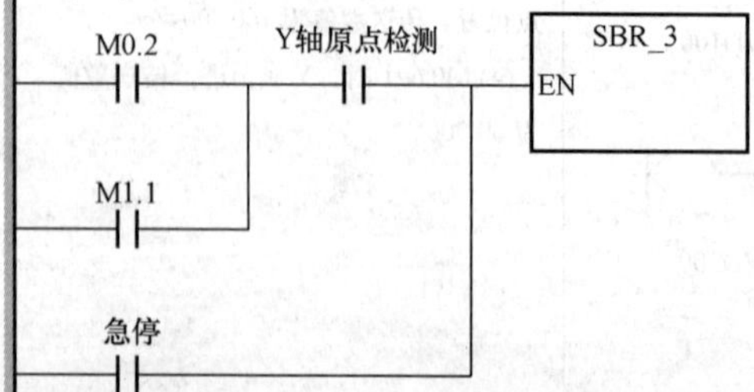

网络20 符号表:

符号	地址	注释
X轴原点检测	I0.1	
急停	V1000.3	

网络22 符号表:

符号	地址	注释
Y轴原点检测	I0.2	
急停	V1000.3	

图 3-15　加工站 PLC 主程序（六）

梯　形　图	注　释
网络23 发出加工台有工件信号 物料台物料检测　　加工台有工件 ──┤├──────（　） <table><tr><td>符号</td><td>地址</td></tr><tr><td>加工台有工件</td><td>V1010.1</td></tr><tr><td>物料台物料检测</td><td>I0.0</td></tr></table>	当物料台有工件时,发出加工台有工件 信号V1010.1

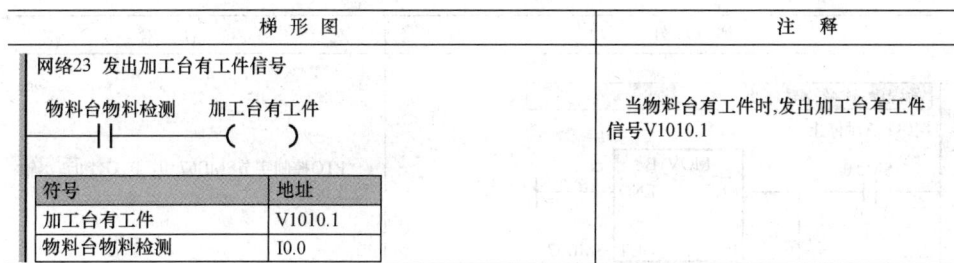

图 3-15　加工站 PLC 主程序（七）

2. 子程序 0（见图 3-16）

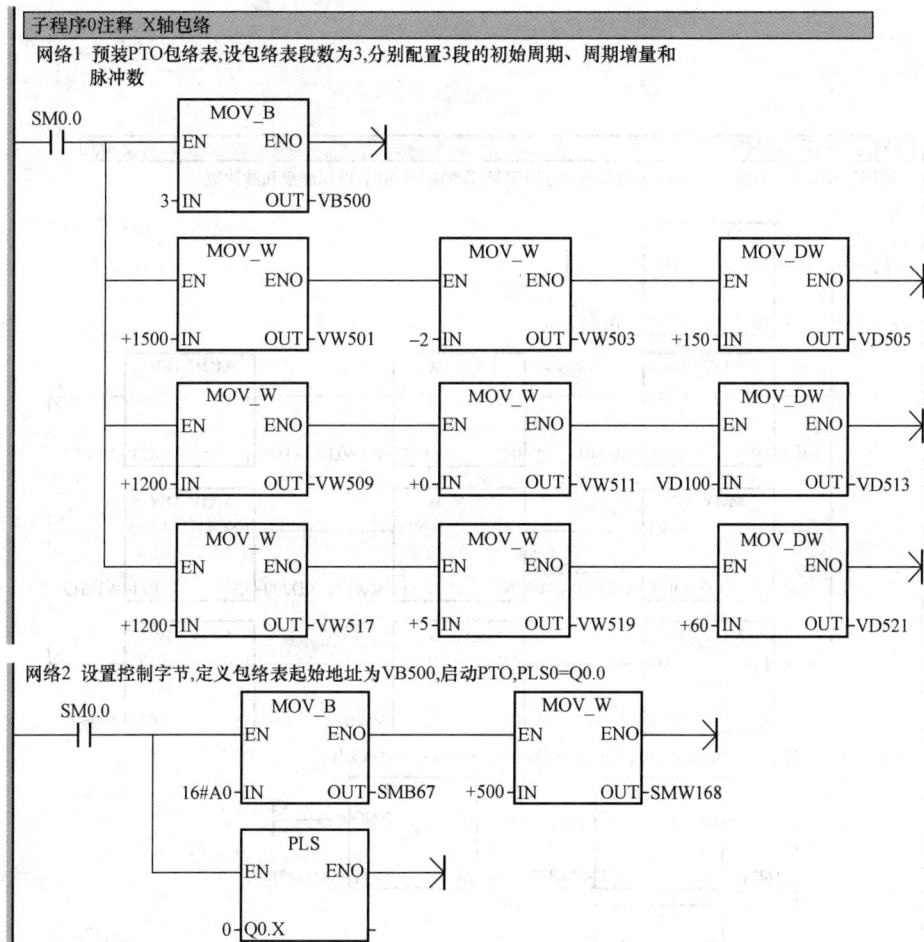

图 3-16　加工站 PLC 子程序 0

3. 子程序 1（见图 3-17）

4. 子程序 2（见图 3-18）

梯 形 图	注 释

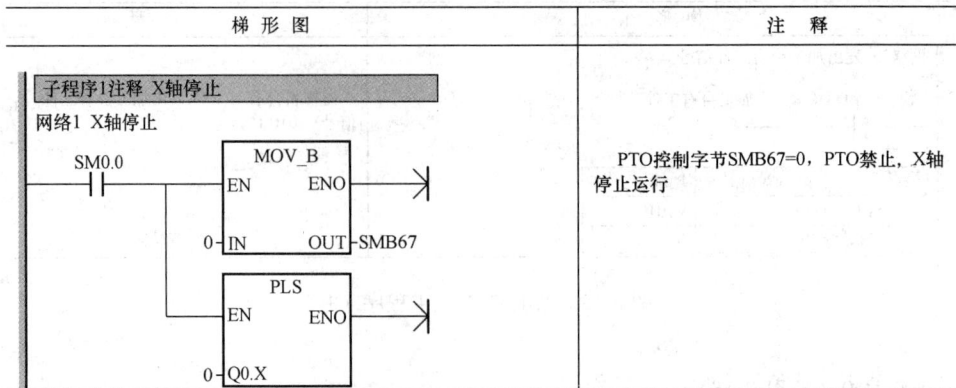

图 3-17　加工站 PLC 子程序 1

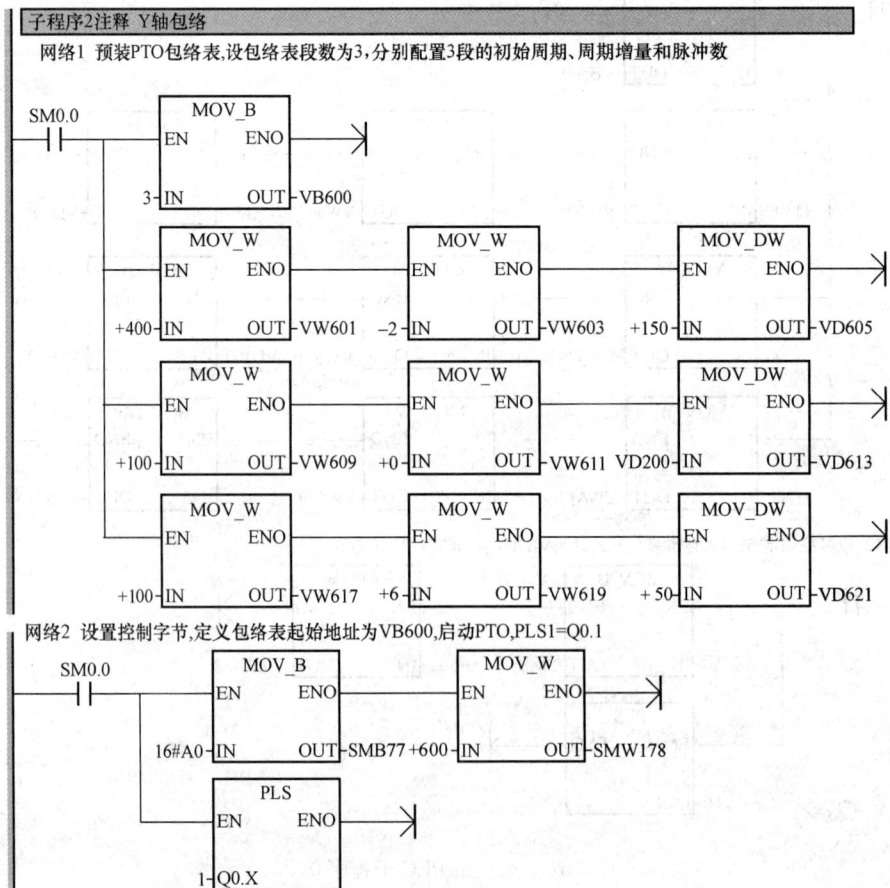

图 3-18　加工站 PLC 子程序 2

5. 子程序 3（见图 3-19）

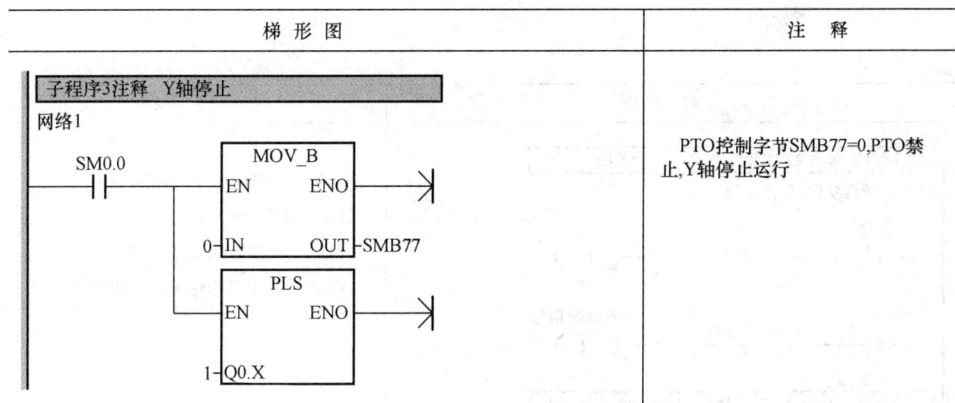

梯 形 图	注 释

子程序3注释 Y轴停止
 	
网络1
 	
SM0.0   MOV_B
─┤├──────EN   ENO─/
       0─IN OUT─SMB77
 	
         PLS
       EN ENO─/
     1─Q0.X
	PTO控制字节SMB77=0,PTO禁止,Y轴停止运行

图 3-19　加工站 PLC 子程序 3

练习题

（1）哪个参数控制"加工站复位完成信号"？

（2）哪几个参数控制调用子程序？

（3）哪几个参数控制步进电动机运行方向？

任务四　分析装配站程序

任务引入

装配站的工作流程如下。

（1）开机后自动复位并发出复位完成信号。若无正常复位，则向系统发出报警信号，并在触摸屏上显示。

（2）装配站物料台的传感器检测到工件后，旋转工作台将工件旋转到供料单元下方，并式供料单元顶料气缸伸出顶住倒数第二个工件。

（3）挡料气缸缩回，工件库中底层的工件落到待装配工件上，挡料气缸伸出到位，顶料气缸缩回，工件落到工件库底层。

（4）工作台将工件旋转到冲压装配单元下方，完成工件紧合装配。

（5）工作台将工件旋转到待搬运位置，向系统发出装配完成信号，机械手伸出取走装配好的工件。

（6）如果装配站的工件库没有小工件或工件不足，向系统发出报警信号，并在触摸屏上显示。

任务实施

装配站 PLC 程序由主程序、工作台旋转子程序 0、停止子程序 1 三部分构成，程序分析如下。

1. 主程序（见图 3-20）

梯 形 图	注 释
程序注释 装配站主程序 网络1 开机复位。急停复位 急停 ┤├──────┤N├────（ R ）M0.0 　　　　　　　　　　　　　16 SM0.1　　　　　　伺服脉冲信号 ┤├──────────（ R ） 　　　　　　　　　　　　　10 | 符号	地址
急停	V1000.3
伺服脉冲信号	Q0.0		SM0.1为初始化脉冲，开机复位； 急停信号V1000.3=1时复位； M0.0～M1.7共16个位存储器复位； Q0.0～Q1.1共10个输出继电器复位
网络2 复位 复位 ┤├──────┤P├────（ R ）M0.1 　　　　　　　　　　　　　15 　　　　　　　　　　　　（ R ）M10.0 　　　　　　　　　　　　　1 　　　　　　　　　　　　（ S ）M0.0 　　　　　　　　　　　　　1 | 符号	地址
复位	V1000.2		复位信号V1000.2=1时： M0.0置位； 其他M复位
网络3 启动 启动　　　　　　M10.0 ┤├──────（ S ） 　　　　　　　　　1 | 符号	地址
启动	V1000.0		启动信号V1000.0=1时，M10.0置位
网络4 停止 停止　　周期完成信号　M10.0 ┤├──────┤├────（ R ） 　　　　　　　　　　　　1 | 符号	地址
停止	V1000.1
周期完成信号	V1000.4		停止信号V1000.1和周期完成信号 V1000.4=1时，M10.0复位
网络5 急停跳转 急停　　　　　0 ┤├──────（ JMP ） | 符号	地址
急停	V1000.3		急停信号V1000.3=1时，程序指针跳转标 号0处

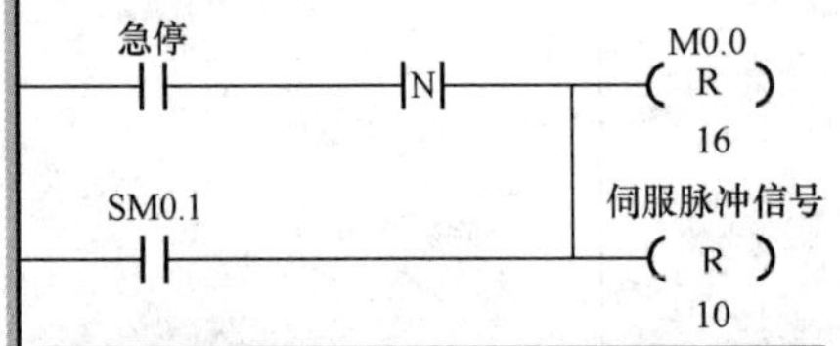

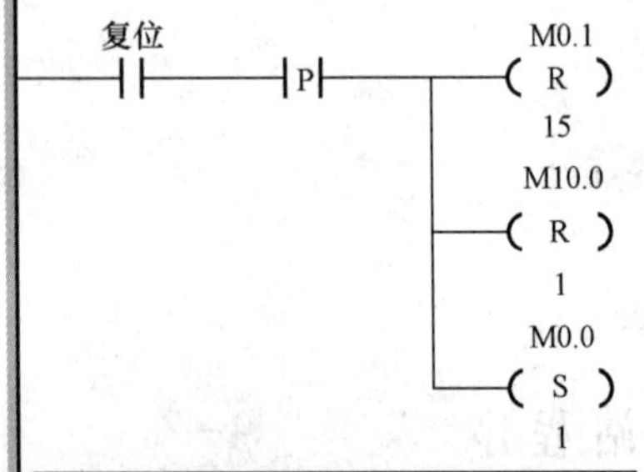

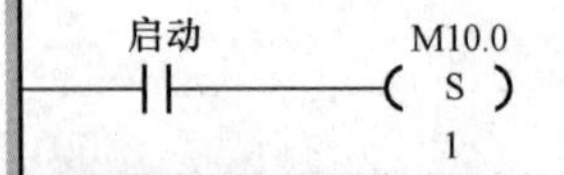

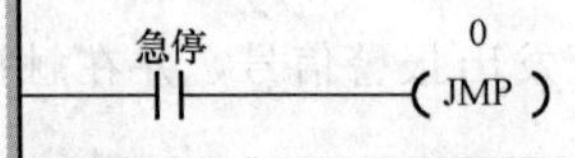

图 3-20　装配站 PLC 主程序（一）

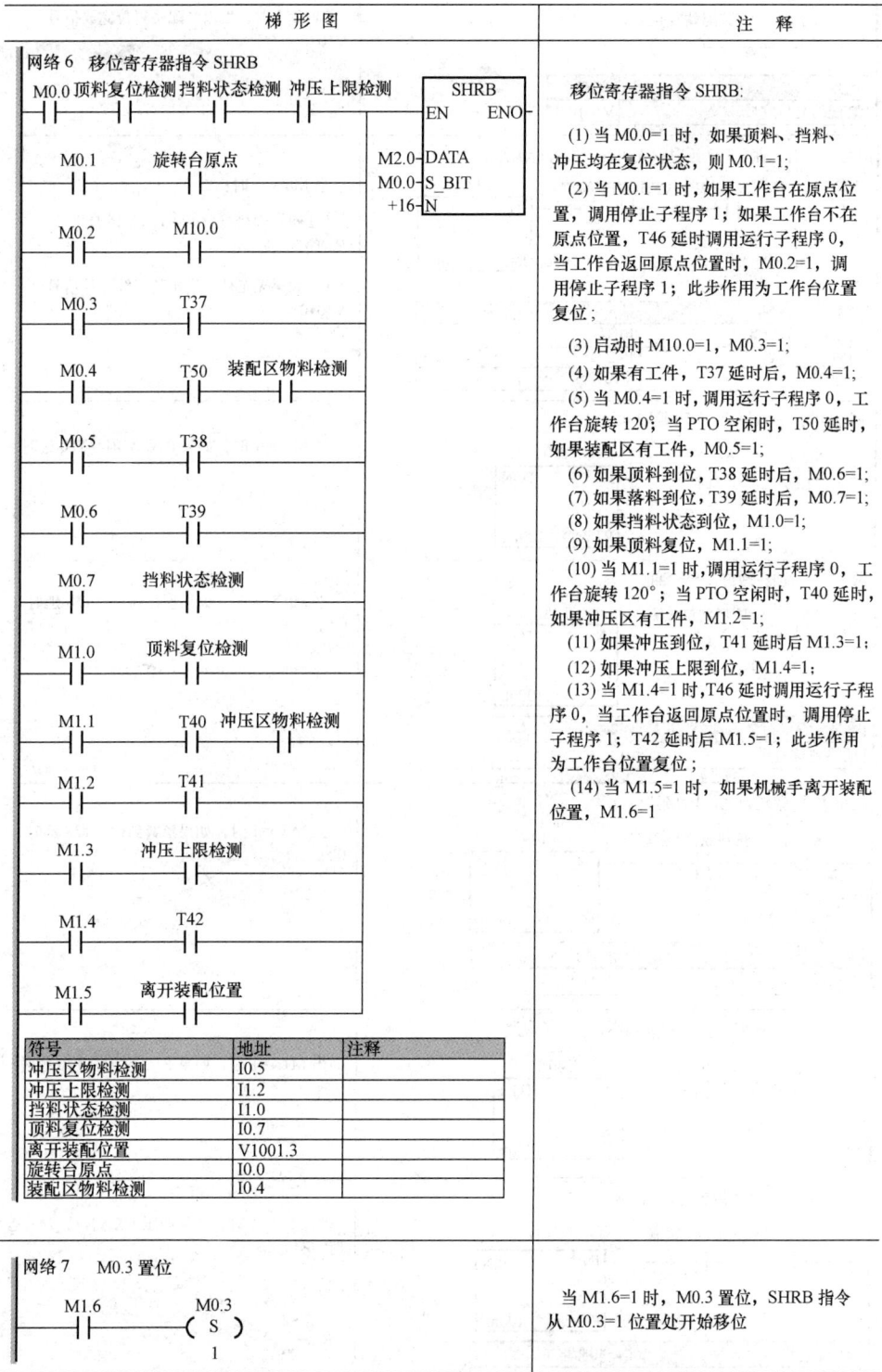

梯 形 图	注 释

网络6 移位寄存器指令 SHRB

```
M0.0 顶料复位检测 挡料状态检测 冲压上限检测        ┌─ SHRB ─┐
 ┤├      ┤├        ┤├        ┤├              EN    ENO

M0.1      旋转台原点                         M2.0─ DATA
 ┤├        ┤├                               M0.0─ S_BIT
                                             +16─ N
M0.2      M10.0
 ┤├        ┤├

M0.3      T37
 ┤├        ┤├

M0.4      T50    装配区物料检测
 ┤├        ┤├      ┤├

M0.5      T38
 ┤├        ┤├

M0.6      T39
 ┤├        ┤├

M0.7      挡料状态检测
 ┤├        ┤├

M1.0      顶料复位检测
 ┤├        ┤├

M1.1      T40    冲压区物料检测
 ┤├        ┤├      ┤├

M1.2      T41
 ┤├        ┤├

M1.3      冲压上限检测
 ┤├        ┤├

M1.4      T42
 ┤├        ┤├

M1.5      离开装配位置
 ┤├        ┤├
```

符号	地址	注释
冲压区物料检测	I0.5	
冲压上限检测	I1.2	
挡料状态检测	I1.0	
顶料复位检测	I0.7	
离开装配位置	V1001.3	
旋转台原点	I0.0	
装配区物料检测	I0.4	

移位寄存器指令 SHRB：

(1) 当 M0.0=1 时，如果顶料、挡料、冲压均在复位状态，则 M0.1=1；

(2) 当 M0.1=1 时，如果工作台在原点位置，调用停止子程序1；如果工作台不在原点位置，T46 延时调用运行子程序0，当工作台返回原点位置时，M0.2=1，调用停止子程序1；此步作用为工作台位置复位；

(3) 启动时 M10.0=1，M0.3=1；

(4) 如果有工件，T37 延时后，M0.4=1；

(5) 当 M0.4=1 时，调用运行子程序0，工作台旋转120°；当 PTO 空闲时，T50 延时，如果装配区有工件，M0.5=1；

(6) 如果顶料到位，T38 延时后，M0.6=1；

(7) 如果落料到位，T39 延时后，M0.7=1；

(8) 如果挡料状态到位，M1.0=1；

(9) 如果顶料复位，M1.1=1；

(10) 当 M1.1=1 时，调用运行子程序0，工作台旋转120°；当 PTO 空闲时，T40 延时，如果冲压区有工件，M1.2=1；

(11) 如果冲压到位，T41 延时后 M1.3=1；

(12) 如果冲压上限到位，M1.4=1；

(13) 当 M1.4=1 时，T46 延时调用运行子程序0，当工作台返回原点位置时，调用停止子程序1；T42 延时后 M1.5=1；此步作用为工作台位置复位；

(14) 当 M1.5=1 时，如果机械手离开装配位置，M1.6=1

网络7 M0.3 置位

```
M1.6        M0.3
 ┤├        ─( S )─
              1
```

当 M1.6=1 时，M0.3 置位，SHRB 指令从 M0.3=1 位置处开始移位

图 3-20 装配站 PLC 主程序（二）

梯 形 图	注 释
网络 8 发出装配站复位完成信号 M0.2 装配站复位完成 ├─┤ ├─────────( ) 表格： 符号 / 地址 装配站复位完成 / V1010.0	M0.2=1时，发出装配站复位完成信号 V1010.0
网络 9 有工件，T37 延时；无工件，发等待工件信号 M0.3 物料有无检测 入料区物料检测 T37 ├─┤ ├──┤ ├──────┤ ├─┤IN TON├ 装配等工件 ( ) +30─┤PT 100ms├ 表格： 符号 / 地址 / 注释 入料区物料检测 / I0.3 / 物料有无检测 / I0.2 / 装配等工件 / V1010.5 /	当 M0.3=1 时： (1) 如果物料台有工件，入料区有工件，则 T37 延时 3s； (2) 如果无工件，发出装配等工件信号 V1010.5
网络 10 包络停止，T50 延时 0.5s M0.4 SM66.7 T50 ├─┤ ├──┤ ├─┤IN TON├ +5─┤PT 100ms├	当 M0.4=1 时，如果 PTO 空闲，T50 延时 0.5s
网络 11 顶料到位，T38 延时 0.5s M0.5 顶料到位检测 T38 ├─┤ ├──┤ ├─┤IN TON├ +5─┤PT 100ms├ 表格： 符号 / 地址 顶料到位检测 / I0.6	当 M0.5=1 时，如果顶料到位，T38 延时 0.5s
网络 12 落料到位，T39 延时 0.5s M0.6 落料状态检测 T39 ├─┤ ├──┤ ├─┤IN TON├ +5─┤PT 100ms├ 表格： 符号 / 地址 落料状态检测 / I1.1	当 M0.6=1 时，如果落料到位，T39 延时 0.5s
网络 13 包络停止，T40 延时 0.5s M1.1 SM66.7 T40 ├─┤ ├──┤ ├─┤IN TON├ +5─┤PT 100ms├	当 M1.1=1 时，如果 PTO 空闲，T40 延时 0.5s
网络 14 冲压下限到位，T41 延时 0.5s M1.2 冲压下限检测 T41 ├─┤ ├──┤ ├─┤IN TON├ +5─┤PT 100ms├ 表格： 符号 / 地址 冲压下限检测 / I1.3	当 M1.2=1 时，如果冲压下限到位，T41 延 时0.5s

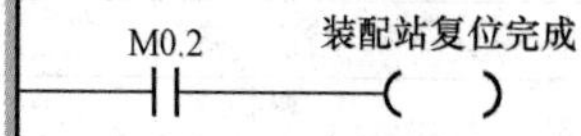

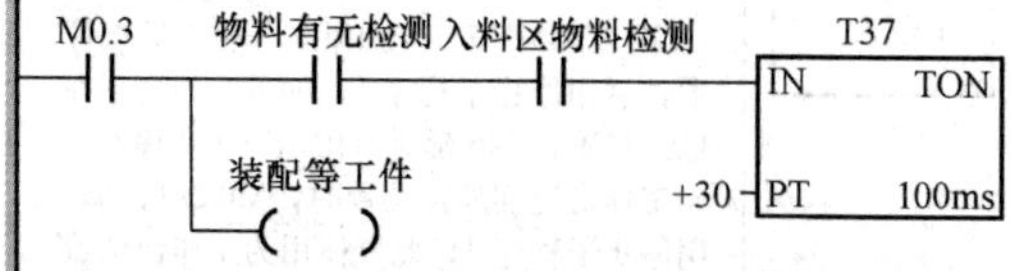

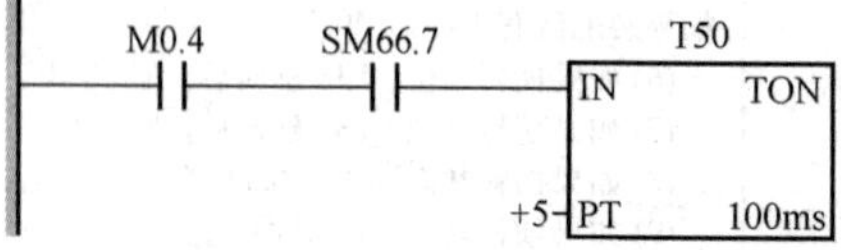

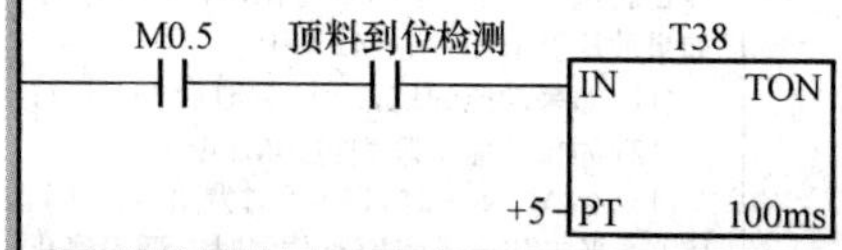

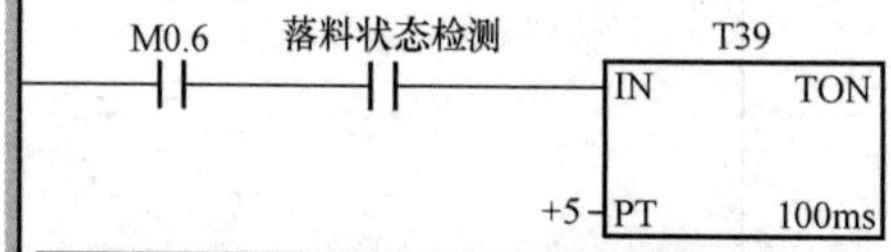

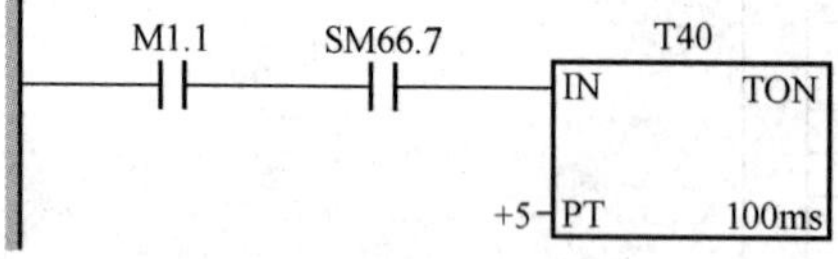

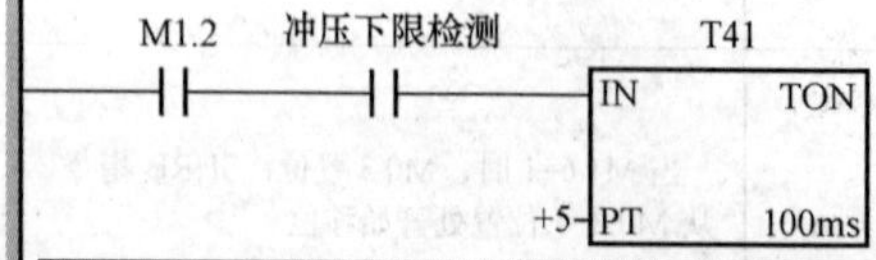

任务四

图 3-20 装配站 PLC 主程序（三）

梯 形 图	注 释
网络15 工作台返回原点位置，T42 延时 0.5s M1.4　旋转台原点　　　T42 ├─┤ ├──┤ ├──┤IN　　　TON│ 　　　　　　　　　　　│　　　　　　　│ 　　　　　　　　5─┤PT　　　100ms│ ┌──────┬────┬────┐ │符号　　　　│地址　　│注释│ ├──────┼────┼────┤ │旋转台原点　│I0.0　　│　　│ └──────┴────┴────┘	当 M1.4=1 时，如果工作台返回原点位置，T42 延时 0.5
网络16 发出装配完成信号 M1.5　　装配完成 ├─┤ ├──────( ) ┌──────┬──────┐ │符号　　　　│地址　　　　│ ├──────┼──────┤ │装配完成　　│V1010.4　　│ └──────┴──────┘	当 M1.5=1 时发出装配完成信号 V1010.4，搬运站机械手取走装配好工件
网络17 顶料电磁阀通电 M0.5　　顶料电磁阀 ├─┤ ├──────( ) │ M0.6 ├─┤ ├─ │ M0.7 ├─┤ ├─ ┌──────┬──────┐ │符号　　　　│地址　　　　│ ├──────┼──────┤ │顶料电磁阀　│Q0.2　　　　│ └──────┴──────┘	当 M0.5 或 M0.6 或 M0.7=1 时，顶料电磁阀通电
网络18 落料电磁阀通电 M0.6　　落料电磁阀 ├─┤ ├──────( ) ┌──────┬──────┐ │符号　　　　│地址　　　　│ ├──────┼──────┤ │落料电磁阀　│Q0.3　　　　│ └──────┴──────┘	当 M0.6=1 时，落料电磁阀通电
网络19 冲压电磁阀通电 M1.2　　冲压电磁阀 ├─┤ ├──────( ) ┌──────┬──────┐ │符号　　　　│地址　　　　│ ├──────┼──────┤ │冲压电磁阀　│Q0.4　　　　│ └──────┴──────┘	当 M1.2=1 时，冲压电磁阀通电
网络20 标号0处 　　0 ┌──────┐ │　LBL　　│ └──────┘	标号0处

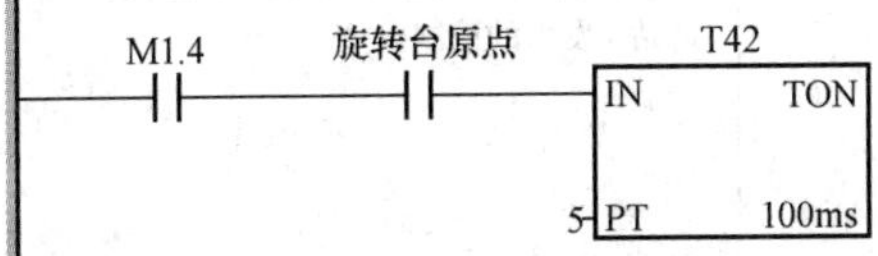

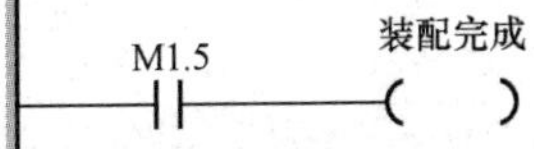

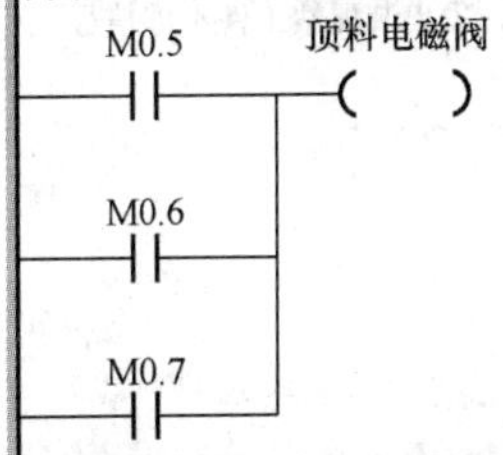

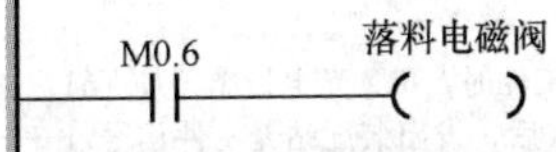

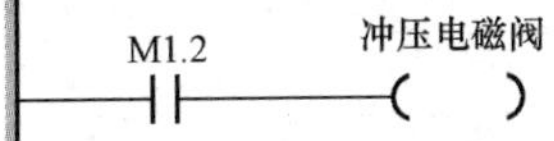

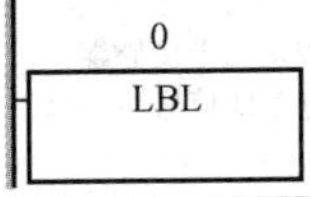

图 3-20　装配站 PLC 主程序（四）

任务四

梯 形 图	注 释
网络 21　红、绿、黄灯控制 SM0.0　　V1000.5　　警示红灯 ├─┤ ├──┤ ├───( ) 　　　　　V1000.6　　警示绿灯 　　　　├─┤ ├───( ) 　　　　　V1000.7　　警示黄灯 　　　　├─┤ ├───( ) <table><tr><td>符号</td><td>地址</td></tr><tr><td>警示红灯</td><td>Q0.5</td></tr><tr><td>警示黄灯</td><td>Q0.7</td></tr><tr><td>警示绿灯</td><td>Q0.6</td></tr></table>	红、绿、黄指示灯控制： 　V1000.5、V1000.6、V1000.7 是主站（搬运站）发出的控制信号
网络 22　发出工件不够信号 物料不够检测　　　　　T60 ├─┤／├──────┤IN　　TON├ 　　　　　　　　+15┤PT　　100ms├ 　　T60　　　装配站工件不够 ├─┤ ├───────( ) <table><tr><td>符号</td><td>地址</td></tr><tr><td>物料不够检测</td><td>I0.1</td></tr><tr><td>装配站工件不够</td><td>V1010.1</td></tr></table>	（1）工件不够时，I0.1 光电传感器使 T60 延时 1.5s 后，发出装配站工件不够信号 V1010.1； （2）工件够时，T60 断电
网络 23　发出工件有无信号 物料有无检测　　　　　T61 ├─┤／├──────┤IN　　TON├ 　　　　　　　　+15┤PT　　100ms├ 　　T61　　　装配站工件有无 ├─┤ ├───────( ) <table><tr><td>符号</td><td>地址</td></tr><tr><td>物料有无检测</td><td>I0.2</td></tr><tr><td>装配站工件有无</td><td>V1010.2</td></tr></table>	（1）无工件时，I0.2 光电传感器使 T61 延时 1.5s 后，发出装配站无工件信号 V1010.2； （2）有工件时，T61 断电
网络 24　发出装配台工件有无信号 入料区物料检测　装配台工件有无 ├─┤ ├───────( ) <table><tr><td>符号</td><td>地址</td></tr><tr><td>入料区物料检测</td><td>I0.3</td></tr><tr><td>装配台工件有无</td><td>V1010.3</td></tr></table>	（1）入料区有工件时，I0.3 光电传感器触点闭合，发出装配台有工件信号 V1010.3； （2）无工件时，信号 OFF

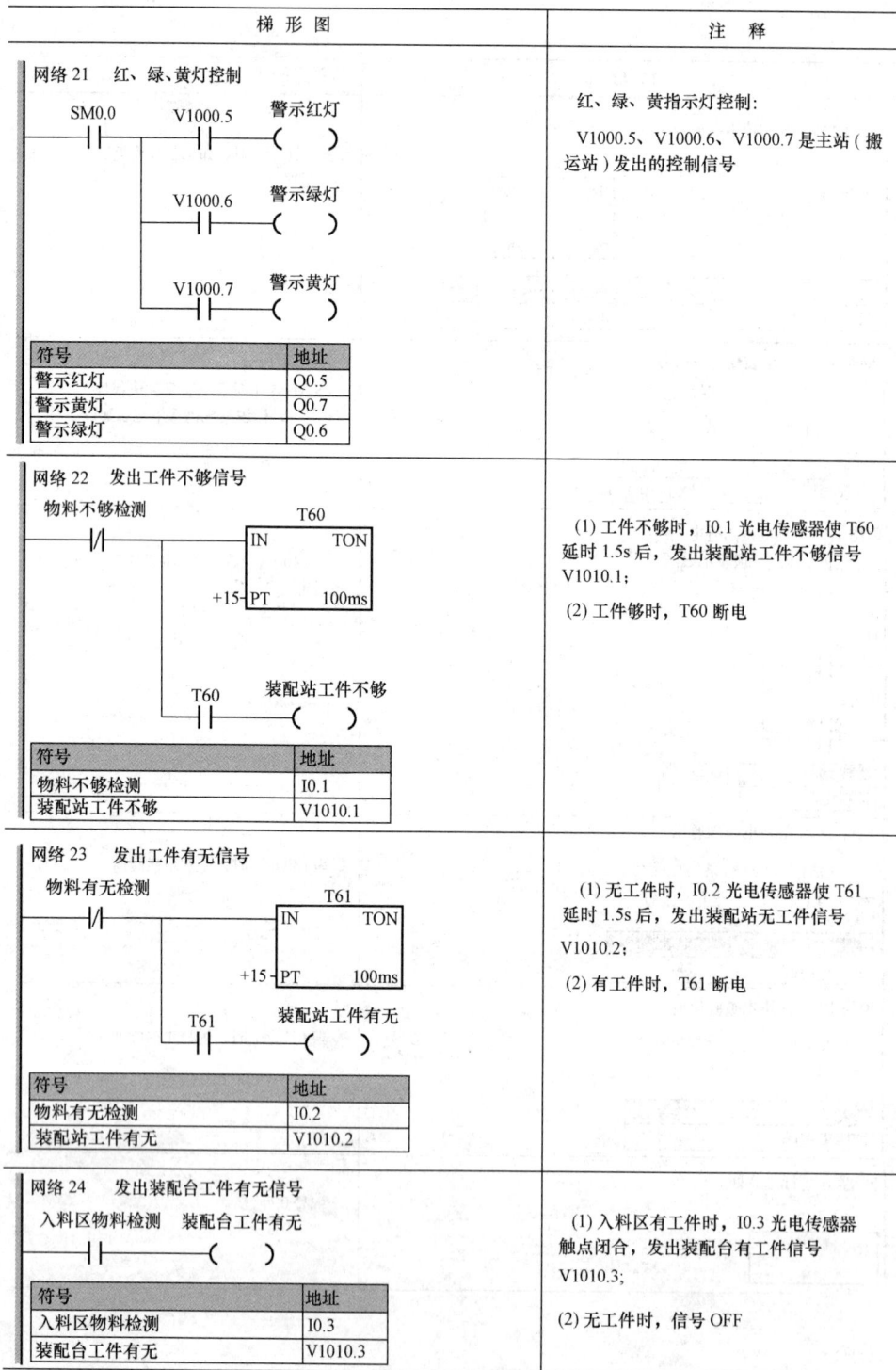

图 3-20　装配站 PLC 主程序（五）

梯 形 图	注 释
网络25 包络匀速段脉冲数 VD100 SM0.0 — M0.1 — MOV_DW (EN ENO / +150000—IN OUT—VD100) M1.4 M0.4 — MOV_DW (EN ENO / +43660—IN OUT—VD100) M1.1	(1) 当 M0.1 或 M1.4=1 时，传送数值 VD100=150 000；作为工作台位置复位用； (2) 当 M0.4 或 M1.1=1 时，传送数值 VD100=43 660；作为工作台旋转 120°用
网络26 T46 延时 0.2s M0.1 — T46 (IN TON / 2—PT 100ms) M1.4	当 M0.1 或 M1.4=1 时，T46 延时 0.2s
网络27 停止包络 M0.1 — 旋转台原点 — SBR_1 (EN) M1.4 M0.2 急停 	符号	地址	注释
急停	V1000.3	
旋转台原点	I0.0			(1) 当 M0.1 或 M1.4=1 时，工作台返回原点位置时，调用停止子程序 1； (2) 当 M0.2=1 或急停信号时，调用停止子程序 1
网络28 运行包络 T46 —|P|— SBR_0 (EN) M0.4 M1.1	当 T46 或 M0.4 或 M1.1=1 时，调用运行子程序 0

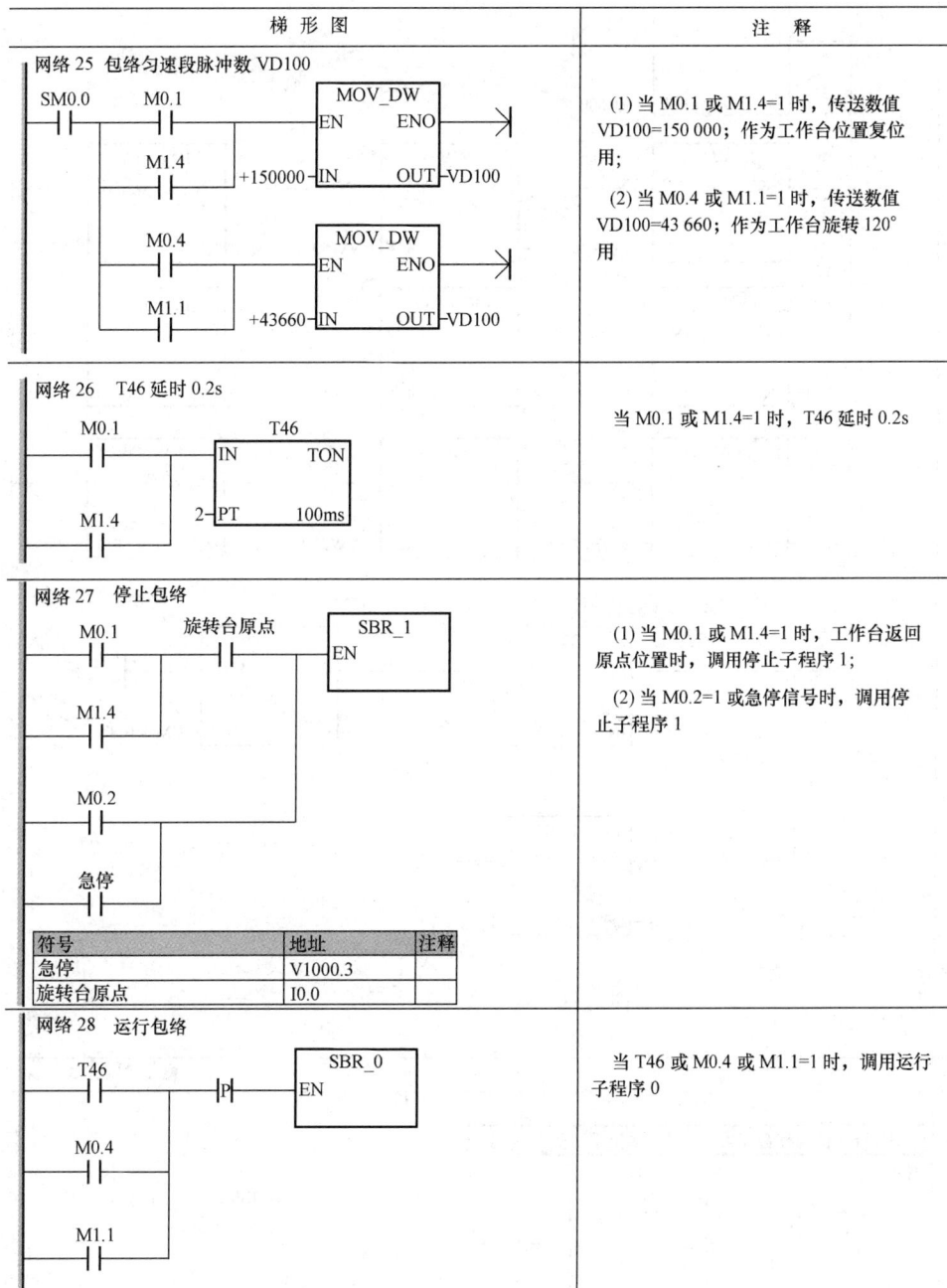

图 3-20 装配站 PLC 主程序（六）

2. 子程序 0 （见图 3-21）

3. 子程序 1 （见图 3-22）

子程序0注释　工作台旋转包络

网络1　预装PTO包络表，设包络表段数为3，分别配置3段的初始周期、周期增量和脉冲数

网络2　设置控制字节，定义包络表起始地址为VB500,启动PTO,PLS0=Q0.0

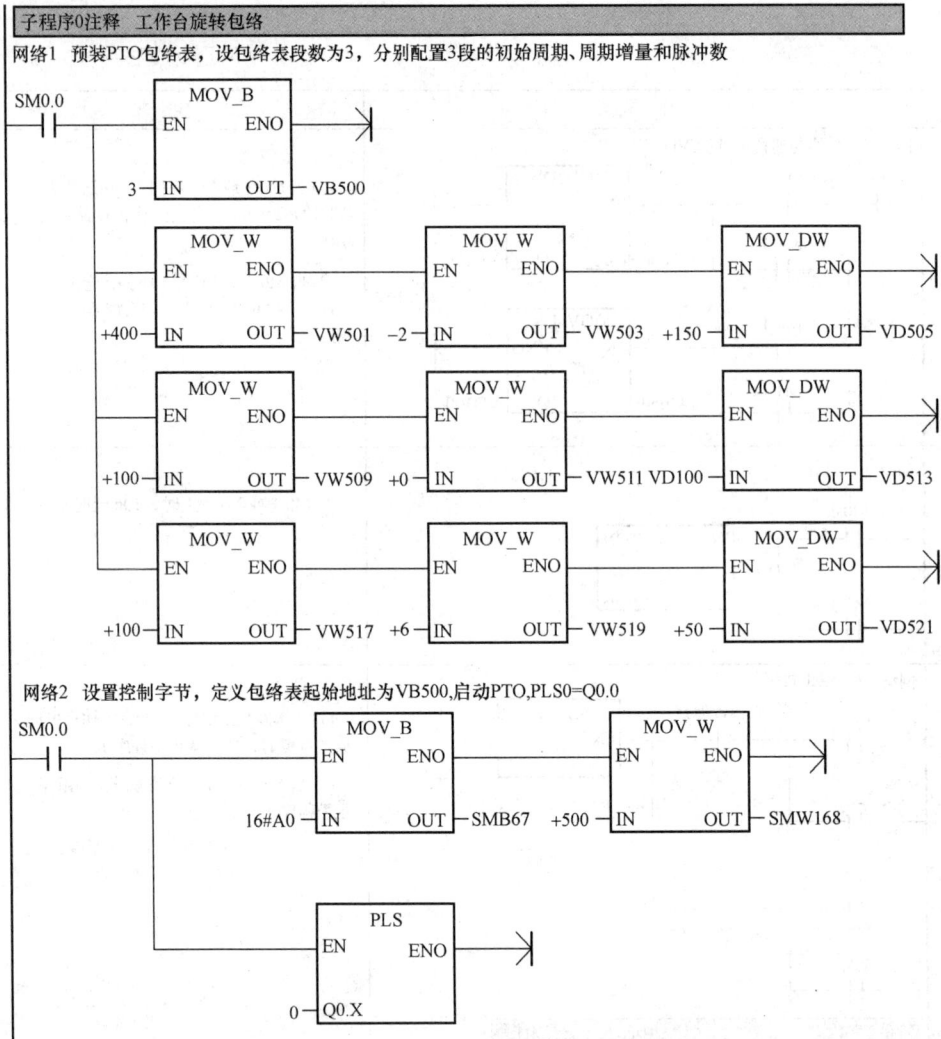

图 3-21　装配站 PLC 子程序 0

梯 形 图	注　释
子程序1注释 工作台停止运行 网络1 	PTO控制字节SMB67=0，PTO禁止，工作台停止运行

图 3-22　装配站 PLC 子程序 1

任务四

练习题

（1）哪个参数控制"装配站复位完成信号"？

（2）哪几个参数控制调用子程序？

（3）哪几个参数控制伺服电动机运行方向？

（4）哪个参数发出装配完成信号？

（5）如果装配站的工件库没有小工件或工件不足，哪几个参数发出报警信号？

任务五 分析分拣站程序

任务引入

分拣站的工作流程如下。

（1）开机后自动复位并发出复位完成信号。若无正常复位，则向系统发出报警信号，并在触摸屏上显示。

（2）入料口检测到工件后变频器启动，驱动传送带，把工件送入分拣区。

（3）如果工件为白色，则该工件到达1号槽，传送带停止，工件被推到1号槽中。

（4）如果工件为黑色，旋转气缸旋转，工件被导入2号槽中，传送带停止。

（5）当分拣槽对射光电传感器检测到有工件输入时，向系统发出分拣完成信号。

任务实施

分拣站PLC程序如图3-23所示，程序分析如下。

梯 形 图	注 释

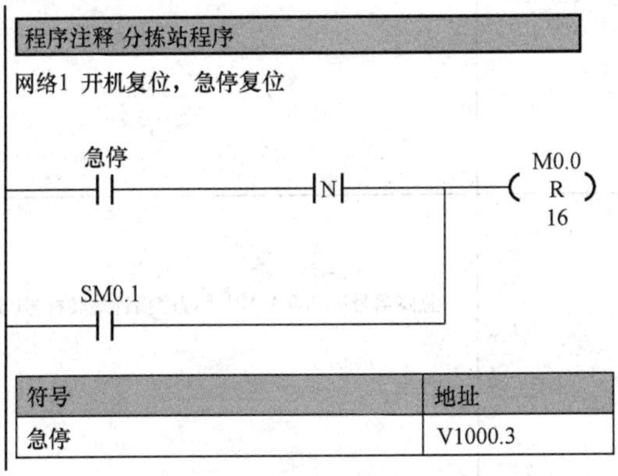 **程序注释 分拣站程序**
 	
网络1 开机复位，急停复位
 	
急停
┤├────┤N├────(M0.0
                        R)
                        16
 	
SM0.1
┤├
 	
| 符号
	地址 |
	|---|---|
	| 急停 | V1000.3 |
		SM0.1初始化脉冲，开机复位；
		急停信号V1000.3=1时复位；
		M0.0~M1.7共16个M复位

图 3-23 分拣站 PLC 控制程序（一）

梯 形 图	注 释
网络2 复位 复位 ─┤├─ ─┤P├─ M0.0 ─(S)─ 1 M0.1 ─(R)─ 10 M10.0 ─(R)─ 4 符号: 复位　地址: V1000.2	复位信号V1000.2=1时: M0.0置位; M0.1~M1.2共10个M复位; M10.0~M10.3共4个M复位
网络3 启动 启动 ─┤├─ M10.0 ─(S)─ 1 符号: 启动　地址: V1000.0	启动信号V1000.0=1时, M10.0置位
网络4 停止 停止 ─┤├─ 周期完成停止 ─┤├─ M10.0 ─(R)─ 1 符号: 停止　地址: V1000.1 符号: 周期完成停止　地址: V1000.4	停止信号V1000.1和周期完成信号V1000.4=1 时, M10.0复位
网络5 急停跳转 急停 ─┤├─ 0 ─(JMP)─ 符号: 急停　地址: V1000.3	急停信号V1000.3=1时, 程序指针跳转标号0处

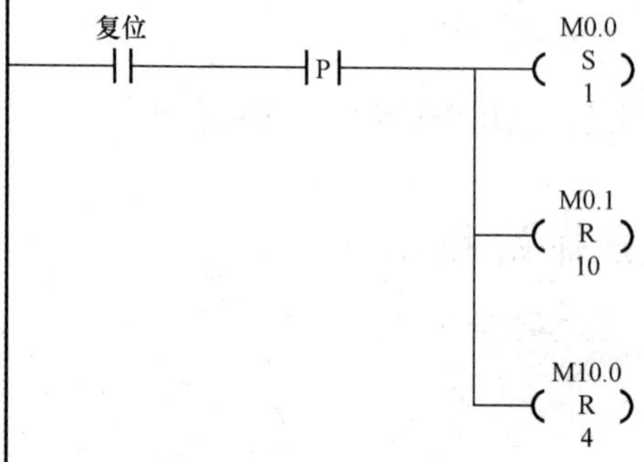

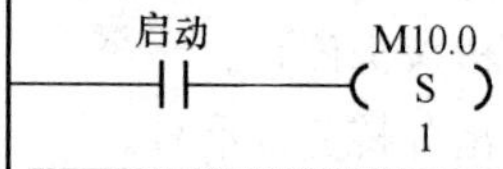

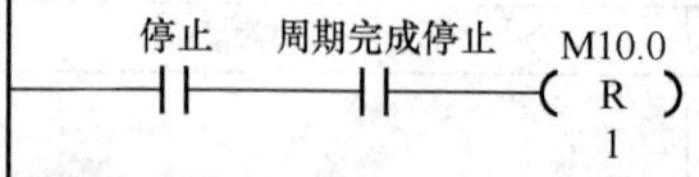

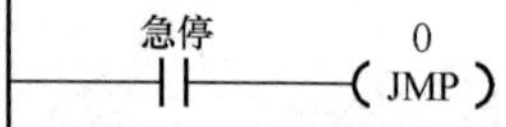

图 3-23　分拣站 PLC 控制程序（二）

梯　形　图	注　释

网络6　移位寄存器指令SHRB

```
   M0.0    推料伸出到位        ┌─────────────┐
   ─┤├──────┤├──────────────│ SHRB        │
                             │ EN      ENO │
   M0.1    旋转复位检测        │             │
   ─┤├──────┤├──────────  M2.0│ DATA        │
                          M0.0│ S_BIT       │
   M0.2       T33          +10│ N           │
   ─┤├────────┤├────────      └─────────────┘
              M10.2
             ──┤├──
              M10.3
             ──┤├──
   M0.3    推料伸出到位
   ─┤├──────┤├──────
              M10.1
             ──┤├──
              M10.3
             ──┤├──
   M0.4      M10.0
   ─┤├────────┤├──
   M0.5       T37
   ─┤├────────┤├──
```

符号	地址	注释
推料伸出到位	I0.4	
旋转复位检测	I0.6	

SHRB移位寄存器指令：
(1)当M0.0=1时，如果推料气缸伸出复位，则M0.1=1；
(2)如果旋转气缸复位，M0.2=1，启动变频器；
(3)如果检测为白色工件，T33延时0.5s后，M0.3=1；
　如果检测为黑色工件，M10.1置位，黑色工件入库后M10.2=1，M0.3=1；
　如果无工件，T39延时5s后M10.3=1，M0.3=1；
(4)当M0.3=1时，停止变频器，推动气缸动作，将白色工作推到物料槽，如果推料伸出到位，M0.4=1；
　因为工件为黑色时，M10.1置位；无工件时M10.3置位，所以使M0.4=1，跳过M0.3状态；
(5)M10.0=1，M0.5=1；
(6)当M0.5=1时，如果入料口有工件，T37延时，延时时间到，M0.6=1

网络7　M0.0置位

```
   M0.6            M10.1
   ─┤├──────────┬──( R )
                │     3
                │   M0.0
                └──( S )
                      1
```

当M0.6=1时：
(1) M10.1~M10.3复位；
(2) M0.0置位，SHRB指令从M0.0=1位置处开始移位

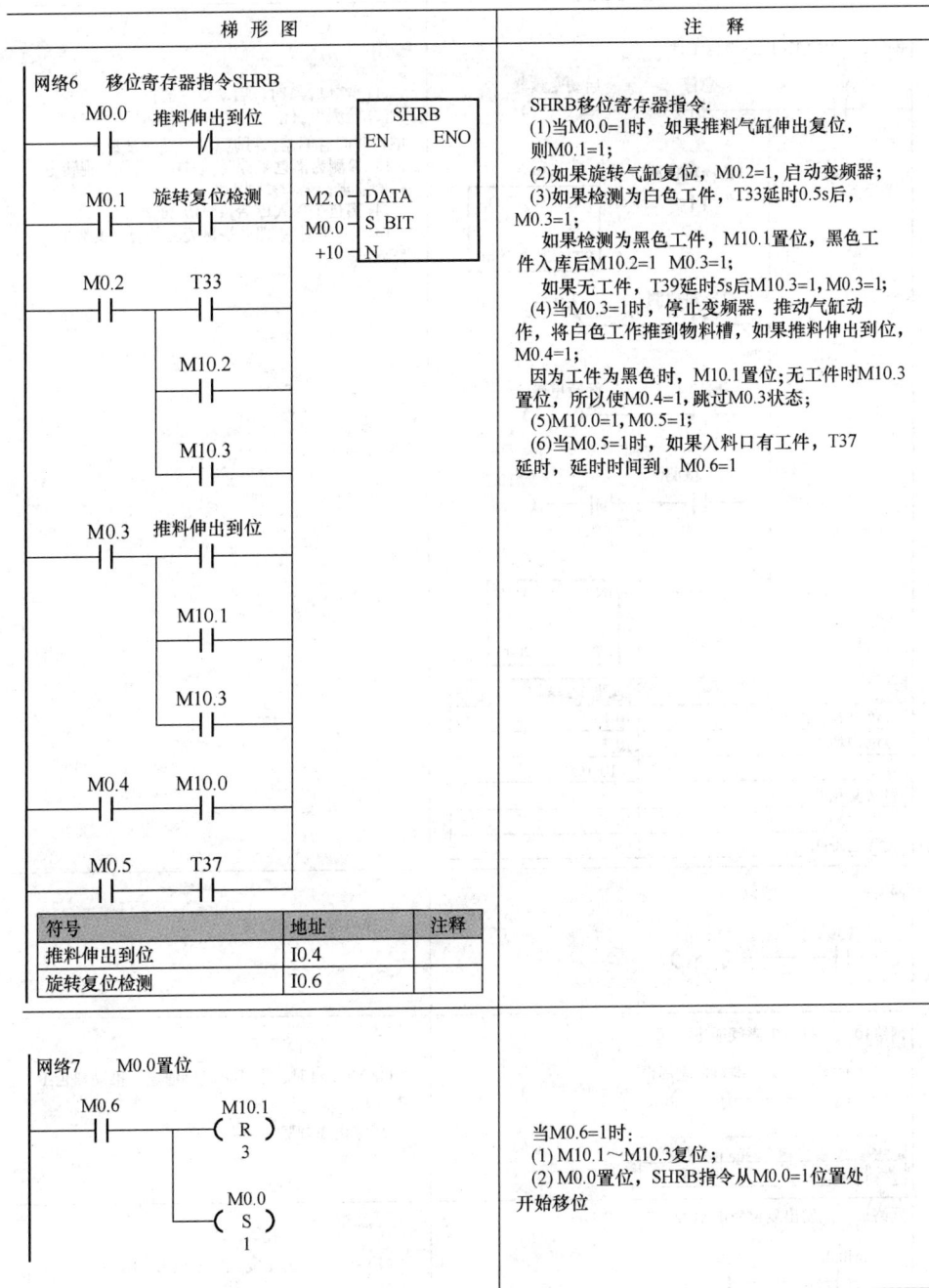

图 3-23　分拣站 PLC 控制程序（三）

梯 形 图	注 释

网络8　　检测白色　黑色工件

```
   M0.2          急停         启动变频器
   ┤├───────────┤/├──────────(   )

                 白色物料检测              T33
                 ┤├───────────────┌──────────────┐
                                  │ IN        TON │
                                  │               │
                             +5 ─┤ PT      10ms   │
                                  └──────────────┘

                 黑色物料检测             M10.1
                 ┤├──────────────────(  S  )
                                        1

                   M10.1              旋转电磁阀
                   ┤├──────────────────(   )

                  入库检测                M10.2
                  ───────────┤N├────────(   )

                                        T39
                              ┌──────────────┐
                              │ IN        TON │
                              │               │
                         50 ─┤ PT     100ms   │
                              └──────────────┘
```

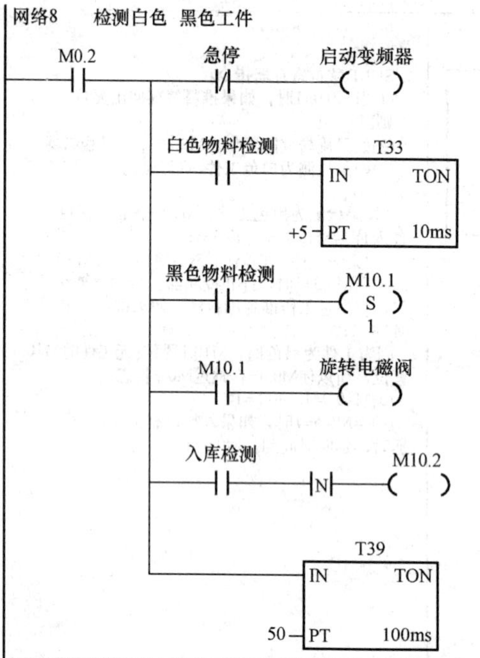

符号	地址	注释
白色物料检测	I0.1	
黑色物料检测	I0.2	
急停	V1000.3	
启动变频器	Q0.4	
入库检测	I0.3	
旋转电磁阀	Q0.1	

(1) 当M0.2=1时，启动变频器；

(2) 检测为白色工件时，T37延时0.05s(如果推料时间有偏差，可调节T37延时参数)；

(3) 检测为黑色工件时，M10.1置位，旋转电磁阀通电；

(4) 黑色工件入库后，M10.2通电；

(5) T39延时5s。即分拣区无工件时，变频器空转5s

网络9　　M10.3置位

```
   T39              M10.3
   ┤├──────────────(  S  )
                      1
```

T39=1时，M10.3置位

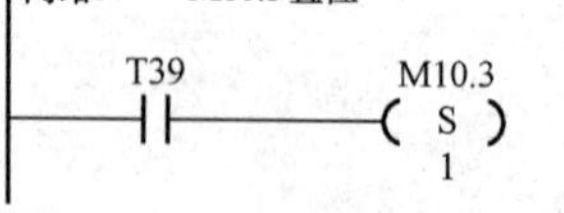

网络10　　推料电磁阀通电

```
   M0.3           推料电磁阀
   ┤├──────────────(   )
```

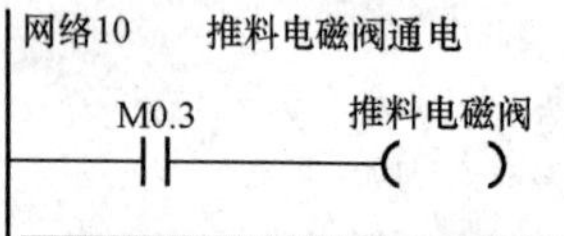

符号	地址
推料电磁阀	Q0.0

(1) M0.3=1时，推料电磁阀通电，推动白色工件入库；

(2) 停止变频器

网络11　　发出复位完成信号

```
   M0.4            复位完成
   ┤├──────────────(   )
```

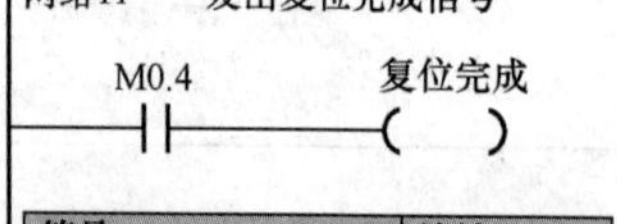

符号	地址
复位完成	V1010.0

M0.4=1时，发出复位完成信号V1010.0

图 3-23　分拣站 PLC 控制程序（四）

任务五

梯 形 图	注 释
网络12　入料检测 M0.5　入料口检测　入库检测　　　　T37 ─┤├──┤├──┤/├──┤IN　　TON├ 　　　　　　　　　分拣等工件 　　　　　　　　　─( )─　　　+20─┤PT　100ms├ 符号 / 地址 / 注释： 分拣等工件　V1010.2 入库检测　　I0.3 入料口检测　I0.0	当M0.5=1时： (1) 如果入料口有工件，则T37延时2s； (2) 无工件，发出分拣等工件信号V1010.2
网络13　标号0处 　　0 ┌─────┐ │　LBL　│ └─────┘	标号0处
网络14　发出皮带有无工件信号 入料口检测　　　皮带有无工件 ─┤├────────( )─ 符号 / 地址： 皮带有无工件　V1010.1 入料口检测　　I0.0	(1) 当皮带无工件时，发出皮带无工件信号 V1010.1=0，允许机械手放入工件； (2) 当皮带上有工件时，皮带无工件信号 V1010.1=1，不允许机械手放入工件

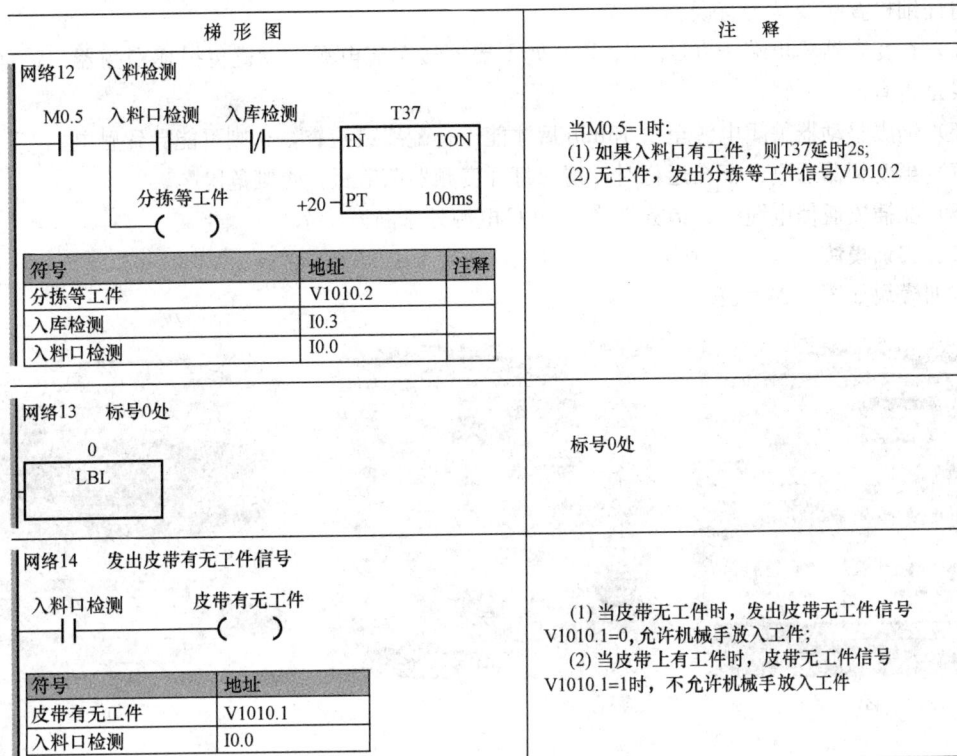

图 3-23　分拣站 PLC 控制程序（五）

练习题

（1）移位寄存器的哪个参数启动变频器？

（2）试述黑、白工件入库过程有什么区别。

任务六　自动生产线接线、调试与操作

任务引入

　　自动生产线各站机械部分安装好后，要进行控制系统接线、调试和操作。在操作中，要遵守安全操作要求，熟悉接线规则，根据生产工序调试和检查设备运行情况。当发生问题时，应立即按下"紧急停止"按钮，中止生产线所有动作。

相关知识

一、安全须知

（1）在进行安装、接线等操作时，请务必在切断电源后进行，以避免发生事故。

（2）在进行配线时，请勿将配线屑或导电物落入 PLC 或变频器内。

（3）请勿将异常电压接入 PLC 或变频器电源输入端，以避免损坏 PLC 或变频器。

（4）请勿将交直流电源直接接于 PLC 或变频器输入/输出端子上，以避免烧坏 PLC 或变频器，请仔细检查接线是否有误。

（5）在变频器输出端子（U、V、W）处不要连接交流电源，以避免损坏变频器，请仔细检查接线是否有误。

（6）伺服驱动器关闭电源至少15min后才能进行配线或检查，否则可能导致触电。

（7）当变频器通电或正在运行时，请勿打开变频器前盖板，否则危险。

（8）在插拔通信电缆时，请务必确认PLC电源处于断开状态。

二、实训模块

实训模块如图3-24所示。

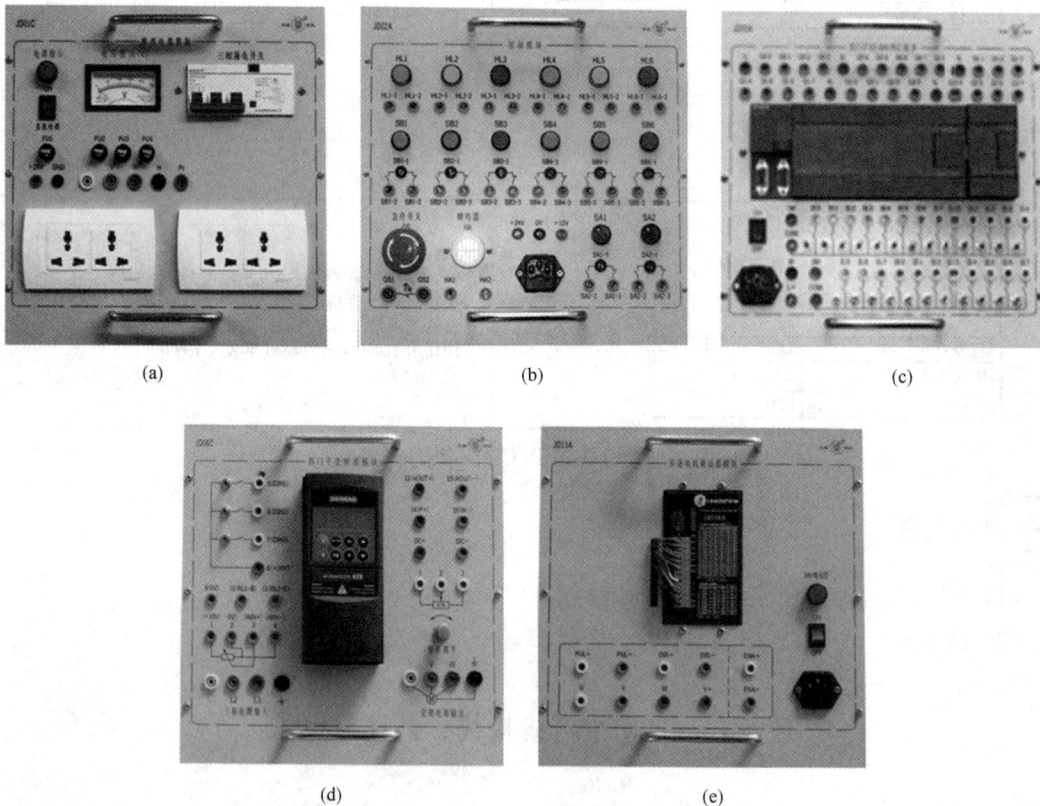

(a)　　　　　　　　(b)　　　　　　　　(c)

(d)　　　　　　　　(e)

图3-24　实训模块

（a）电源模块；（b）按钮/指示灯模块；（c）搬运站PLC模块；（d）变频器模块；（e）步进驱动器模块

（1）电源模块。三相四线380V交流电源经三相电源总开关控制给系统供电，设有保险丝，具有漏电和短路保护功能，提供两组单相双联暗插座，可以给外部设备、模块供电，并提供单、三相交流电源，同时配有安全连接导线。

（2）按钮/指示灯模块。提供红、黄、绿3种指示灯（DC24V），复位、自锁按钮，急停开关，转换开关，蜂鸣器等。为外部设备提供24V/6A、12V/5A直流电源。

（3）搬运站PLC模块。采用西门子CPU226（DC/DC/DC）主机，内置数字量I/O（24路数字量输入/16路数字量输出），具有两轴脉冲输出功能。每个PLC的输入端均设有输入开关，PLC的输入/输出接口均已连接到面板上，方便用户使用。

（4）变频器模块。采用西门子MM420系列高性能变频器，三相交流380V电源供电，输出功率0.75kW。具有8段速控制功能，可使用外部电位器调整频率，具备过流和过压失控保护。

（5）步进电动机驱动器模块。用来驱动搬运站步进电动机，直流 24V 供电，安全可靠，且脉冲信号端、方向控制端和电动机输出端等均已引至面板上，开放式设计，符合实训安装要求。

三、自动生产线接线

1. 接线规则

按照搬运站的 PLC 控制原理图和端子接线图用安全导线完成按钮模块、PLC 模块、变频器模块输入/输出端与实训系统端子排之间的连接。接线时请按照表 3-6 所示规则进行操作。

表 3-6　　　　　　　　　　　　　　　　器件接线规则

序号	器件名称	接　线　规　则
1	磁性传感器	正端与 PLC 的输入端相连，负端连接至直流电源的 GND
2	光电传感器	信号输出端与 PLC 的输入端相连，正端连接至 24V 直流电源的正端，负端全部连接至 24V 直流电源的负端
3	按钮开关	常开端与 PLC 的输入端相连，公共端连接至直流电源的"0V"端
4	电磁阀	正端与 PLC 的输出端相连，负端连接至直流电源的 GND

2. 变频器

变频器的电源输入端 L1、L2、L3 分别接到电源模块中三相交流电源 U、V、W 端；变频器输出端 U、V、W 分别接到接线端子排的电动机输入端 1、2、3。

3. 交流电源

将系统左侧的三相四芯电源插头插入三相电源插座中，开启电源控制模块中三相电源总开关，U、V、W 端输出三相 380V 交流电源，两组单相双连暗插座分别输出 220V 交流电源。

4. 交流 220V 负载

用三芯电源线分别从单相双连暗插座引出交流 220V 电源到 PLC 模块、按钮模块和步进电动机驱动器模块的电源插座上。

任务实施

一、通电检查通信网络、触摸屏、指示灯和 PLC 情况

1. 检查 PPI 通信网络

用带编程口的网络连接器连接各站 PLC 的端口 0，用 PC/PPI 编程电缆连接计算机 COM1 口和主站网络连接器的编程口，各站网络连接器终端电阻均处于"OFF"状态，主站 PLC 处于"STOP"状态。利用 SETP-7-Micro/WIN V4.0 软件中通信端口命令搜索网络中的 5 个站，如果能全部搜索到，表明网络连接正常。

当网络连接正常时，计算机本地地址为 0，可通过改变远程 PLC 地址（1～5），实现计算机与任一远程 PLC 程序的上传或下载，但在网络工作情况下不能实施程序状态监控。

当网络通信正常时，使主站 PLC 处于"RUN"状态，主站（搬运站）PLC 输出端 Q1.7 闪烁；当网络通信异常时，主站 PLC 输出端 Q1.6 常亮，应检查通信电缆是否连接好，网络连接器终端电阻的状态是否正确。

2. 指示灯

通电后红、绿、黄三色指示灯处于熄灭状态。

3. 触摸屏

通电后触摸屏应显示控制画面中的"启动"、"复位"、"停止"3 个按钮。

4. PLC 状态

通电后各站 PLC 输入继电器的状态应与表 3-7 所示一致。当供料站物料台上有工件时，I0.2 接通；无工件时，I0.2 断开，当按下"启动"按钮后，供料站自动推料，I0.2 接通。若某个输入指示灯不亮，应检查排除故障，例如，没有返回原点位置或无工件。

表 3-7 　　　　　　　　　　　　　PLC 开机时输入/输出接通状态

PLC	I0.0	I0.1	I0.2	I0.3	I0.4	I0.5	I0.6	I0.7	I1.0	I1.1	I1.2	I1.3
搬运站	●	●		●			●					●
供料站	●	●	●		●							
加工站		●	●		●							
装配站	●	●	●					●	●		●	
分拣站							●					

二、系统操作

1. 复位

按按钮模块中的 SB4 "复位"按钮，或触摸屏幕"复位"按钮，生产线各站均进入复位状态，所有参数清零。触摸屏上指示灯和红、绿、黄指示灯同时动作。

复位状态时红灯闪烁，如果某站未完成复位，屏幕显示相应的报警信息。例如，如果某站 PLC 处于"STOP"状态，则报警信息为"××站未完成复位"。

复位状态时黄灯常亮，（如果工件库无工件，黄灯闪烁，屏幕显示报警文本）。

如果复位完成，红、黄灯灭，绿灯闪烁，提示可以启动系统。

2. 启动

当绿灯闪烁时按 SB5 "启动"按钮，或触摸屏幕上的"启动"按钮，系统启动，绿灯常亮。供料站自动将工件推出到物料台，执行工件搬运、加工、装配、分拣工序。当机械手前往分拣站时，供料站将下一个工件推到物料台。

3. 停止

按 SB6 "停止"按钮后，或触摸屏幕上的"停止"按钮，红灯闪烁，系统运行完一个周期返回原点位置后停止运行。

必须等机械手返回原点位置停止运行后，再按"启动"按钮继续运行。

4. 紧急停止

按"急停"按钮后，系统立即停止运行。拿掉没有完成的工件，旋转"急停"按钮使其复位接通。按"复位"按钮，等系统复位后，才能重新运行。

5. 处理报警信息

当某站未完成复位、工件库工件不够或无工件时，黄灯闪烁，同时屏幕上显示相应的报警文本信息，排除故障后，单击报警确认按钮 ! 进行确认，报警窗口和文本信息自动消失。

练习题

（1）在 PPI 通信网络中，怎样搜索网络中各站？

（2）为什么在系统启动前要先按"复位"按钮？

（3）系统紧急停止后，怎样才能重新启动？

附录1

自动生产线课程设计要求

　　自动生产线综合应用了机械技术、程序控制技术、传感技术、变频技术、网络技术、气动技术、触摸屏技术、步进电动机驱动技术、伺服电动机驱动技术等工业现代生产控制技术，其内容涵盖了高职高专电气自动化专业的全部课程，因此，自动生产线是毕业设计课题的良好载体。同时，通过编写自动生产线设计报告可以熟悉文字编排、制表绘图、插入图片等 Word 编辑技能，学习编写技术文档。

　　1. 设计选题

　　每个学生通过抽签从自动生产线 5 个工作站中选择其中一个站作为设计课题。

　　以搬运站为设计课题的增加触摸屏控制内容。

　　以供料站、加工站、装配站、分拣站为设计课题的增加网络控制，使用搬运站的按钮模块通过网络控制本站的启动、停止和复位动作，不需要触摸屏控制。

　　2. 上交资料

　　(1) 设计报告打印文档。

　　(2) 设计报告电子文档。

　　(3) PLC 主站、从站控制程序。

　　上交文件夹名为"××班某某某××站"，上交资料截止时间为：　　年　　月　　日。

　　3. 成绩考核

　　从以下 3 个方面进行设计课程的成绩考核。

　　(1) 设计报告。设计报告要求内容全面，文字通顺，图文并茂，术语准确，参数无误。

　　(2) 验证程序。要求控制程序简洁、清晰，无失误，无漏洞。由设计人在生产线上独立操作，设备运行正常，一次性通过测试。

　　(3) 操作规范，未发生任何零件损坏或事故。

　　4. 编写格式要求

　　封面：课题名称、设计单位、设计人、指导教师、设计日期，封面要求美观、大方。

　　页面：A4、正文宋体五号、单倍行距，表格内宋体小五号。数字、字母采用 Times New Roman 字体。其他默认。

　　数字、字符、图、表书写符合国家规定的统一标准。文字与图、表配合响应，图号、表号采用宋体小五号。

　　目录格式为中文三级，例如：

　　一、

　　1.

　　(1)

　　(2)

　　…

　　2.

　　(1)

　　(2)

...

二、

1.

(1)

...

附录 2

自动生产线××站设计报告参考样章

一、课题说明

(1) 自动生产线工艺简述。

(2) 自动生产线××站工序。

二、课题设备构成

(1) 机械部件。主要机械部件的名称、构成、作用、型号、技术指标、尺寸、图片等。

(2) 气动回路部件。主要部件的名称、构成、作用、型号、技术指标、图片等。

(3) 电气控制部件。主要电气部件的名称、构成、作用、型号、技术指标、图片等。

(4) 材料清单，成本。

三、控制部分

控制系统的构成及工作原理。

(1) 电气控制原理图、接线图等。

(2) 气动回路图。

(3) PLC 程序及说明。

四、设备安装与调试

(1) 机械部分的安装调试步骤与技术要求。

(2) 电气部分的安装调试步骤与技术要求。

五、设备操作方法

(1) 通电复位动作。

(2) 复位按钮复位动作。

(3) 启动按钮动作。

(4) 停止按钮动作。

(5) 紧急停车按钮动作与处理。

六、常见故障与排除方法